信阳毛尖

遇见

苏州碧螺春

苏州市科学技术协会
信阳市科学技术协会　编

苏州大学出版社

图书在版编目（CIP）数据

信阳毛尖遇见苏州碧螺春 / 苏州市科学技术协会，信阳市科学技术协会编. -- 苏州 ： 苏州大学出版社，2025. 4. -- ISBN 978-7-5672-5199-1

Ⅰ. TS971.21

中国国家版本馆 CIP 数据核字第 20251YY320 号

书　　名： 信阳毛尖遇见苏州碧螺春
XINYANG MAOJIAN YUJIAN SUZHOU BILUOCHUN

编　　者： 苏州市科学技术协会　信阳市科学技术协会
责任编辑： 冯　云　叶　觅

出版发行： 苏州大学出版社(Soochow University Press)
社　　址： 苏州市十梓街 1 号　**邮编：** 215006
印　　刷： 苏州工业园区美柯乐制版印务有限责任公司
邮购热线： 0512-67480030
销售热线： 0512-67481020

开　　本： 718 mm×1 000 mm　1/16　**印张：** 23.25　**字数：** 322 千
版　　次： 2025 年 4 月第 1 版
印　　次： 2025 年 4 月第 1 次印刷
书　　号： ISBN 978-7-5672-5199-1
定　　价： 88.00 元

若有印装错误，本社负责调换
苏州大学出版社营销部　电话：0512-67481020
苏州大学出版社网址　http://www.sudapress.com
苏州大学出版社邮箱　sdcbs@suda.edu.cn

《信阳毛尖遇见苏州碧螺春》编纂组织机构

指导单位： 中国农业科学院茶叶研究所

中国茶叶学会

中共苏州市委宣传部

中共信阳市委宣传部

编写单位： 苏州市科学技术协会

信阳市科学技术协会

出版单位： 苏州大学出版社

支持单位： 苏州市发展和改革委员会

信阳市发展和改革委员会

苏州市吴中区人民政府

信阳市浉河区人民政府

信阳农林学院茶学院

信阳市茶产业发展中心

苏州市茶叶学会

信阳市浉河区科学技术协会

信阳市浉河区作家协会

信阳市浉河区茶叶学会

信阳市浉河区茶产业发展中心

苏州市吴中区科学技术协会

苏州市吴中区农业发展集团有限公司

《信阳毛尖遇见苏州碧螺春》编写组

主　　编： 胡先华

副 主 编： 张国栋　宋桂友　仇雯雯　余道金

编写人员： 张　玲　张　驰　韩玉红　赵　睿　孟　娟　张　慧
姚　峻　刘业翔　苏　丹　倪保春　顾彩琴　尹　鹏
居小丽　黄　辉　包　榕　付玲玲　梁海波　沈思艺
陈海波　仉　勇　周永明

序言 Preface

绿茶双星 光耀华夏

苏州和信阳两市科学技术协会（以下简称“科协”）合作编纂的这部《信阳毛尖遇见苏州碧螺春》，把科普与茶历史、茶文化宣传推介相融合，很有意义。笔者阅读了本书的初稿，深感苏州和信阳两地的编者为此花费了很多精力，付出了很大努力。

2022 年 5 月，国务院批转了国家发展和改革委员会制定的《革命老区重点城市对口合作工作方案》，确定了苏州与信阳的对口合作关系。两市科协积极参与，主动作为，从讲好苏州碧螺春和信阳毛尖两大名茶的故事入手，以期促进两地茶产业合作，打造两大名茶发展新机遇，为促进苏州与信阳特色产业发展贡献智慧、汇聚力量。这就是《信阳毛尖遇见苏州碧螺春》编撰出版的背景。

苏州碧螺春和信阳毛尖早在 1915 年巴拿马太平洋万国博览会上就同获金质奖章，又同列中国十大名茶榜单，被称为绿茶双星可谓是名副其实。苏州与信阳两座城市以两大名茶为媒，携手打造绿茶双星，立意高远，相得益彰；两大名茶强强联手，交流互鉴，必将创造出新的辉煌。

苏州与信阳的联系源远流长。苏州素以“鱼米之乡”“人间天堂”著称，信阳则有“江南北国，北国江南”的美誉。《信阳毛尖遇见苏州碧螺春》在推介两大名茶的同时，也为我们打开了一扇了解苏州和信阳历史的大门，由此我们知道：早在春秋时期，秦昭襄王元年（前306年），苏州与信阳就已经同属一个诸侯国——楚国，苏州与信阳两座城市渊源颇深。

苏州与信阳两地人文交往也由来已久。“战国四君子”之一的春申君黄歇就是信阳潢川人，被苏州供奉为城隍老爷；生活于苏州的李弥大曾经出知光州（今河南省潢川县），多有建树；居住在光州的御史中丞马祖常也曾游历苏州，留下很多状写苏州的诗篇。他们都是史传至今、联系苏州与信阳两座城市的历史名人。

苏州与信阳茶文化底蕴一样厚重。纵观两地，都有一些与茶相关的名胜古迹、文化印记、诗文作品等。早在唐代，陆羽的《茶经》就已经把苏州和信阳的茶编写进同一本专著里。

《信阳毛尖遇见苏州碧螺春》的编者，以开阔的视野、独特的视角，用比较的写作手法，将苏州和信阳两地的茶历史、茶文化一一对照，写出了两地茶叶同而不同、不异而异的特点，进一步擦亮了苏州碧螺春、信阳毛尖作为历史名茶的金字招牌。该书的付梓出版，对于进一步推动中国茶文化的传播、促进苏州和信阳两地茶产业的发展，进而推动苏信合作走深走实，必将产生深远的影响。苏州碧螺春和信阳毛尖这一对绿茶双星牵手，各美其美，美美相惜，其美好未来值得期待。

《信阳毛尖遇见苏州碧螺春》可谓是一册关于茶的百科全书。它既是

一本科普书籍，也是一部具有较高学术价值的茶学著作，这对于大家了解苏州和信阳乃至中国的茶历史、茶文化多有裨益，值得爱茶者一读。

两片绿叶结缘两市，两市共创美好明天。笔者期待苏州和信阳两地交流越来越密切、情谊越来越真挚、合作越来越深入，携手谱写苏信合作新篇章。

中国农业科学院茶叶研究所所长

中国茶叶学会理事长

姜仁华

2024 年 12 月

目录

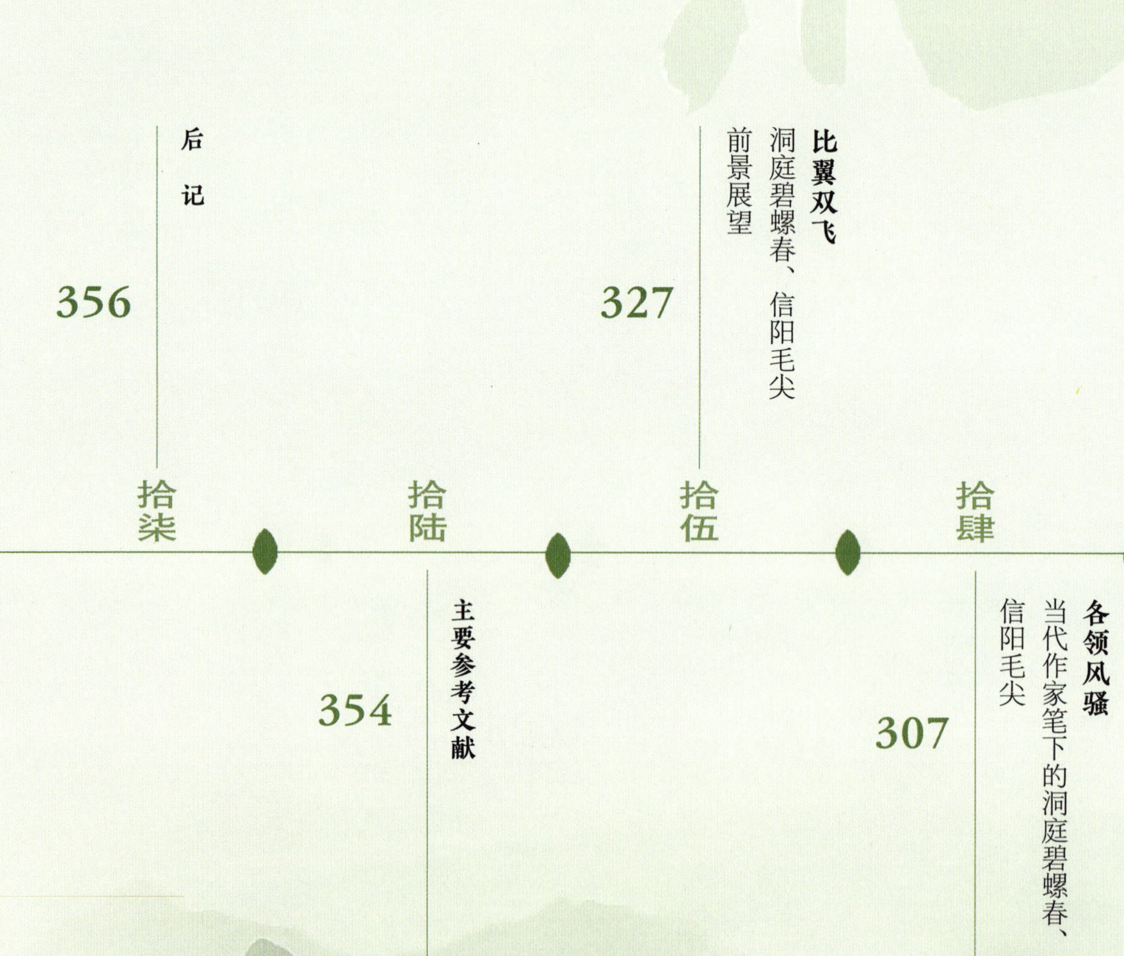

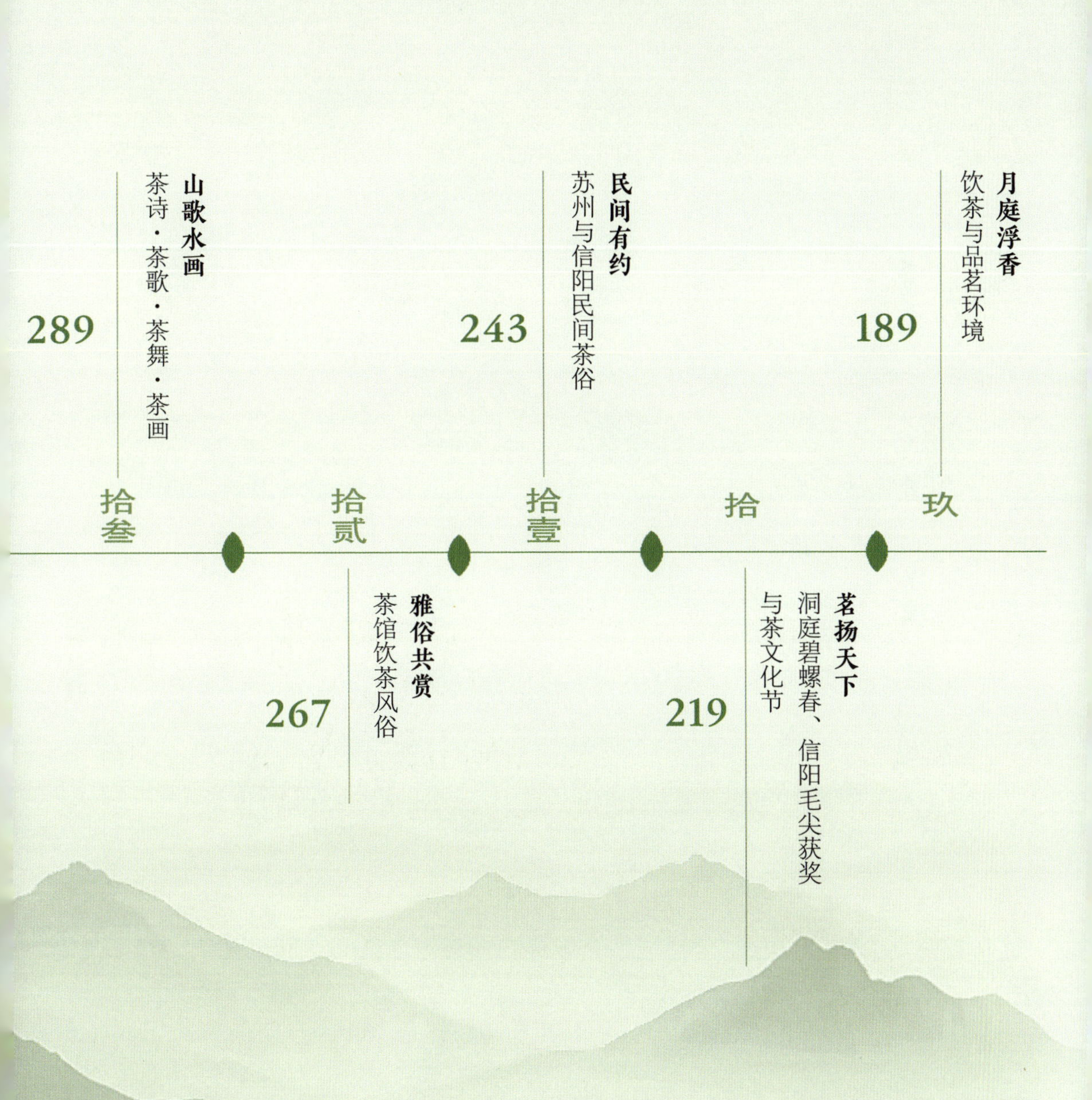

茶

江苏苏州
河南信阳

吴域楚疆

苏州与信阳的历史渊源

苏州与信阳分别是江苏省和河南省的现代名城。苏州坐拥太湖烟波，襟沪挽浙；信阳扼守豫南门户，襟带皖鄂。地图上的咫尺之间，丈量着两地约 700 千米的山河迢递。

两座城市各具风情，却又共享着一张独特的城市名片——那就是叶子。

东边的这片叶子叫洞庭碧螺春，西边的这片叶子叫信阳毛尖。这对碧色仙姝，一个栖身洞庭山，一个扎根大别山。她们嫩绿的芽尖，仿佛从《茶经》与《本草纲目》的墨香中飘出，在春雨的滋润下，为千峰裁碧，替万涧浣纱。

这对好姐妹可曾知道，当她们尚在云贵高原同气连枝时，生活在苏州与信阳土地上的黎民百姓，已经开始有着千丝万缕的联系。有那么一个时期，苏州和信阳同属于强大的楚国疆域。

西周时，苏州属吴国，信阳属申国、息国、黄国等诸侯国；春秋战国时期，申国、息国、黄国等诸侯国先后被楚国占领，吴国被越国灭亡。之后，越国又被楚国吞并，苏州也成为楚国领地。彼时，信阳乃春申君之故乡；而苏州，则是他的第二家园。

历史长河流淌千年，洞庭碧螺春与信阳毛尖在楚地遗韵中相遇。

冥冥之中，似有天意！

而今，这两座以茶香醉人的城市都把香满天下，象征着崇高、贞洁和吉祥的桂花树作为市花。

这不仅是穿越千年的文化共振，还是铭刻在青铜鼎纹与紫砂陶韵中的血脉情谊。

茶
TEA

吴　国

3 000 多年前，周王朝灭了商，实行分封制。在那之前，吴国是一个独立的诸侯国。周武王寻得已在吴地为君主的泰伯、仲雍五世孙周章，封其为诸侯。“勾吴”正式纳入西周版图。

周简王元年（前 585 年），寿梦继位称王。从这一年开始，吴国有了确切的纪年。自寿梦起，吴国的国势日盛，并与中原各国交往，跻身大国行列。

吴王阖闾元年（前 514 年），伍子胥从楚国辗转来到苏州，他象天法地，相土尝水，吴国国势日渐强大，国都南迁至苏州。吴国的势力在后来扩展至淮河下游一带，与楚国成为邻国。

信阳之诸侯国

与吴国同期，现今的信阳地区存在西周时期分封的息国、蒋国、申国、黄国、弦国、蓼国、江国等诸侯国。这些诸侯国之间，以及它们与周天子之间，存在着紧密的血缘、文化和制度联系。然而，它们均早于吴国被楚国逐一吞并。

根据信阳地方志书的记载，西周时期，现今的信阳市平桥区、浉河区和罗山县大致构成了申国的疆域；潢川县大致为黄国的领土；光山县、新县的大部分、商城县的西部及固始县的西南部大致为弦国的领域；固始县的大部分区域大致为蒋国、蓼国、黄国的疆土；淮滨县内淮河以南区域大致为蒋国的领土，淮河以北区域大致为息国、赖国的领土；商城县的大部分区域大致为黄国的疆域；息县大致为息国及江国的领域。

信阳地方志书进一步记载，信阳之申源于南阳之申。《南阳市志》说，南阳在西周时为申国，南阳城为申国之都；《重修信阳县志》则云“周宣王以信阳之地增封申伯”。这意味着周宣王在位时，今信阳市平桥区、浉河区和罗山县之地被封给了申国。遗憾的是，到了春秋时期，疆域辽阔的申国成为首个被楚国吞并的国家，“置为县，宛为楚邑”（《南阳市志》）。“自周以后，申之称遂专属信阳”（《重修信阳县志》）。今南阳市简称“宛”，称为“宛城”；信阳市简称“申”，称为“申城”。

到了春秋晚期，息国、蒋国、黄国、弦国等诸侯国也都没能摆脱被楚国兼并的命运，总面积达1.89万平方千米的信阳地区，都成了楚国的地盘。楚国委派县尹（尊称“县公”）进行管理，设置了直属于楚国中央管辖的地方政权，诸如申县、息县、期思县等。

伍子胥与“申”

楚平王当政时期，由于费无忌以谋反罪陷害太子建，牵连太子老师伍奢，楚平王处死了伍奢和他的大儿子伍尚，次子伍子胥被迫逃亡。伍子胥逃脱后来到陈州（今周口市淮阳区），欲过昭关逃往吴国。昭关被称为“吴头楚尾”，是“一夫当关、万夫莫开”的边关要塞。关上的官吏盘查得很紧，伍子胥一连几夜愁得睡不着觉，连头发也愁白了，幸亏遇到一个好心人把他接到家里。那位好心人有个朋友，模样有点儿像伍子胥，就冒充伍子胥过关。守关的官兵逮住了假冒的伍子胥，而真正的伍子胥因为头发全白，混出了昭关。“蒙混过关”的成语和“伍子胥过昭关，一夜愁白了头”的歇后语，讲的就是这个故事。

逃到吴国的伍子胥，受到吴王阖闾的重用，多年后发兵攻楚。吴国为夺取淮河流域的战略要地州来（今淮南市凤台县），大败楚国联军于鸡父（今信阳市固始县东南），取得战场主动权。之后，吴王阖闾率领3万吴国军队，夺取信阳的武胜关，深入楚国腹地，在柏举（今湖北省麻城市境内）击败楚军20万兵力，破楚国都城郢。吴王赐伍子胥封地时，

伍子胥请将封地赐名为“申”。

那时，与吴国相邻的还有一个越国。越国定都会稽（今浙江省绍兴市），领土狭小，人口稀少，经济文化发展也很落后。楚国为联越制吴，就扶植越国，使越国的力量迅速壮大，吴国与越国经常发生战争。周敬王二十六年（前 494 年），吴国与越国在夫椒一带展开激战，越军大败，吴师直捣越国都城会稽，攻破会稽城。危难之际，越王勾践采纳大臣范蠡的建议，向吴王夫差献上美女西施、郑旦，之后夫差答应与越国议和。伍子胥认为如果不灭越国，将来必定后悔，但夫差喜欢美女西施，听不进去伍子胥的建议，还赐剑命伍子胥自杀。吴人怜之，为伍子胥立祠于江边之山，名曰“胥山”。

越灭吴与楚灭越

勾践带着范蠡去吴国给夫差当奴仆，他睡柴草，尝苦胆，忍辱负重，历尽艰辛，过了 3 年才被释放回国。这就是“卧薪尝胆”的故事。又过去几年，勾践倾全国之力，发动灭吴战争。范蠡率兵攻下姑苏城，生擒夫差。这时，夫差想起伍子胥的劝告，悔之晚矣，羞愧之下就自杀了，吴国灭亡。

越国自勾践去世之后，贵族之间互相残杀，使得越国不断走向衰落。楚怀王看准时机，出兵伐越，占领了已为越国控制的吴国都城吴（今江苏省苏州市），越王无疆战死，吴越故土尽归于楚国。苏州、信阳至此同属一国。

楚王城

那时的楚吴、吴越、楚越之间，战战和和，纷争不断，富有戏剧色彩。

那些发生在楚、吴、越之间的故事，至今代代相传。

从信阳北去，有信阳八景之一的“长台古渡”，渡过淮河不远处，就是闻名遐迩的楚王城。1957年，在中国当代考古史上发生了一件大事。这年春天，河南省文物工作队在这儿发掘出一座震惊中外的战国大墓。墓主人就是《左传》记载的楚国将军左司马畈，他因战功显赫，进而当上楚国的将军。这件事就记录在左司马畈墓中出土的编钟上。

楚王城为楚文王攻破申国时所筑，当时称“城阳”，是楚国的军事重镇。楚昭王北进中原的雄心大增，遂将城阳改名“负函”，取“背负河山，函盖中原”之意，隐含着楚国称霸中原的远大抱负。楚惠王时，楚王城复称城阳。楚昭王、楚顷襄王将此地作为临时都城时，城内先后分别为二王建了居住地，从而形成内城。城阳作为楚国临时国都，曾一度被称为“城郢”。南北朝时，城阳城被称为“楚王城”“楚城”。2 000多年来，楚王城下战事纷纭、血火交融。

城阳城遗址博物馆（王友摄）

春申君与吴

春申君是黄国贵族后裔。春申君早年曾智退秦师，劝谏楚怀王不要投降秦国。在楚怀王被俘后，他出使秦国，说服秦昭襄王放弃攻打楚国的计划。他在楚顷襄王时任左徒，陪侍时为太子的楚考烈王熊完质于秦。楚考烈王时任令尹，这一官职相当于宰相。秦庄襄王三年（前 247 年），春申君献淮北十二县，请改封江东吴地。《史记·春申君列传》有这样的记载：

> 后十五岁，黄歇言之楚王曰："淮北地边齐，其事急，请以为郡便。"因并献淮北十二县，请封于江东。考烈王许之。[1]

春申君的家族和 3 万百姓跟随其移至江东吴地环太湖地区的今苏州、无锡、常州及沪浙一带，并在古吴国的故都（今苏州市古城区）上建城。这 3 万百姓在春申君的带领下，与勤劳勇敢的江南人民一道，重建战火后的姑苏城，疏通河道，抑制水患，改造良田。自此，江南泽国，河清海晏，经济日益发展；春申君政绩显赫，深得民心。

春申君开发江东，促进了楚文化与吴越文化的大融合。太湖流域历代频频出现洪涝、干旱等自然灾害，当地人的日常生活受到极大影响。为了预防水灾，君主与官员极为重视兴修水利，形成吴太伯、伍子胥、范蠡、春申君等人的治水传说，并因治水传说，他们的事迹也广为流传。在太湖

---

[1] 司马迁 . 史记 [M]. 北京：长城出版社 , 1999：322.

苏州古城区（朱剑刚摄）

居民的眼里，春申君是“兴利除害”“攘除水患”的治水人物，他们把春申君视为神，建立祠庙奉祀，以表达对他的崇敬，颂扬他的功劳，同时希望通过祭祀春申君，帮助自己实现愿望。正因为如此，当地人以其姓名或尊号，为许多山、水命名，以示感恩和纪念。如今的江南，与春申君黄歇相关的地名不胜枚举，在苏州境内尤为如此。黄歇初封吴地，在被战争毁坏的废墟上修筑城阙，兴修水利。闻名于世的“大内北渎，四纵五横”，奠定了苏州城几千年的城市格局。春申君黄歇利用泥土筑堤防水，形成了苏州市相城区千年古镇黄埭的雏形。这个古镇最初被称为“春申埭”，后来才改名为“黄埭”。

时至今日，苏州人依然敬重春申君，并奉之为城隍老爷，立之为神主，定期祭祀，祈祷他继续护佑百姓。其在江南一带的政绩威望，千年犹在。苏州市姑苏区景德路及相城区黄埭镇的城隍庙，至今依然存在，香火旺盛。

在春申君黄歇的故乡，有着“豫南小苏州”之称的信阳市潢川县南城，与苏州有很多相似之处，随处可见“春申”“黄国”命名的街路、商铺，这些都源于春申君的治水功业。清乾隆《光州志》载：

城内有黄歇宅。[1]

又载：

州旧志载州境〈今信阳市潢川县〉即在所赐十二县中，今州治其遗宅也，故向收入州志中。[2]

近年，潢川县又出土了清乾隆七年（1742年）九月的《光州十景》石刻，上面刻有一首《春申遗宅》，并题有：

周东三里河北有春申君丹炉，在光州治后有春申君漆井。[3]

[1] 高兆煌.（乾隆）光州志[M].刻本.1770（乾隆三十五年）：卷三十六 3.
[1] 高兆煌.（乾隆）光州志[M].刻本.1770（乾隆三十五年）：卷五十 15.
[3] 张本乐，钟家智.中国信阳览胜[M].郑州：河南人民出版社，2004：148.

先有楚人伍子胥封于申，100多年之后，楚人春申君黄歇，也把封地从淮北一带改封到富庶的江东。伍子胥和春申君成为苏州和信阳相互联结的两条纽带，这是历史上的一段巧合，抑或有更深的社会因素？当代仍不断有人从历史学和社会学的视角来解读其意义。

苏信人口迁徙

在中国，曾有过3次大规模的人口迁移。在这3次移民的宏大浪潮中，除了人口南迁，政治、军事、文化、经济等中心也都出现了向南迁移的重大转移。苏州的自然环境与豫南相近，水土肥沃，风景秀丽。信阳移民在向南迁移的大潮中，有不少人落籍吴地。著名的社会学家、人类学家费孝通先生，出生于苏州吴江；他曾回忆幼年时光，说时常见到家中的灯笼上写有“江夏费”三个字，其族谱上也曾记载三国蜀汉名臣“费祎”的名字。这说明费孝通先生一族是费祎的后人。费祎正是江夏鄳县（今信阳市罗山县）人，以前在罗山县城东关外有费公祠堂、费祎家庙，罗山县的庙仙乡由于是费祎故里，曾被命名为费公乡。20世纪90年代，信阳市举办茶文化节期间，时任全国人大常委会副委员长的费孝通先生曾两次来信阳参加茶文化节活动。他第二次来信阳时，专程去过罗山县的庙仙乡，寻访费氏脉源。

元末天下大乱，陈友谅、朱元璋、张士诚接连起义，多年的战乱让中原地区遭到严重破坏，特别是豫南、皖西南区域很多地区荒无人烟，万亩良田常年无人耕种，土地撂荒闲置。明太祖朱元璋在天下初定后，决定用江南人口来填补豫皖荒芜之地，亲自下诏组织部分江南百姓到中原地区移民开垦。《明史记事本末》记载：

> 〈洪武三年〉六月癸亥……诏苏、松、嘉、湖、杭五郡，民无田产者往临濠耕种，以所种田为世业，官给牛种，舟粮资遣，

三年不征税。时徙者四千余户。[1]

当时的临濠府九州十八县主要涵盖安徽太和、涡阳、宿州、泗县，江苏泗洪等地以南，安徽霍邱、定远、天长等地以北的淮河两岸地区。其中也包括今天信阳市所属的息县（含淮滨一部分）、潢川、信阳、罗山、固始（含淮滨一部分）、光山（含新县大部分），基本涵盖了信阳市全境。苏州、松江、嘉兴、湖州、杭州5郡移民在信阳耕种，给战乱后的信阳重建带来了勃勃生机。

据信阳地方史志资料记载，元末明初实施大规模的“移民就宽乡”移民政策，信阳接纳了大量来自江西、浙江、江苏等东南地区的移民。因为移民人数众多，政府不得不在明成化十一年（1475年）重新调整信阳的行政建制，从当时的固始县划出1 077户21 493人，与外来的江西、浙江、江苏移民共同组成侨县——商城县。由于移民人数众多，淮上地区可开垦耕地有限，很多移民不得不到人迹罕至的深山地区拓展生存空间。他们不仅开垦了大面积的茶园，还将江西、江苏、浙江一带的种茶、制茶技术带到信阳。这次大规模移民可以说既是江南人民回归故土，也是江南人民第一次大规模地将当地的茶叶种植与炒制技术带到信阳。

历史又向前推进300多年。一场太平天国战争使得江苏、浙江、安徽3省的交界地带生灵涂炭，人口减少近千万人（含死亡和迁徙），损失率达90%以上，可谓是十室九空。太平天国战后，为了恢复残破衰败的经济，清同治五年（1866年），政府命令各省招垦荒田，有组织地从湖北、河南等地招募大量移民前去垦荒。这场人口迁移运动规模大、时间长，从同治初年开始，历经光绪、宣统两朝，一直持续到民国年间。河南光州一带，出现老乡带老乡、亲友带亲友、家族带家族等以血缘加亲缘关系所形成的群体性移民。当时，普通老百姓拖儿带女，扶老携幼，挑着箩筐，背着锅碗瓢盆、衣物被子、干粮和水，长途跋涉，风餐露宿，历时数月甚至

[1] 谷应泰.明史纪事本末：第一册[M].北京：中华书局，1977：206.

更长时间，涌向令人向往的江南。因此，便有俗语“一担箩筐下江南”的说法。这些豫南移民最初在安徽的广德、郎溪，江苏的句容、江宁、溧水、溧阳、宜兴，以及浙江的长兴、安吉等地居住，旅美的华裔历史学家何炳棣在《1368—1953年中国人口研究》一书中说：

在太平天国战争后的半个世纪，仅河南光山一县就向苏南、浙西、安徽和江西近六十个地方输送了一百万以上的农民……除此〈南京〉之外的整个江苏西南地区实际上是河南的农业殖民地。[1]

苏州小信阳

在苏州市吴江区的横扇街道菀坪社区，有近三分之一的人说着信阳罗山、光山一带的方言，他们是自清朝末年至民国时期下江南的信阳移民的后裔。

随着浙西、皖南、苏南等地区移民的剧增，到19世纪70年代，官方已停止招垦，而民间自发的移民依然在持续，土客之间土地矛盾增多，一些后来者生活得非常艰难，不得不离开初期主要的移入地，寻找新的谋生之所。

彼时的菀坪是吴江地区的一片茭芦浅滩，地势低洼，太湖水位偏高时，就会发生倒灌现象，本地居民不愿在此耕种和居住。清光绪十九年（1893年），一位叫沈庆余的河南乡民在太湖滩涂上围湖造田，并将该地命名为足字圩（今吴江区戗港村），第二年又围了室字圩（今吴江区戗港村）。这两次围湖造田影响很大，很快吸引广德、长兴、溧阳等地从信阳前来拓

[1] 何炳棣 .1368—1953年中国人口研究［M］. 葛剑雄，译 . 上海：上海古籍出版社，1989：155.

荒的移民，他们成为菀坪的第一批垦荒者。他们站稳脚跟后，不断联络在常州、江宁等地的亲朋好友，一道在此围湖造田、放鸭种田，引发东太湖沿岸围垦热潮。

清光绪二十九年（1903 年），苏州府震泽县知县夏辅咸奉命实地查勘，判定当时客民所筑圩田不在泄水道内，并不妨碍太湖水利，准予围垦，对围垦湖田发放执业田单，以其为据上缴田赋，湖田被官府承认。在移民的数年辛苦围垦下，到清宣统三年（1911 年），吴江全县共有圩子 30 个，面积为 17 422 亩（1 亩约为 666.67 平方米）。信阳人还将本地的河南旱、洋粕稻等水稻品种，以及空心菜、柿子等农产品品种带到苏州地区，极大地丰富了当地人的生活。另据《菀坪镇志》记载，1995 年年末河南信阳人在吴江菀坪的情况如下：菀坪有河南省 8 县、市人口 1 009 户，占总户数的 22.2%。其中，信阳地区 5 县 1 006 户，即罗山 663 户、光山 232 户、信阳 102 户、商城 5 户、新县 4 户。大量信阳移民的迁入，对苏州地区经济、文化和风俗习惯的各个层面都产生了重要影响。信阳移民为菀坪的早期开发与建设做出了重要贡献。

下江南的信阳移民，大多与来自信阳的老乡集中居住，并有着极强的凝聚力。他们不受邻近地区的干扰，不受当地风俗的影响，保留了家乡的生活传统和语言。虽然经过五六代人的繁衍，在移民后裔中，定居在南京市溧水区、句容市、溧阳市、宜兴市及苏州市吴江区菀坪等地的人仍保留着家乡的特色。苏州市吴江区的很多移民后裔既会说信阳话，又会说吴江话。100 多年以来，乡音终未改。浓浓的豫南口音充分彰显了一代代豫南移民后裔对先祖的思念与对故土的怀念。

苏信名宦

苏州与信阳两地，早年有伍子胥和春申君这两条相互联结的纽带。自

那之后，历朝历代都有两地人互为官，并为当地发展做出杰出贡献，在地方史志上留下芳名。

李弥大 北宋时期，祖籍福建连江的李弥大与李弥逊、李弥正兄弟同为名臣，他们生活于苏州吴县。李弥大是北宋崇宁三年（1104 年）进士，累迁起居郎，试中书舍人。由于李弥大为人正直，得罪朝中权贵，被贬后出知光州。他在光州任上，课农桑，修水利，平抑粮价，打击地方豪强势力，政绩显著，至今被人怀念。

马祖常 元代的马祖常，其曾祖从元世祖南征，置家于汴州，后徙于光州。元延祐二年（1315 年），马祖常以会试第一、廷试第二，授应奉翰林文字，拜监察御史，官职做到御史中丞。在马祖常任职期间，他多次游历江南地区，并在苏州留下了许多诗作。那么，马祖常是什么时候到过苏州的呢？由于资料的缺乏，学界尚无定论。马祖常去世后，又过去 120 多年，有一位苏州府长洲人刘昌追寻马祖常的遗迹，于明成化元年（1465 年）春来到光州寻墓拜谒，并作诗以寄意：

持节行辞古弋阳，五更灯火照浮梁。
城临台殿僧钟起，水映星河贯泊长。
一雁叫霜秋寂寞，乱鸡啼月曙苍凉。
秖应又转南巡辙，御史坟前致瓣香。[1]

祝允明 明代“吴中四才子”之一的祝允明，他的《怀星堂全集》卷十七《文林郎河南汝宁府光州州判赵公墓志铭》中有这样的记载：

公姓赵氏讳贞字履正，其先河南从宋南迁，至今为吴人……天顺初，改光州判官。吏事亦办，息县缺令长官，檄往摄政，辄四三年，息人安之……[2]

---

[1] 高兆煌 .（乾隆）光州志 [M]. 刻本 .1770（乾隆三十五年）：余卷之九 18.
[2] 祝允明 . 怀星堂集 [M]. 孙宝，点校 . 杭州：西泠印社出版社 , 2012：395.

王三锡　《光州志》记载，苏州府昆山县人王三锡为明嘉靖八年（1529年）进士，于明嘉靖九年（1530年）任光州知州。王三锡一有空闲，就爱到学宫为光州儒生讲说经书义理，还选择才学出众的儒生亲自教授、资助。在明嘉靖十年（1531年）河南乡试中，深得王三锡知州喜爱的光州儒生刘绘、李时春、喻时、胡宾、周相5人同登乡试榜，分别为第一名、第四名、第六名、第十一名、第五十一名。《苏州府志》也有记载称，光州人为其立生祠祀之。

沈绍庆　昆山人沈绍庆为嘉靖进士。《光山县志》对其曾有记载：

> 三十四年起知光山县。莅职明敏，志切民瘼。兴废修敝，日不暇给。捐置学田，学廛岁课其入以赡诸生。又于学宫之左，创建登龙阁，自是文风益振。重修涑水书院。时田粮多欺隐，乃躬履阡陌丈量，立册详定四路行粮则例，永远遵守，民尤便之。祀名宦祠。[1]

刘廷瓒　苏州府太仓州的设置与光州人刘廷瓒有关。《明清江南人口社会史研究》引《太仓州志·卷一》史料说：

> 弘治十年（1497年）正月，巡抚右副都御史朱瑄、御史刘廷瓒采乡人浙江布政使右参政陆容议疏，请割昆山新安、惠安、湖川3乡，常熟双凤乡，嘉定乐智、循义2乡，共6乡近太仓地，建太仓州，领崇明县，隶苏州府。[2]

他们采用太仓人陆容的议疏，向明孝宗上奏，立州治以安地方，并得到明孝宗的采纳。同年，昆山、常熟、嘉定分别析出一部分地方，合并后构成太仓境域，由此太仓正式设州，隶属苏州府。

这位刘廷瓒是明代河南汝宁府光州人。他巡按苏州府、常州府、镇江府、

---

[1] 杨殿梓，钱时雍.（乾隆）光山县志［M］. 刻本.1786（乾隆五十一年）：卷二十五7–8.
[2] 吴建华. 明清江南人口社会史研究［M］. 北京：群言出版社，2005：441.

杭州府时，还在浒墅关署冰玉堂为补刻的《卫生宝鉴》作后序。该书为元代易水学派医家罗天益所著，其内容包括药误永鉴、名方类集、药类法象、医验纪述四个部分，涉及内科、外科、妇科、儿科等科，是易水学派的重要著作。据后序中介绍，刘廷瓒在公务闲暇时看见该书的苏州旧刻本，发现其破损得相当严重，嘱托苏州知府史简对书中的错误进行订正，并且寻找善本进行补充，使其医学得到传承，泽被后世，造福于民。明朝内阁首辅、文学家吴县人王鏊曾诗赞刘廷瓒为良臣。

喻　时　光州人喻时，为明嘉靖十七年（1538 年）进士。初令吴江，能除蠹弊，使政治清明、令百姓安居乐业。清初，钱谦益在《列朝诗集》中称赞喻时：

> 知吴江县，以治行第一，征拜御史。[1]

石拱极　康熙年间，光州人石拱极调知苏州吴江，他减少衙门支出，放宽赋税征比，全力推行保甲制，严厉惩治刁健，宽猛相济，治化大行。石拱极爱民如子，任劳任怨，最终积劳成疾，殁于吴江任上。康熙《吴江县志续编》、乾隆《吴江县志》、道光《平望志》、光绪《光州志》、光绪《重修天津府志》都有记载。

胡季堂　光山人胡季堂是清代大臣。胡季堂担任江苏按察使时，江苏按察使司办公场所由江宁移驻苏州，而监狱仍在江宁，他上疏皇上请求转移监狱，获得允准。苏州沧浪亭历史悠久，胡季堂在沧浪亭西侧建中州三贤祠，乾隆帝南巡屡驻此园；还曾在园南部筑拱门，并设有御道。清乾隆五十年（1785 年），乾隆帝发上谕宣布内府对《通志堂经解》补刊完成。通过胡季堂等人的记载，我们可知此书曾存于苏州织造局。更鲜为人知的是，《通志堂经解》在内府补刊之前，曾于清乾隆三十八年（1773 年）至三十九年（1774 年），由胡季堂等人出资进行过补刊与整理。

---

[1] 钱谦益 . 列朝诗集 [M] . 上海：生活 · 读书 · 新知三联书店 , 1989：410.

章　琦　廉洁勤慎的光州知州章琦是江南苏州人。《光州志》记载，清乾隆六年（1741年），章琦由禹州牧升为光州知州。

> 为人廉洁勤慎，研讯民词，必悉心尽其曲折，虽不尚击断，人实无不畏服。交际不绝人欢，而和中有介，无能干以私者。仅二年，丁内艰归，服阕，以病不赴补。十四载，偶游光，士民皆欢迎眷恋，惟恐其去，可以知其德政所感矣。[1]

蒯贺荪　为人正直的蒯贺荪是吴县举人。清同治元年（1862年），任南汝光兵备道。《重修信阳县志》记载：

> 时金陵围急，官兵集中东南，中原空虚，发匪阴结汝宁捻匪陈大禧，分股四出，蔓延汝、汉、江、淮之境，豫鄂驿道中梗，外援不至。信阳自北而东，各堡寨数十，悉被大禧党萧文信盘踞亟图扑攻州城。州城内无守兵，奸宄潜伏，人心一日数惊，朝不保夕。贺荪下车，以剿匪安民为己任……其余匪数万，窜伏龙井、萧曹者，追踪搜剿，一面复派员入贼中，晓以大义，竭诚开导，分别解遣，全县肃清。数年擢任浙江按察使。[2]

吴元炳　晚清时期，任职苏浙皖地区的固始人吴元炳，曾任江苏巡抚、两江总督、江苏学政。1876—1879年，河南大量饥民流落到苏浙皖等省乞讨，他号令南京、苏州等地一律都在城外设粥厂、收容所，就地安抚大量河南难民，让他们通过参加当地劳动，获得收入，并在当地安家落户。

俗话说："前人栽树，后人乘凉。"苏州与信阳两地官员走过的路，每一步、每一个脚印，不论深浅，不论曲直，在客观上都是在为后人开拓，

[1] 高兆煌.（乾隆）光州志［M］.刻本.1770（乾隆三十五年）：卷四十九 22.
[2] 方廷汉，谢随安.重修信阳县志［M］.汉口：洪兴印书馆，1936：卷二十一 14.

为后人铺路。他们做官为民，鞠躬尽瘁，成为苏州与信阳两地之佳话，已然成为为官者之典范。

楚文化与吴越文化

历史越千年，文化传万世。

今湖北省大部、河南省西南部为早期楚文化的中心地区；河南省东南部、江苏省、浙江省和安徽省的北部为晚期楚文化的中心地区。而信阳一直是楚文化的中心地区之一。

信阳自古有“小江南”之称。楚文化与中原文化在这里交融共生，形成厚重豪放、细腻浪漫的人文环境。信阳长台关 1 号楚墓中曾出土过迄今为止发现的中国最早的毛笔及酒、轿子、床、书籍和精美的漆器，这些印证着信阳是楚文明最重要的代表之一。信阳是中华姓氏中多个姓氏的发源地，其中包括黄、赖、罗、蒋等 13 个姓氏。信阳地处江淮之间，是历代中原人南迁的始发地和集散地。宋代之前，信阳在历史上的多数时间里被称为“义阳”。无论叫信阳，还是叫义阳，在这块土地上生活的人们都是有信有义的。梁启超说：“少年如朝阳。”信阳就像一个如朝阳初升、有信有义的男子。而诞生在楚头豫尾的信阳毛尖“细、圆、光、直”，也展现出一种阳刚之美，就像淳厚豪放而又细腻浪漫的信阳人一样，充分展现了信阳的阳刚而又平和的品格。

同样，吴越文化是江南文化的中心与代表。溯（长）江、环（太）湖、濒（东）海的“山水形胜”，造就了吴越文化缔造者的文化习性与人文精神。吴越人民世代相袭的聪明才智，不仅赋予了锦绣江南特有的柔和、秀美，而且熔铸出体现为精雅文化形式的审美取向和价值认同。在吴越这块富饶的土地上，有范蠡与西施那些美丽的故事传说，有吴越同舟等成语典故，还有令人向往的吴钩，即吴人所造的一种弯刀。好勇忘死的春秋吴人与锋芒尽显的吴地弯刀，是那个时代吴地的最强音。吴钩成为视死如归、刚毅骁勇的精神符号。

吴越文化中比较突出的还有苏绣、昆曲，更有那源于苏州一带的吴侬软语。吴语之优美，一美至斯。吴侬软语的苏州更是将这份柔美演绎到了极致。有人曾比喻苏州是一位小家碧玉的风雅女子。那“姑苏”二字，一个“女”字旁，一个“草”字头，何其柔！

苏州碧螺春[1]也是感性的，其风雅契合了美学作为“感性学”的特征，其阴柔美则展现了姑苏的柔韧品格。有人把苏州碧螺春视作苏州人性格乃至苏州城市性格的象征，甚至作为苏州城市的名片；着眼于苏州碧螺春的文化内核与精神特质，是对苏州碧螺春文化这一概念外延的拓展。无论是苏州碧螺春的自然禀赋、精致程度，还是它所呈现出来的品质、气质，都与苏州人的追求、苏州这座城市的性格与气质一脉相承。

精美雅致既是“苏式生活”的显著特征，也是吴文化的重要内涵之一。苏州碧螺春折射出吴地人精美雅致的生活，令“苏式生活”更富有诗意。在苏州人眼里，品饮苏州碧螺春不只是简单地喝茶，还是过一种美的生活，这是诗意生活的写照。在吴地流行着这样一句话：“有一种幸福叫生活在苏州。”人们追求与苏州碧螺春相伴的生活，就是追求精美雅致的“苏式生活”，就是追求生活在苏州的幸福感。

---

[1] 苏州碧螺春是从苏州全市茶产业高度来说的，因为在苏州的茶叶中无论是产量、受众还是影响力，洞庭碧螺春都是独占鳌头。苏州碧螺春通常会被理解为是洞庭（山）碧螺春，久而久之就成了洞庭碧螺春的一个通俗叫法。但其实除洞庭东、西山的碧螺春之外，在苏州的吴中区旺山、光福、漫山岛，虎丘区阳山、贡山岛、树山村，还有常熟等地亦有茶园，这些地方也可以加工碧螺春及其他茶叶等，如常熟的虞山绿茶在当地也很有知名度。本书所说苏州碧螺春主要指洞庭（山）碧螺春，为记述简洁，除有特殊含义的地方采用“洞庭（山）碧螺春”“洞庭山碧螺春”“碧螺春”的表述之外，一律称为“洞庭碧螺春”。

正在谱写的人间新茶话

“知者乐水，仁者乐山。”山水苏州是人间天堂，山水信阳是北方江南。2 000年间，两地一直有着千丝万缕的联系。改革开放以来，苏州、信阳继续在经济、文化、旅游等各领域开展持续深入的沟通与往来。信阳是人口大市，苏州是产业大市。开放包容的苏州吸引着无数有梦想、能吃苦、肯奋斗的信阳人前往创业追梦。有关部门统计，信阳常年外出务工经商人员有240万人左右，在苏州务工经商的就有50余万人。这些信阳籍人员为苏州经济发展做出了积极贡献。依托“鸿雁回归”工程，在老乡的“穿针引线”下，信阳也先后从苏州招引各类项目总投资额超200亿元，对信阳市主导产业和特色产业布局起到了重要支撑作用。

2022年5月，苏州、信阳两市结成对口合作关系，“江北信阳”结缘“天堂苏州”，这将是新时代的佳话；而两地名茶结缘，也会书写出一部美丽的人间新茶话。

妙香袅袅碧螺春，守望千年梦里人。
最爱毛尖弄影处，不惜竹杖借光吟。
姑苏台上飞花信，吴楚堂前慰客心。
美美绿茶双子座，青春相伴奏瑶琴。

——黄麟《“绿茶双星”赋》

江苏苏州
河南信阳

千年茶迹

苏州与信阳两地茶发展史

远在四五千年前，“神农氏尝百草，一日遇七十二毒，得茶而解之”。这段古老的传说揭开了华夏民族饮茶史的序幕。

茶最初源自蜀地，随着秦人征服蜀地，茶树逐渐被移植至全国各地。据钱歌川在《中国人与茶》一文中所述，茶成为日常饮品，喝茶的习惯成为全国人民的普遍风尚，似乎是在秦朝灭亡之后。

苏州茶的历史悠久而深远。追溯至唐代，陆羽在其著作《茶经》中便详细记载了苏州茶叶的种植情况，其中洞庭山茶更是崭露头角，声誉日隆。到了宋代，洞庭山茶被列为贡品。进入明代，洞庭碧螺春的雏形

开始形成。至清代康熙年间，一种名为“吓杀人香”的茶被康熙皇帝赐名“碧螺春”，并被选为宫廷贡茶，从此名扬天下。

信阳茶的历史可追溯至先秦时期，当时，信阳地区属于楚文化圈，茶叶在那时被用作药物和祭品。西晋汝南太守杜育在西阳县（今河南省光山县）考察茶事，写出了《荈赋》，使信阳成为中国茶文化的发源地之一。唐代陆羽在其著作《茶经》中提到“淮南茶，光州上”，唐宋时期，信阳茶已经成为宫廷贡品，而苏东坡更是赞誉“淮南茶，信阳第一”。从清末到民国初期，信阳茶业的发展形成了八大茶社，信阳毛尖以其“细、圆、光、直”的形态特征逐渐确立了其独特的地位。

茶
TEA

信阳、苏州茶的传入

据《茶业通史》记载：

> 西周初年，云南茶树传入四川，后往北迁移至陕西，以秦岭山脉为屏障，抵御寒流，故陕南气候温和，茶树在此生根。因气候条件限制，茶树不能再向北推进，只能沿汉水传入东周政治中心的河南〈东周建都河南洛阳〉。茶树又在气候温和的河南南部大别山信阳生根。[1]

茶传入信阳后，又向北发展到怀州（今河南省沁阳市）等地，向东沿义阳、光州，入安徽省西部的寿州（今安徽省六安市）[2]，形成淮南茶区。

云南茶树移入四川后，沿长江而下传入湖北。一路由岳阳入洞庭湖到湖南；另一路由九江入鄱阳湖至江西，继而到芜湖，后至宣城，宣城再向东南推移而至江苏、浙江[3]及皖南茶区。但这时茶树栽培主要集中于名山名寺。也有研究认为，信阳茶是沿长江这一路传入的。

唐代以前的信阳、苏州茶

信阳茶有文字可考的历史，始于魏晋时期《桐君采药录》中记载的“西阳、武昌、庐江、晋陵好茗”[4]，西阳故城位于如今的信阳市光山县境内。

西晋杜育任汝南太守时，曾到淮河南岸的西阳县考察茶事，写出了中国第一篇完整记述茶叶从种植到品饮全过程的文学作品《荈赋》。

---

[1] 胡付照 . 中华茶文化与礼仪 [M] . 北京：中国财富出版社 , 2018：105.

[2] 六安今归入江北茶区。

[3] 江苏、浙江今均属江南茶区。

[4] 陆羽 . 茶经 [M] . 沈冬梅，评注 . 北京：中华书局，2015：150.

南北朝北齐天保年间，高僧慧思率徒入住光州大苏山（今信阳市光山县境内），采摘大苏山原始茶，破睡止渴，以助修持。慧思还率徒开辟山林，种植茶树，扩大茶园，将种茶、制茶技艺传授给百姓。可见，信阳种茶至少有 1 600 多年的历史。

苏州何时有茶没有明确的记载。茶的迁移有一个过程，江苏和浙江一带饮茶，从现存的文献资料来看，始于秦汉时期。在秦汉时期，吴人有饮茶的风俗习惯。三国时期，陆玑在《毛诗草木鸟兽虫鱼疏》中记载：

> 椒树似茱萸，有针刺，茎叶坚而滑泽，蜀人作茶，吴人作茗，皆合煮其叶以为香。[1]

椒树，即花椒树，是一种落叶灌木或小乔木，有羽状复叶，枝上有刺，有香味，可用于制茶。但椒树与今天的茶树仍有区别。陆玑是吴地人，对吴地风物多有了解。这段记载表明，东汉时期或之前吴人已有饮茶的习俗。陆玑在《毛诗草木鸟兽虫鱼疏》中又载：

> 山樗与下田樗略无异，叶似差狭耳，吴人以其叶为茗。[2]

这说明在陆玑生活的时代或更早之前，茶已进入吴人的生活，但这一时期的茶也可能不是当下人们所饮用的茶。另外还有一说，认为吴地种茶始于魏晋南北朝时期，但未见文献记载。从《茶业通史》记载的茶树移入路径来看，苏州茶树是从四川（蒙顶山）沿长江水路传播至江苏和浙江一带而来，这是一个比较漫长的过程。

唐代的信阳茶、苏州茶

盛唐经济文化的发展和饮茶习俗的兴起，促进了信阳茶区经济的发展。

---

[1] 陆玑 . 毛诗草木鸟兽虫鱼疏（及其他三种）[M]. 北京：中华书局，1985：56.
[2] 陆玑 . 毛诗草木鸟兽虫鱼疏（及其他三种）[M]. 北京：中华书局，1985：52.

唐初，各地官员将名茶作为贡品进献给朝廷。到了唐开元年间，都城长安已是“茶道大行，王公朝士无不饮者”[1]。那时，唐代名茶有50余种，其中就有义阳茶。

唐代陆羽《茶经》把全国产茶地区42州（郡）划分为山南、淮南、浙西、剑南、浙东、黔中、江南、岭南八大茶区。其中，淮南茶区主要指长江以北、汉水以东、淮河以南的信阳和皖西两大茶区。如今信阳市的浉河区、平桥区及罗山县、潢川县、光山县、新县、商城县、固始县，均属淮南茶区，其地所产茶叶品质多为上乘。当时的光州、义阳都是茶叶的著名产地，且品质较好。光州茶，即定城、光山、固始、仙居、殷城5县出产的茶为第一等，其中，光山黄头港（今信阳市光山县杏山、独山）一带的茶和峡州的茶品质相当；义阳郡、舒州（今安徽省潜山市一带）茶为第二等，其中，义阳县钟山的茶和襄州的茶品质相当。

在浙西茶区，《茶经》将湖州茶列为第一等，其中，长兴县顾渚山一带的茶与峡州、光州的茶品质相当，皆属上乘；湖州山桑、儒师二寺及白茅山悬脚岭一带的茶，与襄州、荆州、义阳郡的茶品质相当，品质次于光州的茶。常州出产的茶为浙西茶区第二等，其中，义兴县君山悬脚岭北峰一带的茶，与荆州、义阳郡的茶品质相当。宣州、杭州、睦州、歙州出产的茶为第三等。苏州、润州出产的茶与金州、蕲州、梁州的茶品质相当，为第四等。

唐代的顾渚山，在当时属于吴的地域。隋唐时期，吴地茶叶已经很有名气。唐皮日休《茶坞》诗咏道：

闲寻尧氏山，遂入深深坞。
种荈已成园，栽葭宁记亩！
石洼泉似掬，岩罅云如缕。
好是夏初时，白花满烟雨。[2]

---

[1] 封演 . 封氏闻见记校注 [M] . 赵贞信，校注 . 北京：中华书局，2005：51.

[2] 赵方任 . 唐宋茶诗辑注 [M] . 北京：中国致公出版社 , 2001：88.

诗中的尧氏山，即尧市山。相传，尧时洪水泛滥，四乡居民于此避水，遂成村墟。于是，便有“尧市人稀紫笋多”[1]之咏。

吴地环太湖地区为丘陵地带，连绵不断的山脉，有着适宜于茶树生长的自然因素，这里出产的洞庭碧螺春，自唐朝时期起，就被归入贡茶。

陆羽三次考察茶区

传说，深秋的一个清晨，竟陵（今属湖北省天门市）龙盖寺的智积禅师路过西郊的一座小石桥，忽闻桥下群雁哀鸣之声，走近一看，只见一群大雁正用翅膀护卫着一个男婴。男婴被严霜冻得瑟瑟发抖，智积把他抱回寺中收养。那个弃婴就是后来被称为“茶圣”的陆羽。

《陆文学自传》是陆羽于29岁时为自己写的小传。他在自传中写道：

> 陆子名羽，字鸿渐，不知何许人。有仲宣、孟阳之貌陋，相如、子云之口吃……[2]

他稍大一些，以《易》自筮，占得“渐”卦，卦辞曰：“鸿渐于陆，其羽可用为仪。”于是，他按卦辞由智积禅师定姓为“陆”，取名为“羽”，以“鸿渐”为字。

唐天宝十一载（752年），有一个叫崔国辅的人，被朝廷贬为竟陵司马。此人嗜茶，他常与少年陆羽一起出游，品茶鉴水，谈诗品文，两人竟成了忘年交。有一天，陆羽说他想去巴山峡川一带，看看那里的茶叶生长情况。崔国辅不能与之同去，就以白驴、乌犎牛及文槐书函相赠。陆羽一人逢山驻马采茶，遇泉下鞍品水，目不暇接，口不暇访，笔不暇录，

[1] 赵方任.唐宋茶诗辑注[M].北京：中国致公出版社，2001：13.
[2] 陆羽，王麓一.茶经[M].北京：中国纺织出版社，2018：10.

游历半年多，锦囊满获，这才回来。

唐天宝十四载（755 年），陆羽又从竟陵出发，走水路，逆巾水（今天门市石河镇东河），经新阳（今湖北省京山市），越大洪山，过随州，直抵桐柏山，翻过太白顶，到达淮河源。这淮河起源于河南省桐柏山太白顶北麓。陡峭幽深的溪谷、古松入云的太白顶、众多的瀑布……让韦应物、何景明等历代文人墨客在此留下了千古绝唱。据说，诗仙李白写下过“寻幽无前期，乘兴不觉远”的绝句，韦应物以“因何去不归，淮上有青山”表达留恋之情，明代“前七子”之一的信阳诗人何景明流露出“他年淮源能相访，桐柏山中共结庐”的强烈愿望。山上有寺有茶，特别是有晶莹清澈的泉水，用来泡茶，自是一绝。陆羽高兴极了，时逢早春，惠风始拂，茶芽初萌。他采撷嫩叶，自己煮茶，春潮月夜，邀僧人一道在泉边品饮。山间泉水清澈叮咚，林中鸟儿婉转啼鸣，皓月当空，白云徐渡，天上一轮明月宛如水中之镜，此处幽景，此种雅兴，不是神仙，胜似神仙。

陆羽在此地游玩了数日，然后向东到申州义阳，过罗山至光州。一路上，到处是大片的茶园，还有许多佛道寺观。最著名的有义阳的贤隐寺、钟山的灵山寺、光山的净居寺等。陆羽在义阳、钟山两县停留一段时间后，进入光山县境内。此时，正值采茶时节，陆羽在光山县黄头港一带，对茶事进行了考察。3 月下旬，陆羽到达光州治所定城（今信阳市潢川县）。4 月初，陆羽向东南进入固始县南部山区。

固始县南部系大别山北麓，群山起伏，重峦叠嶂。当时，这一带有大面积的茶园。陆羽来固始访茶，此事在民间也有很多传说与记述。如学者程启坤主编的《信阳毛尖》一书中说：

> 传说，陆羽路过固始县祁门山紫阳洞时饥渴难忍，随香客入洞内，掬石泉而饮，清洌甘甜；采嫩茶而食，清香鲜醇。洞中舒适凉爽，烦躁全消。神龛上供有茶仙子安石像，案上香烟袅袅，

他立即礼拜，愿结茶缘，于是歇脚洞内。

陆羽下榻紫阳洞，被这里的水光山色、泉甘茶香所迷恋。他平时与崇佛寺、太阳庙、观音洞等寺院禅师为友，白天观察茶树，采制茶叶，晚间作诗品茶，探讨茶事。[1]

据资料推测，陆羽在紫阳洞中居住了 1 个多月，对齐山及其周围的茶事进行了认真考察。大约在 5 月中旬，他翻越大别山往回走，在黄州穆棱关小居数日后，于盛夏之际，回到竟陵。这次考察，对其日后撰写《茶经》奠定了重要基础。

唐天宝十五载（756 年），陆羽开始了他为期最长的一次考茶活动，直至唐建中元年（780 年），历时 24 年，足迹遍布湖北、湖南、安徽、山东、江苏、江西、浙江等省。

唐至德二载（757 年）3 月，陆羽经好友、高僧皎然介绍，与诗人刘长卿一起前往洞庭西山考察茶事。在包山寺方丈维谅的引介下，二人来到地处深山的水月禅寺，陆羽与诗人刘长卿挽袖徐行，并在水月禅寺旁采茶品茗。因茶产于水月坞，人们便称之为“水月茶”（又名“小青茶”）。

洞庭西山水月禅寺（宋桂友摄）

[1] 程启坤 . 信阳毛尖 [M]. 上海：上海文化出版社，2008：9.

那是一次美妙的水月禅寺之行。那时，他们俩都正值风华正茂的年纪。刘长卿家住宣城，登进士第后，被派到苏州下属的长洲县当县尉，他经皎然介绍结识了陆羽。有意思的是，两人去游水月禅寺时，牵线人皎然竟不知道。皎然来到太湖之滨的姑苏城外去寻陆羽，却扑了个空，很是无奈，便留下一首诗《访陆处士羽》。

皎然本姓谢，是南朝宋大文豪、山水诗奠基者谢灵运的十世孙。他时常住在吴兴（今浙江省湖州市）杼山妙喜寺，茶是他重要的陪伴与寄托。当陆羽来到这里后，二人情趣相投，一日不见宛如三秋。陆羽搬到丹阳山的新居后，有一天，皎然想约陆羽出游，就登门拜访，可惜陆羽又进山拜访老茶农了，皎然很是怅然，写下《寻陆处士不遇》一诗。

皎然两次拜访好友都没能见到面，心中自是遗憾。但亏得皎然没能见到陆羽，不然他就不会在惆怅之际写下这些好诗了。而水月禅寺的水月茶因与陆羽结缘，从此开始逐渐闻名于世。

刘长卿也是个诗人，那次他在洞庭西山水月禅寺却没留下诗篇；倒是他后来到随州做刺史时，途经信阳，留下了不少诗篇，诸如《穆陵关北逢人归渔阳》《使还至菱陂驿渡浉水作》。

刘长卿晚年在陆羽的家乡湖北做官时，他一定会怀想当年的老友。只是他不曾知道，那时这个老友已隐居苕溪（今浙江省湖州市），经常身披纱巾短褐，脚着芒鞋，独行山野，采茶觅泉，杖击林木，手弄流水，在迟疑徘徊之间，写下了流传千古的《茶经》。

陆羽在《茶经》中把苏州的茶叶评为第四等，还是最后一等，这引发了那些不懂茶史的苏州人高叹——苏州的茶样样都好，不应沦为末等。

不过，洞庭碧螺春为苏州的茶叶正了名。而苏州的茶人一点儿也没有责怪茶圣，甚至还在水月禅寺为茶圣立了一座雕像。

陆羽造像（宋桂友摄）

对于水月茶，宋代朱长文在《吴郡图经续》中记载：

洞庭山出美茶，旧入为贡……近年山僧尤善制茗，谓之水月茶，以院为名也，颇为吴人所贵。[1]

这表明唐宋时期洞庭山出产的茶已被列入贡茶，但有文字明确记载的贡茶则是在宋代。

唐乾元元年（758年），陆羽来到升州（今江苏省南京市），寄居于栖霞寺，钻研茶事。次年，他旅居丹阳，后隐居湖州杼山，撰写《茶经》，完成《茶经》3卷，《茶经》由此成为世界上第一部茶叶专著。幸运的是，陆羽曾留迹于吴越故土和信阳这片古楚大地，并将苏州和信阳的茶叶都写进《茶经》。而该书也成为如今人们研究两地茶叶的重要史料。

[1] 王镇恒，王广智．中国名茶志[M]．北京：中国农业出版社，2000：48.

宋明时期信阳茶、苏州茶

虽说苏州的茶在唐代属于第四等，但这只是陆羽就当时考察的情况所说的。而唐代以后，宋明时期出现散茶，其炒制方法各地皆不同，全国的茶叶质量也发生了显著变化。

唐时的水月茶虽名声殊然，但真正为“吴人所贵”、选为贡品、有史可依的应在宋代。北宋李宗谔《吴郡图经》、乐史《太平寰宇记》均对其有过记载。宋时，水月茶是饼茶，与今卷曲成螺、浑身披毫的洞庭碧螺春形态不同。茶界一说，水月茶为洞庭碧螺春的前身。明王鏊《姑苏志》云：

> 茶出吴县西山，谷雨前采焙极细者贩于市，争先腾价，以雨前为贵也。[1]

明代出现炒青茶，水月茶外形变得纤细，跟如今的洞庭碧螺春形制相近。洞庭碧螺春独特的螺旋形，相传是明代水月禅寺僧人受佛像上螺状头发所启发而创。

北宋时，水月禅寺僧人所制的茶颇受人们喜爱。水月禅寺是南朝梁大同四年（538 年）建造，于唐光化中期重建，唐天祐四年（907 年）苏州刺史曹珪曾将其命名为明月禅院。北宋大中祥符年间，真宗赐名水月禅院，苏舜钦曾作《苏州洞庭山水月禅院记》一文，水月茶因水月禅院而得名。

《西山镇志》称，水月茶便是洞庭碧螺春的前身，因产茶的山坞名为小青坞，故又称“小青茶”。陈继儒《太平清话》云：

> 洞庭小青山坞出茶，唐宋入贡，下有水月寺，即贡茶院也。[2]

---

[1] 苏州太湖历史文化研究会，苏州文化研究会 . 太湖文化：第 2 辑 [M] . 苏州：古吴轩出版社 , 2015：193.

[2] 陈继儒 . 太平清话 [M] . 北京：中华书局，1985：84.

水月茶虽然贵为贡品，但由于年代久远，文献记载语焉不详，没有更多的故事可以追寻。明弘治《三吴杂志》转引《洞庭实录》记载，东汉延平元年（106 年），道士墨佐君于缥缈峰西北麓，筑坛求仙。坛上有池广约半亩，池下水分南北，百步外有地名吃摘，出茶最佳。古谚云："墨君坛畔水，吃摘小春茶。"明宣德八年（1433 年），西山堂里富商徐家出资，水月禅寺方丈妙潭主持建造茶圣陆羽像，立于墨佐君坛边，每年开茶前祭祀，以保佑西山茶业兴盛。"文化大革命"期间，寺庙被毁。2005 年，重建水月禅寺，复立陆羽像。这就是前文提到的那座茶圣像。

除了水月茶，苏州虎丘白云茶和天池茶也是宋代苏州的名茶。

虎丘山，传说阖闾葬于此山中，水银为灌，金银为坑，以十万人治冢，取土临湖。葬后三日，有白虎踞其上，故名虎丘山。唐代避讳，曾改名武丘，旧名海涌山。

虎丘离阊门不过七里，有山塘蜿蜒相通，即闻名天下的虎丘山塘。据晋人王珣称，那时山"两面壁立，交林上合，蹊路下通，升降窈窕，亦不卒至"[1]。

白居易任苏州刺史时，凿渠筑堤，以通南北，而达运河，这才有了今日山塘的模样。陆羽的老朋友颜真卿当过湖州刺史，也曾为虎丘山的剑池题名"虎丘剑池"。宋代文豪苏东坡更是说出了被当今虎丘山风景名胜区用作推广语的名句："到苏州不游虎丘乃憾事也。"虎丘也因此成了品茗香茶的佳处，清人杨韫华《山塘棹歌》诗云：

茶寮高隐绿杨枝，玉几堆盘位置宜。
一碗香茗数家食，眼前无地觅贫儿。[2]

---

[1] 王稼句 . 苏州山水名胜历代文钞 [M]. 上海：上海三联书店，2010：2.
[2] 苏州市文化局 . 姑苏竹枝词 [M]. 上海：百家出版社，2002：353.

颜真卿题虎丘剑池（张慧摄）

虎丘白云茶，又称“白雪茶”。相传，苏轼品啜后，大为赞赏，书题“精品”。据收录在《檀几丛书》第五联中的清人陈鉴《虎丘茶经注补》的记载，虎丘白云茶在唐宋时期就有，从此书中还可以看出当时苏州文人的饮茶风气。

徐天全有齿谪回，每春末夏初，入虎丘开茶社。[1]

罗光玺有《观虎丘山僧采茶作诗寄沈朗倩》，诗云：

晚塔未出烟，晓光犹让露。
僧雏启竹扉，语响惊茶寤。
云摘手知肥，衲里香能度。
老僧是茶佛，须臾毕茶务。[2]

---

[1] 阮浩耕，沈冬梅，于良子. 中国古代茶叶全书[M]. 杭州：浙江摄影出版社，1999：437.

[2] 阮浩耕，沈冬梅，于良子. 中国古代茶叶全书[M]. 杭州：浙江摄影出版社，1999：438.

虎丘白云茶园（张慧摄）

虎丘茶原为野生茶，生长在虎丘金粟山房附近、离剑池不远的平缓山坡上。这块不大的茶岭，不仅有十分适宜茶树生长的烂石砂壤，还有天然泉水的灌溉。就这几分地，造就了江南历史上名震天下的名茶。唐代苏州刺史韦应物曾写《喜武丘园中茶生》：

洁性不可污，为饮涤尘烦。
此物信灵味，本自出仙源。
聊因理郡余，率尔植山园。
喜随众草长，得与幽人言。[1]

韦应物一句“率尔植山园”，写出了当时虎丘山和尚植树种茶的情景。

陆羽曾在虎丘山住过一段时间。山上的云岩寺，香火旺盛，他就住在寺里，每日用虎丘山的泉水泡虎丘茶。虎丘山的泉水甘甜，陆羽把全国各

[1] 阮浩耕，沈冬梅，于良子.中国古代茶叶全书[M].杭州：浙江摄影出版社，1999：437.

地的泉水排了名次，列出前 20 名，他认为苏州虎丘寺的石泉水排名第五，并给予了很高的评价。如今，虎丘山茶园里有一口井，水质清冽而甘，名陆羽井，相传为陆羽所掘，已不可考。

虎丘云岩寺塔（张慧摄）

虎丘茶的茶香和虎丘山的美景，还有虎丘寺的石泉水使人们在物质上、精神上都得到充分的享受和满足。《苏州府志》记道：

虎丘金粟山房旧产茶，极佳。烹之，色白如玉，香味如兰，而不耐久，宋人呼为白云茶。[1]

《虎阜志》卷六称虎丘茶：

僧房皆植。名闻天下。谷雨前摘细芽焙而烹之，名为“雨前茶”。其色如月下白，其味如豆花香。[2]

到了宋代，虎丘茶已相当有名，号称“奇珍”。虎丘的僧人在谷雨前采摘，撷取细嫩之芽，虽说叶色微黑，不甚苍翠，但焙而烹之，其色如

[1] 谢燮清，章无畏，汤泉 . 洞庭碧螺春［M］. 上海：上海文化出版社，2009：95.
[2] 顾禄 . 桐桥倚棹录［M］. 上海：上海古籍出版社，1980：140.

月下之白，其味如豆花之香，氤氲清神，涓滴润喉，令人怡情悦性。

明代虎丘茶已发展为名冠天下的茶种。谈迁《枣林杂俎》云：

> 自贡茶外，产茶之地各处不一，颇多名品，如吴县之虎丘、钱塘之龙井最著。[1]

罗廪《茶解》评茶说：

> 茶色贵白。白而味觉甘鲜，香气扑鼻，乃为精品。盖茶之精者，淡固白，浓亦白，初泼白，久贮亦白。味足而色白，其香自溢，三者得则俱得也。[2]

而虎丘茶正符合这一标准，其香似兰花者为上品，蚕豆花者则次之。而屠隆《茶笺》则直述：

> 虎丘，最号精绝，为天下冠。[3]

《苏州府志》引文震孟《薙茶说》赞道：

> 吴山之虎丘名艳天下，其所产茗柯亦为天下最，色香与味，在常品外，如阳羡、天池、北源、松萝俱堪作奴也。以故好事家争先购之。[4]

清代茶学家陈鉴在补注《茶经》时，也记载了虎丘茶，他说虎丘茶树开的花“比白蔷薇而小，茶子如小弹”。当时这种茶数量已经极少，他曾采了几片嫩叶，同一个要好的茶侣“小焙烹之，真作豆花香”。[5]

然而，虎丘茶名声虽响，却因为隙地极小，产量很低，竭山之所入，

---

[1] 谈迁 . 枣林杂俎 [M] . 北京：中华书局，2006：477.

[2] 阮浩耕，沈冬梅，于良子 . 中国古代茶叶全书 [M]. 杭州：浙江摄影出版社，1999：275.

[3] 静清和，茶与茶器 [M] . 北京：九州出版社，2017：150.

[4] 王思明，周红冰 . 江苏农业史 [M] . 南京：江苏人民出版社， 2023：289.

[5] 阮浩耕，沈冬梅，于良子 . 中国古代茶叶全书 [M] . 杭州：浙江摄影出版社，1999：434.

不满数十斤（1 斤等于 500 克），所以真正的虎丘茶十分名贵。因为虎丘茶的产量很低，主要由附近的居住者采摘，所以陆羽就未将虎丘茶载入《茶经》。但陆羽不曾想到，他没写进《茶经》的虎丘茶，竟是如此命运多舛。当时的虎丘茶园归虎丘寺和尚管理，属于寺产。到了明万历年间，苏州官吏都以虎丘茶奉承上司。每到春季，茗花将放，吴县、长洲县的县令就封闭茶园。清人尤侗说过“虎丘之茶，名甲天下；官锁茶园，食之者寡”[1]。待到茶树抽芽时，狡黠的吏胥便逾墙而入，抢先采得茶叶。后来者不能得，便怪罪僧人，常常将僧人痛笞一顿，还要索要赔偿。僧人不堪其苦，又无可奈何，只能攒眉蹙额，闭门而泣。

官吏们垂涎三尺，竞相掠夺，而平常百姓，连茶香都闻不到。屠隆在《考槃余事》里感叹虎丘茶：

> 惜不多产，皆为豪右所据，寂寞山家，无繇获购矣。[2]

这种情况持续了 30 余年，明天启四年（1624 年），有位朝中大员来苏州考察。他早年听闻虎丘茶的大名，加之又嗜茶如命，便叫虎丘寺和尚献茶。由于茶树仅有几十株，寺僧所采茶叶又十分有限，而且苏州本地有权势者向寺僧索茶者不止一人，加上寺僧偶尔也会饮用，早就无茶可献了。那位朝中大员不信，派人把住持捉来，对其用刑索要虎丘茶。但僧人们依然交不出虎丘茶，那位朝中大员只得放回遍体伤痕的住持。悲愤欲绝的住持被抬回寺院后，命寺僧把茶树连根给刨了。清代文人文震孟曾写过一篇文章，题目叫《薙茶说》，讽喻的就是这件事。《吴郡虎丘志》中记道：

> 近因官司征以馈远，山僧供茶一斤，费用银数钱。是以苦于赍送，树不修葺，甚至刈斫之，因以绝少。[3]

[1] 静清和 . 茶与茶器 [M] . 北京：九州出版社，2017：182.

[2] 屠隆 . 考槃余事 [M] . 秦跃宇，点校 . 南京：凤凰出版社，2017：101.

[3] 陆羽，陆廷灿 . 茶经 · 续茶经 [M] . 北京：团结出版社，2017：329.

令人难以置信的是，清康熙年间，茶树又奇迹般地长了出来，然而官吏们又重蹈覆辙，巧取豪夺。当时，汤斌抚吴，虽严禁属员馈送，但寺僧看到茶树已经怕了，就疏于管理，这些茶树也就自生自灭，逐渐衰萎。

到了清乾隆初年，任兆麟为修纂《虎阜志》遍访虎丘时，与龙井齐名的虎丘茶已芳踪难觅，他不由感慨，题《金粟山房访得白云茶数本》诗云：

寂寂山房昼不开，灵茶传说胜天台。

一声残磬出深竹，溪上白云人独来。[1]

好在这时，洞庭碧螺春已逐渐取代了虎丘茶的地位，成了贡品。

虎丘茶虽被称为“茶中奇物”，可惜不易多得。那时，位于苏州西郊的天池山所产的天池茶，也很有名气。明张谦德《茶经》说：

茶之产于天下多矣。若姑胥之虎丘天池，常之阳羡，湖州之顾渚紫笋……[2]

天池茶始于明朝，当时的天池茶已被列为上品。然而，天池茶的炒制技术已无史籍可稽，唯能确证的只有天池茶之产地，乃是苏州的天池山。明人高濂《遵生八笺》云：

若天池茶在谷雨前收细芽，炒得法者青翠芳馨，嗅亦消渴……[3]

明人王士性《广志绎》也称：

虎邱天池茶，今为海内第一。余观茶品固佳，然以人事胜。其采、揉、焙、封法度，锱两不爽。即吾台大盘（“大盘”亦名茶名）不在天池下，而为作手不佳，真汁皆揉而去，故焙出

[1] 任兆麟 . 虎阜志 [M] . 刻本 .1792（乾隆五十七年）：卷六 3-4.

[2] 阮浩耕，沈冬梅，于良子 . 中国古代茶叶全书 [M] . 杭州：浙江摄影出版社，1999：228.

[3] 陈椽 . 茶业通史 [M] . 北京：农业出版社，1984：189.

色味不及彼……[1]

天池山比起虎丘山来更为偏僻，游人鲜至，故颇为清凉。天池山景色宜人，林木葱郁，松柏挺拔，苍岩蔽日，长松夹径，山道蜿蜒，泉水潺流，颇有幽异之趣。在这样的环境中生长出来的天池茶，自然是“青翠芳馨，啖之赏心，嗅亦消渴，诚可称仙品。诸山之茶，尤当退舍”[2]。

天池茶在清初就已失记，其中缘故不得而知。当虎丘茶、天池茶等声名远扬时，洞庭碧螺春还“养在深闺人未识”，即便是“吓杀人香”的名字，也尚未出现。

与苏州茶区茶树仅在寺院栽植不同，从唐宋到明，信阳茶区的民众多有种植茶树。信阳茶区能种植茶树的地域很广，产量也大。宋代时期，全国出现了更多名茶，义阳茶不再是贡茶，但信阳茶仍有较高的知名度，苏东坡就曾评价淮南茶为信阳第一。马端临《文献通考》所载的名茶中，有产于光州一带的东首、浅山、薄则 3 种名茶。信阳茶区当时以种植面积和产量闻名于世，茶区年产干茶的能力达到 100 万斤，产量仅次于四川成都和江南东西路。信阳境内设有光山、子安、商城 3 个卖茶场，成为淮南 13 个卖茶场中 3 个主要的卖茶场，茶叶贸易异常活跃。北宋时期，对于茶叶产量有较为详细的记载：河南 3 场每年卖茶共 935 799 斤，占 13 场卖茶总量的 1/5。宋代沈括《梦溪笔谈》卷十二记载：

十三山场租额钱共二十八万九千三百九十九贯七百三十二，共买茶四百七十九万六千九百六十一斤；光州光山场买茶三十万七千二百十六斤，卖钱一万二千四百五十六贯；子安场买茶二十二万八千三十斤，卖钱一万三千六百八十九贯三百四十八；商城场买茶四十万五百五十三斤，卖钱

[1] 刘淼 . 明代茶业经济研究 [M]. 汕头：汕头大学出版社，1997：25.
[2] 屠隆 . 考槃余事 [M]. 秦跃宇，点校 . 南京：凤凰出版社，2017：101.

二万七千七十九贯四百四十六……[1]

刘琳主编的《全宋文》载《赐知光州郭昭昇进新茶敕书》，我们也能从中见其盛况：

茶品之英，淮区攸产。当新阳之盈债，先百莳以萌滋。著厥贡条，是为方物。逮此甘芳之荐，弗违采撷之期。[2]

然而到了明代，由于茶税过重，压榨茶农，茶业渐衰。《茶业通史》载：明神宗万历六年（1578 年），河南省收茶税 1 280 贯，折算茶叶 12.8 万斤，加上 20% 的自饮、走私茶等，共计 15.36 万斤。与沈括所记河南 3 个卖茶场每年卖茶的产量相比，这时茶叶每年的产量已锐减 78.22 万斤。明代信阳茶区的产量只有宋代的 16%，衰落至此，可谓惨痛。至明末，信阳茶树被伐殆尽。1936 年的《重修信阳县志》记载：

大茶沟、中茶沟、小茶沟在五斗峰之北，皆明产茶地，尚有遗株。[3]

这是史志中唯一能看到的有关信阳明代产茶的记载，此外还有部分信息散见于少量的明代诗词中。《重修信阳县志》给出了明代信阳茶衰落，仅存遗株的原因：明末因茶税过重，又遭匪劫，所以茶树被砍伐殆尽。

明末毁坏严重的信阳茶园，元气难以恢复，直到清末才有起色。清代康熙年间对明代王象晋编撰的《群芳谱》加以改编、刊正、增益而成的《广群芳谱》有茶谱 4 卷，其中有“瀑布山一名紫凝山，产大叶茶”[4]的记载。

[1] 沈括．梦溪笔谈［M］．包亦心，编译．沈阳：万卷出版公司，2019：143.

[2] 曾枣庄，刘琳，四川大学古籍整理研究所．全宋文：第 10 册［M］．成都：巴蜀书社，1990：637.

[3] 方廷汉，谢随安．重修信阳县志［M］．汉口：洪兴印书馆，1936：卷三 4.

[4] 汪灏，等．广群芳谱［M］．上海：上海书店出版社，1985：435.

这时的信阳茶，与江南、福建一带茶叶的差距已十分明显，它仅仅在河南省内有些名气，像东首、浅山、薄则这些地方名茶，都遭遇了与苏州虎丘茶、天池茶一样的命运，逐渐消失在历史的长河中。那时候，信阳茶就像一个人走在风雨飘摇的人生路上，其生存本身就是一场艰难的旅行。

洞庭碧螺春与信阳毛尖的由来与发展

当虎丘茶、天池茶几乎绝迹时，有一种茶横空出世，那就是洞庭碧螺春。

提及洞庭碧螺春的由来，众说纷纭。有人说，洞庭碧螺春因最初产于碧螺峰而得名；有人说，“碧螺春”三个字实指茶之色泽、形态、时间（茶色碧绿，外形曲似螺，采制于早春）；有人说，是因为碧螺姑娘从悬崖上采回茶叶救了情郎的性命而得名；还有人说，是康熙帝饮后大加赞赏，御赐“碧螺春”而得名。

关于洞庭碧螺春的由来，陆廷灿的《续茶经》载：

> 洞庭山有茶，微似岕而细，味甚甘香，俗呼为吓杀人。[1]

另据王彦奎《柳南续笔》卷二记载，洞庭碧螺春本是生长于洞庭东山碧螺峰石壁下的野茶，每年茶树发芽，当地人就去采摘，盛在竹筐里拿回家来作为日常的饮品。

康熙年间，又到了采茶的时候，当地人照例又上山采茶了。不知何故，那年茶树特别茂盛，茶叶产量较高，带去的竹筐盛不下，只得置于怀中，想不到茶得到热气，异香扑鼻而来，当地人便纷纷喊道：“吓杀人香。”于是，大家就将这种野茶称为“吓杀人香”。从此以后，每当采茶季节，当地的男女老幼都会沐浴更衣，倾室而往，且不再使用竹

[1] 陆羽，陆廷灿 . 茶经 · 续茶经 [M] . 北京：团结出版社，2017：329.

筐，而是直接将采得的“吓杀人香”塞入衣襟之中，满怀而归。

当地人中有一位名叫朱正元的人，其制茶手法精绝，他家焙制的“吓杀人香”尤称妙品。

清康熙三十八年（1699 年），康熙第三次南巡，车驾过太湖时，巡抚宋荦便以朱正元焙制的“吓煞人香”进献，康熙品尝后赞不绝口，但认为此名不够雅致，便御题“碧螺春”。碧螺春这个名字取得非常贴切，其形状卷曲如螺，色泽澄绿如碧，滋味甘甜芬芳，条索纤细，又有茸毛披覆，蕴涵着无尽的春意。

自那时起，清朝每年都要采办碧螺春进贡，这也成了历任苏州大吏的一项任务。然而，康熙南巡，言行详见于《苏州府志》卷首，却未见有康熙题名“碧螺春”之事，或许王彦奎所记，也是口耳之传。

不管洞庭碧螺春的名称由来如何，该茶历史悠久，早为贡茶无疑。随着洞庭碧螺春的名声越来越响，洞庭碧螺春也就成了稀罕之物。《茶业通史》在介绍清代名茶时称：

> 江苏太湖洞庭东山所产的上等绿茶，全部是嫩芽，外形细嫩卷曲，似螺形，色泽绿褐，蒙披白毛，香味淡，汤色清翠澄澈，叶底细嫩微白。汤色深碧，味极幽香，称为碧螺春。[1]

洞庭碧螺春是 1986 年注册的，洞庭山碧螺春则是 1998 年核准注册的商品原产地名称，洞庭山碧螺春是江苏省首个地理标志商标，自 2002 年起，“洞庭（山）碧螺春茶”被批准为原产地保护产品，2020 年“洞庭山碧螺春”获得地理标志认证，认证产品的产地为江苏省苏州市吴中区的洞庭东山和洞庭西山（吴中区所辖东山镇、金庭镇行政区域范围），仅这些区域被明确为洞庭（山）碧螺春的地理标志保护范围。苏州有多地生产碧螺春。广义的苏州碧螺春除了洞庭碧螺春，还包括苏州其他地方生产的碧螺春，但是只有产自地理标志保护范围内区域的碧螺春才

[1] 陈椽 . 茶业通史［M］. 北京：农业出版社，1984：256.

可以使用“洞庭（山）碧螺春”的地理标志认证。

在洞庭碧螺春出现约200年后，信阳茶区在沉寂了300多年后，信阳县的蔡竹贤、甘以敬、陈一轩、王选青等一群民间茶人，借时而动，兴办茶社，让信阳茶区凤凰涅槃。从此，信阳茶叶也走上了复兴之路。

1962年11月，信阳专区信阳市政协文史资料征集组整理的《信阳毛尖概述》及后来黄执优所著《信阳毛尖古今谈》，都写到了“八大茶社”之首元贞茶社的创建经过。1902年，信阳县李家寨人甘以敬开始开发荒山，种植油桐、油茶、桑、麻，尤其是对种茶非常上心。1909年前后，他率先响应蔡竹贤种茶的倡议，找信阳商会会长王子谟，以及同盟会会员刘墨香和地主彭清阁等商量开山种茶，他们决定招股集资[1]，成立元贞茶社，在震雷山北麓种植茶树。元贞茶社成为信阳有史以来的第一个茶叶生产的组织。由于初次试办缺乏经验，加上茶叶销路没打开，虽然生产了几百斤茶叶，但除分送各位股东和亲朋之外，其余都积压在山上。第一次办社的尝试以失败告终。

但这次失败并没有挫伤信阳茶人种茶的热情，又有更多的信阳茶人投身种茶事业。清末时期，信阳县已有3家茶社，即元贞、宏济、裕申。民国初年，再设立5家茶社，即广益、森森（后更名万寿）、龙潭、广生、博厚。这些茶社号称“信阳八大茶社”。

元贞茶社在震雷山种茶30余亩3.1万窝，广益茶社在观音堂胜泉寺种茶60余亩6.3万窝，裕申茶社在甘家冲、小孙家冲种茶30余亩3万余窝，车云（宏济）茶社在车云山种茶80余亩8万余窝，博厚茶社在白马山种茶30余亩3万余窝，万寿茶社在万寿山种茶40余亩4万余窝，龙潭茶社在黑龙潭、天心寨种茶40余亩4万余窝，广生茶社在三角山种茶80余亩

[1] 按照当时的标准，元贞茶社招股集资是以5串铜钱为1股、1 000文为1串铜钱、800文为银洋1元计算的。

8万余窝。各社年产茶叶1万余斤。

这一时期，信阳茶主要是从安徽、浙江、湖南等省引进良种，并借鉴、吸收六安瓜片和西湖龙井的制茶工艺技术。信阳茶外形与六安瓜片、西湖龙井一致，也是扁条状，多称“信阳瓜片”。也有人根据采制季节、茶叶形态等特点，称其为“跑山尖、雀舌、锋尖、锋针、贡针、白毫、回青”等。

1915年，车云茶社生产的车云龙井在美国旧金山举行的巴拿马太平洋万国博览会上获金质奖章，信阳茶叶从此名声大振。

“毛尖”一词，最早出现在民国初年。因车云茶社所产茶叶色泽翠绿，芽叶细嫩，有峰梢；精制后，紧细有尖，并有白毫。那时，他们把产于当地的茶叶称为“本山毛尖”或“毛尖”。在茶叶销售中，车云茶社感受到后起的信阳茶处于竞争劣势，在车云龙井获得巴拿马太平洋万国博览会金质奖章后，就希望车云茶社创设自己的品牌，最后确定创立“本山毛尖”品牌。车云茶社首次启用“毛尖”一词，并报备茶业公所，独享毛尖品牌专有权，其他茶社不得使用。由于车云茶社茶叶外销数量较多，外地市面遂有“信阳‘本山毛尖’”之说，并逐渐简化出信阳毛尖。如今，信阳毛尖之名，实由车云茶社本山毛尖发展演变而来。

相比于洞庭碧螺春，要晚200多年出现的信阳毛尖在民国时期尚处于起步阶段，那时候产量也很低，在本地仅有少数人饮用。民间虽有十大名茶之一的说法，但出了信阳，人们对信阳毛尖知之甚少。1958年，信阳毛尖参加由全国十大名茶评比会所举办的评选活动，以外形细紧、圆结、光滑、挺直，色泽翠绿，白毫显露；内质汤色鲜绿明亮，香气鲜高，滋味鲜浓，回味甘甜耐久，叶底绿整，被评为全国十大名茶之一。信阳毛尖从此跻身于中国十大名茶之列，这也算是绿茶发展史上的一个奇迹。

100多年前，洞庭碧螺春与信阳毛尖同在巴拿马太平洋万国博览会荣获金质奖章，又同居中国十大名茶之列，可谓绿茶双星，天作之合。

江苏苏州
河南信阳

一方水土

苏州与信阳两地茶叶生长环境

陈椽《茶业通史》说，在西双版纳丰富的茶树资源中，古老茶区的茶树都生长在高层森林树冠的荫蔽之下。在天然林中，茶树一般居于中层，上层是高大的阔叶乔木，林下疏朗透光，以至于形成茶树半阴性生态的特性。茶区土壤一般为棕色森林土，酸性的黄棕壤、红壤，地面布满枯枝落叶，土层深厚松软。西双版纳这个地区或是茶树原产地。

茶树在经历自然或人为的迁移传播后，于多种不同的地理环境中被驯化。在不同气候条件的作用下，茶树的外部形态特征及内部的新陈代谢过程均发生了改变。当茶树向北、东北、西北地区扩散时，由于受到寒冷和降水量减少的影响，其生长期变得较短，叶片变小，树干变矮，原本的小乔木植株逐渐演变为灌木。

苏州与信阳两地均为茶叶的种植提供了理想的土壤和气候环境。苏州属亚热带季风气候，四季分明，温暖湿润；无霜期长，春季昼夜温差适宜；空气湿度较高。土壤以黄棕壤、红壤为主，富含有机质。茶区多在丘陵山地，太湖周边多云雾，散射光充足，有利于氨基酸积累。植被覆盖率高，常见枇杷、杨梅等果树与茶树共生。信阳属亚热带与暖温带交界地带，年平均气温较高，雨量丰沛，无霜冻期长，空气湿度高，昼夜温差大。茶区以山地及丘陵地形为主，酸性黄棕壤土质疏松肥沃，有机质含量高。

茶
TEA

《晏子春秋·内篇杂下》讲了这样一则故事：晏子出使楚国时，楚王想侮辱他，说齐国人善于偷窃。晏子答道："我听说橘子生长在淮河以南就是橘子，生长在淮河以北就变成枳了，只是叶子相似，但果实的味道不同。为什么会这样呢？是因为水土不同啊！"

这虽说是则寓言故事，但植物的生长确是如此。生长一种好茶叶的地方，一定有一方好水土。

陆文夫在《茶缘》中说：

> 茶叶是一种很敏感的植物，善于吸收各种气味，山花的清香自然而然地就进入了早春的茶叶里。这不是那种窨花茶的香味，其清淡无比，美妙异常，初饮似乎没有，细品确实存在。有此种香味的碧螺春，才是地道的碧螺春，是任何地方都不能仿造的。此种珍品如今不可多得了，能多得我也买不起。[1]

虽信阳茶区地处我国茶叶生产的北缘，苏州茶区在江南，但二者纬度相近。历史上，苏州与信阳两地茶园面积和茶叶产量都比较小，但茶叶质量能在全国名列前茅，究其原因，实则与优越的自然环境条件密不可分。概括起来，茶叶的生长主要受气候条件、地貌条件和土壤条件的影响。

气候条件

气候条件是影响茶叶种植非常重要的因素。从气候环境来看，洞庭山（含洞庭东山、洞庭西山）地处亚热带湿润气候区，季风特征明显。受太湖及复杂地形的影响，洞庭山气候温暖湿润，四季分明，冬季的温度与苏州市区相比明显偏高。当地，年平均气温在 16—17 ℃，年平均日

[1] 陆文夫．陆文夫文集：第四卷［M］．苏州：古吴轩出版社，2006：312-313.

照时数为 2 190 小时，全年平均日照百分率为 49%，太阳辐射年总量为 4 651.1 兆焦 / 米 ^{2}，无霜期为 244 天，年均降水量为 1 100 毫米，相对湿度为 79%，云雾多。

信阳特别是浉河区属亚热带向暖温带气候过渡区，具有显著的季风气候特征。受淮河及复杂地形的影响，山区气候温暖湿润，四季分明。当地年平均气温在 15.2 ℃，年平均日照时数为 2 052 小时，全年平均日照百分率为 46%，太阳辐射年总量为 4 700 兆焦 / 米 ^{2}，无霜期为 220 天，年均降水量为 1 100 毫米，相对湿度为 75%。

信阳市浉河区与洞庭山的气候尤为接近。两地的茶区，都具备雨量充沛、温暖湿润、无霜期长、日照充足、昼夜时长比例优良的气候环境，这为茶树的良好生长提供了极其适宜的气候条件。

温　度

温度是茶树生长的必要因子，它影响着茶树分布的范围、茶树生长周期的长短及茶叶的产量和质量。适宜茶树生长的温度条件是年平均气温≥ 15 ℃，全年 10 ℃以上的积温≥ 4 500 ℃，多年平均极端最低气温 >-10.0 ℃。茶树发育的最佳温度为 20—25 ℃，最适宜新梢生长的温度条件是日平均气温≥ 18 ℃。采收前 10—20 天日平均气温在 10—15 ℃，特别是采摘前 3—5 天日平均气温为 13—18 ℃时，茶叶品质最优。一般最低气温达 -10 ℃时，茶树开始受冻；-13—-12 ℃时嫩梢、芽叶受冻较重，叶缘发红变枯，使春茶减产；-15 ℃以下的低温，将使地上大部分或全部茶树冻枯。当气温达到 35 ℃时，茶树生长便会受到抑制；如果高温持续时间较长，再加上空气和土壤相对湿度低，茶树会因高温干旱而发育不良。

在气温为 20—25 ℃，降水、湿度等条件都很适宜的情况下，茶树新

梢生长较快，每天平均可伸长1.5厘米以上，而在多数情况下则会超过2.0厘米。若气温超过25 ℃或低于18 ℃时，则新梢生长速度缓慢。若气温在15 ℃以下，生长最缓慢。当气温为20—30 ℃时，茶树生长虽然较快，但茶叶品质将会降低。例如，信阳灌木型大叶种，在春季新梢生长期间，若气温稳定维持在适宜范围内，空气相对湿度维持在75%—85%的情况下，新梢生长良好，轮性正常。如果此时气温下降到15 ℃左右，茶树新梢将立即停止伸展。

在头茶采摘期间，昼夜温差越大，越能加快茶树新梢伸展的速度，同时也有增加产量的趋势；但是在二茶、三茶期间，则恰恰相反，此时平均气温越高，白天的无效高温越多，昼夜温差越大，茶树新梢伸展的速度反而会变缓慢，产量也呈减少的趋势。

春季茶树萌发后，新梢随活动积温（>10 ℃）的增加而不断增长。通常在茶树新梢上，每展开一片茶树嫩叶，约需活动积温（≥10 ℃）90—100 ℃。

信阳茶区大于10 ℃的活动积温一般在4 600—4 900 ℃；江南茶区≥10 ℃的活动积温在5 300—6 500 ℃。信阳茶区与苏州茶区相比，积温条件较差，但仍有适宜茶树生长发育的最佳温度时段。信阳茶区日平均气温20—30 ℃和日平均气温20—25 ℃的持续天数分别为130.2天和63.9天，与苏州茶区基本持平。信阳茶区茶叶的采摘次数少，茶叶产量低的主要原因就在于此。在不同的季节和气候条件下，不同轮次的茶树嫩梢从开始萌发到新梢成熟可采，所需的热量（活动积温或有效积温）各轮次间略有不同，大致需要活动积温（≥10 ℃）400—600 ℃。

茶树开花时的平均气温通常为16—25 ℃。当气温为18—20 ℃，空气相对湿度为60%—70%时，最适宜于茶树花朵的开放。在花蕾形成后期，若气温低于−2 ℃，则茶花不能开放，若低于−5—−4 ℃，则茶树花器将大部分死亡。在秋季，若当年副热带高压势力强盛，冷空气来得迟，则气温多在 25 ℃以上，茶树开花也迟；反之，若当年副热带高压迅速东撤，冷空气到来早，初秋气温较低，则茶树开花也早。

茶树种子发芽的适宜温度为 25—28 ℃。若将茶籽放入温度为 25 ℃，并含有适当水分的湿沙中，保存 15 天左右，茶籽将开始发芽；若温度超过 30 ℃，种子很容易变质，其发芽率逐渐降低；温度达 45 ℃时，茶籽的发芽力将全部丧失。

茶树根系生长与土壤温度密切相关。土壤温度在 10—25 ℃时适宜根系生长，最适宜的土壤温度为 25—30 ℃，低于 10 ℃的土壤，根系生长缓慢。

最冷月平均气温是茶树生长的基本条件之一。信阳茶区地处北亚热带，是茶树适宜分布的北部边缘。所以，最冷月气温对茶树安全越冬至关重要。茶树生长区域 1 月份平均气温高于 0 ℃，在不高于 3—5 ℃的情况下，茶树有一个相对休眠期，这种休眠期有助于茶树在这个温度范围内安全越冬。信阳茶区 1 月份平均气温在 1—2 ℃，一般情况下，信阳茶区的茶树都可安全过冬。苏州茶区 1 月份平均气温为 2.5 ℃，比信阳茶区气温略高，有利于茶树安全过冬。

极端最低气温是茶树是否受冻害的另一个重要指标。在我国东部，由于季风气候特征明显，极端最低气温这个指标甚至比 1 月份平均气温更为重要。信阳地处大别山北坡，冬季极端最低气温的影响比东部地区更为显著。极端最低气温大多高于 −19 ℃，极个别年份也有 −20 ℃，这种低温虽然极少（十几年或几十年才出现一两次），但对茶树亦能构成危害。苏州茶区出现这种极端最低气温的概率比较低，气温条件要优于信阳茶区，但也并非一直风调雨顺。2018 年，苏州下的一场暴雪就冻坏了很多芽芯，采下来的茶叶皆是青的，在 20 多斤鲜叶中，有 7 斤左右是被冻坏的，茶农损失惨重。

茶树是否受冻害，不仅与气温有关，也与茶树品种有关。不同茶树品

种忍耐最低气温的差别较大。信阳境内的茶树绝大部分为信阳群体种，能忍耐 −19 ℃以上的极端最低气温。另外，从信阳近几年的观测研究来看，海拔 300—500 米是逆温多发层。逆温的强度一般也较大，信阳茶区大部分茶园都分布在这一高度范围。每当寒潮到来，由于逆温作用，这一范围茶园的极端最低气温都要比气象站台记录的要高。因此，信阳茶区大面积茶园一般不会受到很大的冻害影响。苏州茶区茶树受冻害的情况也要好于信阳茶区。

最热月份平均气温对茶树也有影响。茶树性喜温暖，然而温度过高则对其生长发育不利。茶树能忍耐的最高气温为 35 ℃；若日平均气温长期维持在 30 ℃以上，或最高气温超越 35 ℃，便会导致茶树生长放缓乃至停滞。

7 月是苏州与信阳两地温度最高的月份，信阳 7 月平均气温一般在 27.8—28 ℃，高于现代划分的西南茶区而低于华南茶区和江南茶区；日平均气温≥ 35 ℃的天数也只有 4—8 天，高于西南茶区而低于华南茶区和江南茶区。月平均气温越高，则越有利于茶树的生长；日平均气温≥ 35 ℃的天数越多，则越不利于茶树的生长。因此，7 月份的气温条件对苏州洞庭山茶树的影响比较大。苏州洞庭山在 20 世纪 90 年代，整个夏天岛上的温度不会超过 36 ℃。但是近几年的夏天，罕见的高温频繁出现，2024 年夏天，38 ℃以上的高温一直持续到 9 月。这段时间，每天晚上 7 时左右，还有很多茶农在给茶园里的茶树浇水。即使是这样，仍然有很多茶树被旱死。

总体来看，信阳茶区的温度条件不及苏州茶区，但能满足茶树正常生长的需求。信阳茶树生长季节的温度条件较差，虽对茶叶产量造成一定的影响，但对茶叶质量的提高有着十分重要的意义。在茶树正常生长的气温条件内，相对较低的气温条件有利于茶叶质量的提高。温度决定着茶树酶的活性，而茶树酶的活性又影响着茶叶中化学物质的变化。高温有利于茶多酚、咖啡碱等的形成，而在温度较低的情况下，茶叶中的芳香物质含量高。这些芳香物质在加工过程中会发生复杂的化学变化，产生许多鲜花的芳香味，因而饮用时清香宜人。在温度较低的情况下，茶叶的栅栏组织和维管束组织发育好，使叶片肥厚，呈多孔状，叶绿素多，含氮量高，持嫩性好；而在温度较高的情况下，茶叶的海绵组织发育好，使叶片变薄，持嫩性差。对形成同样的生物量来说，温度较低使茶叶积累物质慢，其营养生长时间延长，内含物质增多，而高温则使生长期大为缩短，难免影响茶叶质量。所谓“高山出名茶”，其重要原因之一就是山地较高处气温相对较低。在中国越向南，名茶产地的海拔越高。若用水平地带性与垂直地带性的关系进行推算，各种名茶所处的热量条件基本接近。这种热量条件基本上与北亚热带的热量条件相似。也就是说，北亚热带的热量条件是生产名茶的必要条件之一。苏州洞庭山和信阳绝大部分区域都具备生产优质名茶的温度条件。

水　分

水分在茶叶生长中具有极为重要的作用。水分既是茶树的重要组成部分，又承担着茶树生长发育过程中复杂的生理化学反应、物质的吸收与运输等。水分占到茶树植株的55%—60%，茶树体内愈幼嫩的部分含水量愈高，嫩梢上含水量高达75%—80%。一般来说，茶农要想成功栽培茶树，该地的年降水量应在1 000—1 400毫米，而年降水量在1 500毫米左右是茶树生长最适宜的降水量；在茶树旺盛生长过程中，月降水量达到100毫米就能满足茶树生长的需要，如小于50毫米就会受到干旱的威胁。

信阳年降水量在1 000—1 200毫米左右，大部分茶区的年降水量都在1 200—1 400毫米。4—9月，月降水量大大超过100毫米。3—11月，月降水量都大于50毫米。4—9月是茶树旺盛生长的季节，月降水量都在100—250毫米。从茶区的实际情况来看，信阳降水量还要略大于上述数

据。这是因为上述气象站大多分布在平原或盆地中，所处的海拔较低，而处在山坡上的茶园由于受地形的影响，降水量要偏多一些。据“中国亚热带东部丘陵山区农业气候资源及其合理利用”课题协作组实测资料显示，信阳茶区海拔 300—500 米左右的丘陵地区年降水量要比周围平原地区多 50—100 毫米。

苏州茶区年降水量要高于信阳茶区。3—11 月，月降水量都大于 60 毫米，4—9 月是茶树旺盛生长的季节，月降水量都在 100—200 毫米。以 2022 年苏州的降水量统计来看，苏州的年降水量总量为 1 004.2 毫米。苏州的降水量在 3—6 月是最高的，月平均降水量达到 162.3 毫米，而在 7—10 月是最低的，月平均降水量仅为 90.2 毫米。

无论是年降水量还是旺盛生长期的月降水量，苏州、信阳都能满足茶树正常生长发育的需要。与全国其他茶区相比，信阳降水总量并不算充沛，但与江北茶区的其他区域相比，则相对较多。另外，与全国其他茶区相比，信阳的降水季节分配相对均匀，十分有利于茶树的生长和全年茶叶质量的提高。

春季既是茶树旺盛生长的季节，也是茶叶采摘的主要季节。在这一时期内，江南以两湖盆地为中心，受冷暖气流交汇的影响，形成了长时间的降水天气，俗称“春雨”。春雨量大，雨日多。这对江南茶区的春茶生长十分有利。信阳茶区地处冷暖气流交汇中心的边缘。另外，北方冷空气南下在此形成另一个次一级的南北气流交汇中心，两者相互叠加，使信阳茶区春雨量相对较大，降水天数也较多。3—5 月的降水量可达 250—350 毫米，降水天数平均达 30—40 天。这同样对信阳茶区的春茶生长十分有利。春季是两地茶叶高质量、高产量的生长季节。

夏季是两地降水最多的季节，这一时期的降水量主要受季风的影响，降水季节来得迟或早也受此影响。夏季的降水特征有二：一是降水量较大，降水量集中，多以大雨或暴雨的形式出现；二是变化较大，每年季风来的早晚、雨季的长短及降水量的大小等都有很大的变化，年际间降水量可相差几倍。基于此，不同年份可出现初夏旱、伏旱及伏秋旱等旱灾或出现夏涝等涝灾。在夏季出现干旱的年份，一般不利于茶树的生长，对茶叶的品质亦有影响。从信阳的气候资料来看，旱灾出现的概率为 30%，一般持续 1 个月左右。这方面，苏州茶区要好于信阳茶区，旱灾出现的概率较低。由于夏季降水量比较大，并且具有雨热同季的特点，夏季两地茶树基本上都可以良好地生长。

到了秋季，信阳降水量偏少，一般降水量只占全年降水量的 15%—20%。苏州降水量要多于信阳，但也明显少于夏季。信阳虽说降水不多，但由于秋茶采量少或不采秋茶，因而茶树亦可正常生长。洞庭碧螺春只有一季春茶，没有夏茶或秋茶。一般洞庭碧螺春采摘至 4 月底 5 月初就结束了，春茶树早早进入休养期。两地茶树一般在 5 月上旬，都会结束修剪工作，让茶树修身养性，为来年的采摘储存养分。

冬季，苏州与信阳两地降水量都偏少，仅占全年降水量的 3%—8%。由于此时茶树已进入休眠期，这些降水量亦能保证茶树正常越冬之需。

总之，相较而言，信阳茶区的降水量在全国茶区中处于中下等水平，苏州茶区要高于信阳茶区。苏州与信阳两地无论是年降水总量还是月降水量，都能满足茶树生长的需求。

光　照

阳光是茶树进行光合作用、制造有机质所必需的能量源泉。茶叶中的干物质有 90%—95% 是通过光合作用形成的。苏州茶区与信阳茶区的太阳总辐射以 12 月最小、7 月最大。从 3 月到 7 月，太阳总辐射量几乎呈直线上升趋势，8—9 月则迅速下降，9—10 月相对稳定，10 月之后又迅速下降。太阳总辐射量在 3—7 月直线升高，对茶叶生产十分有利。在这段时间内，苏州、信阳区域的气温和湿度都呈上升趋势，这种光、热、水同

期增加的组合，形成了苏州与信阳以春茶生产为主体的格局。

茶树从幼苗出土形成叶绿体后开始进行光合作用，在叶绿素的作用下，二氧化碳和水通过光合作用合成有机物质，以供茶树生长发育需要。光照强度、光质、光照时间对茶树的生长发育有很大影响。在散射光下，生长发育的芽叶内含物丰富，持嫩性好，品质优良。因此，光照强度不仅与茶叶质量有关，而且对茶叶品质形成也有重要影响。无论是春茶还是秋茶，忌强光直射，适合在散射光充足的条件下生长，在一定的遮阴条件下，均表现为氨基酸含量增加、茶多酚含量减少。故而树茶混合种植的茶叶品质更优。茶树在光合作用的过程中，对太阳辐射的光谱成分、辐射能强度或照度、日照时间长短等都有一定的需求，而且随着这些条件的变化而改变。

光照时间的长短直接影响着茶树的开花、结实的时间和茶树冬眠。苏州和信阳都属于高纬度茶区，夏秋季相对较长的日照时数（一般为12—14小时），延迟了茶树开花、结实的时间，使茶树的营养生长时间加长，抑制了茶树的生殖生长，对茶叶生产和茶叶质量的提高十分有利。信阳茶农普遍认为，秋茶质量较高的重要原因可能就在于此。到晚秋初冬季节，日照时数迅速减少，这有利于茶树休眠期的形成，为茶树安全越冬打下了良好基础。

茶树虽然需要一定光照进行光合作用，制造有机物质，但以弱光照为宜，尤其需要有较多的散射光。苏州和信阳两地在春季都处在冬季风向夏季风转换的季节，冷暖气团在淮河、长江流域频繁相遇，云雾和阴雨天气多，空气湿度较高，温度适宜，散射光柔和。在长日照条件下，信阳浉河区西山茶区由于山高云雾多，太阳总辐射强度减弱，散射辐射比例反而增大。在散射辐射比例大的环境下生长的茶叶，叶质嫩绿，叶片肥厚，氨基酸、芳香物质等营养成分增加，香气清爽，滋味甘醇。5月以前，散射辐射呈增长趋势，且大于直射辐射，加之此时又是春雨季节，茶树生长旺盛。茶树鲜叶中大量的叶绿素能有效地利用日光中的蓝紫光和紫外线，促进植物体内蛋白质和其他含氮物质的形成和积累，增加茶叶中的含氮物质和芳香物质，提高茶树嫩梢、新叶的萌发速度。春梢芽叶肥壮，色泽翠绿，叶质柔软，幼嫩芽叶茸毫多，清爽甘甜，茶叶质量极好。因此，春茶，特别是明前（清明前）茶、雨前（谷雨前）茶往往被视为信阳毛尖的珍品。苏州洞庭山茶区海拔较信阳浉河茶区低，加之受海洋气候影响，升温早于信阳浉河茶区，所以 3—4 月是洞庭碧螺春生产的关键季节，明前茶产量要高于信阳浉河茶区。

春满茶乡（吴晓军摄）

3—5 月，在太阳总辐射的月际变化保持相对稳定的同时，气温、降水、日照呈现增加趋势，这种光、热、水等气象要素同期协调变化的组合形式，为培育两地春茶的优良品质，增加茶叶产量奠定了绝佳的环境基础。6—8 月是高温季节，太阳总辐射很强，直射辐射大于散射辐射，这段时间内的茶叶质量要比春茶略差一些。但信阳与江南茶区如苏州、杭州的 7—8 月相比，散射辐射的比例仍高一些。加之这段时间江南茶区正处于高压控制之下，降水量偏少，而信阳降水量较大，散射辐射也较多。在海拔 500—1 000 米的山区，7—9 月雨季太阳总辐射随高度的增加而递减。

由于受夏季风和山区地形对气流抬升的共同影响，信阳境内雾日随高度的增加而急剧增多，云雨量增大，山顶太阳辐射受到云与雾的吸收和散射而减弱，太阳总辐射强度明显小于山麓，太阳总辐射强度随高度的垂直变化呈现出明显的差异性。与江南的丘陵相比，尤其是7—8月，信阳的高山茶园夏、秋季节散射辐射比例高，伏旱轻，这也是信阳毛尖适合采制夏、秋茶的原因。

湿　度

茶树性喜湿润，空气中相对湿度大小直接影响茶叶的产量和品质。一般认为，年干燥度（年可能蒸发量与降水量的比值）小于1的地区为湿润地区。土壤含水量相当于最大持水量的80%—90%为宜，如果高于93%，茶树会出现烂根现象。

年干燥度在0.7以下的地区，可以作为主要产茶区，在此区域内的茶树可以进行大面积栽培。若年干燥度在0.5左右，则该地生产的茶叶品质较高。

苏州与信阳两地茶区年平均相对湿度都在75%左右。一年中，夏季最大，冬季最小。各地年最小相对湿度均在10%以下，多出现在空气较干燥的冬季或初春。苏州与信阳两地年平均蒸发量与年降水量的地理分布相反，呈南少北多的趋势。一年中，夏季最大，冬季最小，月平均蒸发量最大的月份多出现在6月，为170—240毫米；最小的月份是1月，为40—70毫米。

在高度湿润的环境中，茶树新梢柔嫩，内含物质丰富，产量高，品质好。空气湿度较大的山地区域，多适合茶树生长。茶树性喜潮湿，需要多量而均匀的雨水，湿度太低，或雨量过少，都不适合茶树生长。但若年降水量过多，而蒸发量不及降水量的1/3—1/2，即湿度太大时，茶易出现霉病、茶饼病等病症。

茶树在生长期间需要80%以上的相对湿度，尤其在午后湿度降低时，空气相对湿度也要在70%以上。如果空气相对湿度过低，茶园土壤水分的蒸腾量大，则茶树植株本身的水分平衡受到影响，新梢的生长量低，而且多出现对夹叶；反之，如果空气相对湿度高，茶园土壤水分的蒸腾量变小，植株中的水分将多用于形成更多柔嫩的新梢。当空气中相对湿度低于60%时，茶树的呼吸强度增大，由此所耗去的二氧化碳大于同期光合作用合成的量，此时的茶叶质地粗硬，其产量、质量都较差。

云　雾

云雾与茶树生长关系十分密切。在雨多雾重的自然环境下，生长的茶叶大多质量较好。通常在垂直方向上，在一定高度范围内，气温随着海拔的升高而降低。因此，在山区一定的高度范围内，空气相对湿度常随海拔的升高而增大。海拔在600—700米，一年四季常云雾弥漫，是空气相对湿度达到饱和的象征。高山云雾不仅提供了高湿环境，而且减弱了太阳直射光，增强了散射光。此外，在临近河川湖泊或是大型水库的山地和丘陵，特别是水中的岛屿或半岛上，常年气蒸云蔚，雾霭萦绕。

在云多雾重的自然环境中，大多能够生长质量较好的茶叶。这是因为在多云雾的条件下，空气湿度相对较大，散射光增多，恰好符合茶树喜湿润、耐阴的特性，而使茶芽肥壮、叶质嫩软、白毫显露。在茶叶内质方面，有利于含氮化合物和芳香物质形成，提高了茶叶中氨基酸等有效成分的含量，为茶叶的丰产提供了物质基础。这也是洞庭山茶区的茶叶与信阳浉河茶区的茶叶品质优异的重要原因。

大别山区是我国东部亚热带丘陵山区雾日最多的区域之一，年平均雾日数在100—130天。而地处大别山西段北坡的信阳茶区，是整个亚热带丘陵山区云雾日最多的3个高值区之一，年平均雾日数可达110—160天。信阳常见的雾多为辐射雾，其次是锋面雾。信阳茶区年平均雾日为24.5天，

而鸡公山上年平均雾日高达156天，位列河南省第一。平原、丘陵地区晚秋初冬雾日最多，初春次之，夏雾最少；海拔较高的山区却截然相反，夏雾最多，春季次之，冬雾最少。信阳毛尖得此优越的气候条件因而长盛不衰。

苏州茶区在太湖边上，山区也是常年云雾缭绕。因此，苏州与信阳两地茶区的云雾条件对生产优质茶十分有利。

信阳孔雀岛云雾（吴晓军摄）

地貌条件

茶树宜于生长在阴凉的高山处。高山早上有太阳照射，茶芽萌发常早，肥大而多汁。《东溪试茶录》记载，茶树生长在阴山黑黏土中，茶味甘香，汤色洁白；茶树生长在多石的红土中，色多黄青而清明；茶树生长在浅山薄土中，芽叶细小而汁少。这些记载阐明了自然环境对茶树生长和制茶品质的影响。《大观茶论》也说，栽茶的地，山边要有阳，茶要庇荫。

山边石多阴寒，茶芽细小，制茶味淡，必须有太阳调和而促发；圃地肥饶，叶稀而暴长，茶味太浓，须有浓密的树荫加以遮蔽。因此，园圃栽茶要套种树木以荫蔽，阴阳调和，茶树生长才会旺盛。

上文所述不但表明了不同地势对茶树生长、形质与制茶品质的影响，而且肯定了高山茶的品质比平地茶好。平地茶园要种植庇荫树木，以改善自然环境。到了明代，兵部尚书熊明遇在调查“岕茶”生产情况时，写出《罗岕茶记》。他称，产茶的山地，西照比东照好；向西的山地，产茶虽好，但总不如南向日照时间长的茶树长得好；平地茶品质差，高山茶受风吹露沾，云雾蒙罩，品质较好。罗廪《茶解》载，茶地南向好，向阴不好，二者品质相差很大。这些记载不但说明茶树生长与地域气候的关系，还阐明了应如何选择茶地的方位。向阳或背阴、向南或向西，要以当地自然条件统一体的变迁为转移。在高山种茶时，通常要选择朝南的方向；而在丘陵和平地种茶时，则倾向于选择背阴的地方。这些理论都在茶叶生产实践中得到证实。

信阳地处大别山西段北坡和桐柏山区的东段北坡，地势南高北低、西高东低。从南到北，地貌类型大致为山地、丘陵、岗地、平原，这种地貌类型结构十分有利于茶叶生产。信阳茶区是一个以丘陵、低山为主的山区。丘陵、低山这两种地貌类型，坡度较缓，风化壳发育深厚，耕作难度小，是发展茶叶生产颇为理想的地貌类型。信阳南部是以中、低山为主的山区，人口相对稀少，植被覆盖率较高，为茶叶生产提供了良好的生长条件。

此外，信阳还具有阴坡自然环境的总体特征。这种特征对于茶树生长来说既有利又有弊。在水分方面，北坡不如南坡，但云雾条件要好得多；在日照方面，南坡为直射光型，日照强度大，而北坡则刚好相反，北坡植被覆盖比南坡多，土壤湿度和空气湿度等条件优于南坡。因此，总的来说，信阳茶叶生产的条件要优于大别山南坡茶区。

苏州市位于长江冲积平原，地势平坦，境内太湖烟波浩渺，水面约1 600平方千米。茶叶产自太湖边的洞庭山，洞庭东山是半岛，西山是四面环水的湖岛，山虽不高，但植被与生物多样性保护得比较好，植物种类丰富，生长繁茂，有松树、杉木、白栎、冬青、麻栎及人工种植的银杏、枇杷、杨梅、板栗、桃子、梅子、石榴等10多种果树。茶树栽培于果树、林木之中，形成特殊的茶果间作的种植方式，这是洞庭碧螺春颇具特色的栽培技术。茶果间作是以茶为主，在成年茶园中嵌种果树，一般落叶果树不能超过35%，常绿果树以25%的覆盖率为宜，为茶树的生长创造了良好的生态条件。

土壤条件

《茶经》记载，上品茶生长在富含矿物质的烂石土壤中，中品茶生长在沙质土壤中，下品茶生长在土壤板结、透气性较差的黄土壤中。野生的茶生长得好，园生的茶生长得差。生长在阳山边、树荫下的茶，以紫色为佳，绿色为劣；肥大像笋的茶好，芽叶细小的茶不好；叶子卷缩的茶好，叶子伸开的茶不好。生长在阴山坡的茶，不堪采摘。

《茶经》指出了茶树的生长与土壤、地势的密切关系。所谓“烂石土壤”，是指岩石风化不久而形成的土壤，排水性好，持水率高，通气孔多，养分丰富，此种土壤上的茶树生长良好，制茶品质最佳。黄土土壤的土质黏重，肥分贫瘠，其性状与烂石土壤相反，所以茶树生长不茂，制茶品质最差。当地茶农还把黄土称为“死黄泥”。

在我国，江北茶区的茶园土壤主要为黄棕壤，江南茶区的茶园土壤主要为红壤，西南茶区的茶园土壤主要为黄壤和红壤，华南茶区的茶园土壤主要为赤红壤。土壤是茶树生长发育的基石，为茶树提供所需的水分、养料等条件。茶树所需的水分、养料基本上是从土壤中获得的。土壤的质地、酸碱度、养分等对茶树根系和地上部分的生长都具有重要的影响。黄棕壤多为砂壤土和中壤土，土层厚，质地轻，结构松散，沙性较强，发育明显，和其他土壤类型相比，黄棕壤的有机质含量、土壤质地条件及土壤的阳离子交换量等都显示其具有较高的自然肥力，适合茶叶生长对土壤质地的要求。黄棕壤分布区海拔多为200—800米，下限为海拔130米，上限达到1 101米。信阳市浉河区境内主要产茶地基本上都位于黄棕壤分布区域，其中硅铝质黄棕壤多分布在缓坡和沟谷，水土流失较轻，有机质含量高，养分充足，土壤质地好，适合茶、松、竹等生长，是信阳高产茶园和丰产林的重要基地；砂泥质黄棕壤多数土体深厚，石砾含量较少，养分含量丰富，也是高产茶园、经济林的重要生产基地。黄棕壤适宜茶树生长，垦殖为茶园后，种植的茶树生长旺盛，其株大、叶茂、色浓，茶叶产量高、品质好。

苏州洞庭山坐落于苏州吴中区西南方向的太湖之滨。洞庭山大部分由五通组石英砂岩、紫色云母砂岩及小部分中生代石灰岩组成，山区大部分是山坞或深浅不一的山谷。洞庭碧螺春茶园主要分布在洞庭山的山坞及山麓缓坡中。洞庭山的土壤由山丘岩石风化残积物发育而成，为地带性自然黄棕壤，山坞和山间开阔平地为耕型黄棕壤和壤质黄泥土。

茶树是喜酸植物，只有在酸性土壤中才可以正常生长。一般茶树在土壤pH值为4.0—6.5才可生长，pH值为4.5—5.5最佳。黄棕壤pH值为4.8—6.5，硅铝质黄棕壤pH值为4.8—6.5，砂泥质黄棕壤pH值为4.8—6.4，硅镁铁质黄棕壤pH值为5.3—5.7。和其他土壤类型相比，黄棕壤的pH值最适合茶树喜酸的特点，因而黄棕壤成为种植茶树的理想土壤。信阳茶区土壤的pH值为4.0—6.5；苏州茶区土壤的pH值为4.0—6.0。

茶树对土壤养分的需求主要是氮、磷、钾，其次是锰、铁、锌、硼、铝、铜等微量元素。氮素几乎渗入茶树系统发育和个体发育的全过程，是茶树

正常发育和影响茶叶产量、品质的重要物质基础；磷素是茶树生长发育过程中对于物质和能量代谢极为重要的元素；钾素促进茶树生长发育，提高茶树抗寒、抗旱能力。

有机质含量是茶园土壤熟化度和肥力的指标之一。有机质含量2.0%—3.5%的为一等土壤，有机质含量1.5%—2.0%的为二等土壤，有机质含量1.5%的为三等土壤。适宜茶树生长的高产优质土壤有机质含量一般在1.5%以上。信阳市浉河区土壤中，有机质变幅为0.1%—7.4%，平均为1.5%。在地域分布上，根据土壤有机质含量进行对比，山区>丘陵>平原；在土壤类型上，根据土壤有机质含量进行对比，棕壤>黄棕壤>水稻土>砂姜黑土>潮土。其中，黄棕壤地带以自然植被为主，常绿落叶阔叶混交林为上层，其下多灌丛与草本植物，在顶部常有草甸植被。由于夏季高温多雨，植物生长茂密，形成枯枝落叶层。特别是山高林深的地方，枯枝落叶层厚，人类活动较少，加之土壤湿度较大，微生物活跃，有利于有机物质的积累。在黄棕壤总面积中，有15%具有厚薄不同的腐殖层（大于20厘米的占1.32%）。腐殖层的有机质含量一般为3%—5%，有的高达10%以上。因此，黄棕壤土壤有机质含量高，养分丰富，具有较高的自然肥力，为信阳市浉河区茶园建设和茶叶优质丰产提供了良好的条件。

洞庭山植物种类丰富，乔木、灌木、草本等各类植被生长繁茂，林木覆盖率在80%以上。由于当地植被丰富，自然环境优美，洞庭山地区的土壤保持了较好的营养状况，有机质、碱解氮、有效磷和有效钾含量丰富。同时，洞庭山地区茶园土壤的重金属含量处于安全水平，这种质地疏松、呈微酸性的土壤非常适合茶树的生长。

将信阳市浉河区和苏州市洞庭山的土壤情况对比分析，可以看出：两地的土壤条件非常相似，均为黄棕壤；土壤pH值一般都在4.0—6.5范围内；植被生长繁茂，林木覆盖率高；土壤有机质含量高，养分丰富，具有较高的自然肥力，两地的土壤条件在全国茶区中比较优越。

中国有句古语："一方水土养一方人。"大别山与洞庭山的沃土，养育了一片片神奇的东方绿叶。这些绿叶是信阳人和苏州人的骄傲，承载着两地的历史记忆与生态智慧，饱含着两地人民深厚的爱恋与情谊。

山清水秀，宠溺包裹你的肉体；
鸟语花香，滋养浸润你的灵魂；
清风白云，打造铸就你的高雅；
山高水长，成就你骨子里的那一缕芳香……

江苏苏州
河南信阳

茗出青山

苏州与信阳两地茶叶种植

关于茶树的栽培技术，《茶经》指出，移栽时填土必须压实，否则茶树生长状况不佳。种植茶树犹如种植瓜果，需要深挖坑穴，并施加充足的基肥，以促进茶树的健康生长。3 年后，茶树便可以开始采摘。自中华人民共和国成立以来，推广了茶树营养器官的繁殖技术，在新茶园的大力发展过程中，有效缓解了种苗短缺的问题。

丁谓在《北苑茶录》中写道，茶树怕积水，适宜植于斜坡肥沃阴地走水的地方。他指出，种茶的地方以排水良好的肥沃阴坡为宜。

关于茶园管理技术，赵汝砺在《北苑别录》中提到：茶树的生长与其呼吸作用和养分吸收密切相关。在梅雨季节的夏季，草木生长尤为旺盛。过了 6 月，先要清除杂草和杂木，再松动茶丛周围的土壤，然后将杂草作为绿肥埋入土中，最后覆盖上肥沃的新土。《北苑别录》又说，桐木冬天有保温、夏天有荫庇的作用。茶园里的桐木应该保留，不要锄掉。《茶解》进一步阐述了茶园最适宜的伴生树种：茶树不宜与不良树木共生，而应与桂花、梅花、辛夷、玉兰、玫瑰、苍松、翠竹等树木交错种植，这样既能遮蔽霜雪，又能为秋日增添美景。在这些树木下，可以种植芬芳的兰花、幽静的菊花等香草植物。最应避免的是将菜园与

茶园相邻，以防菜园的杂味污染了茶树的纯净气息。茶园间种树木，可以调节气候，保护茶树过冬，预防寒风侵袭，是北方茶园所必须采取的技术措施。

陈椽《茶业通史》说，为了扩大山地茶园和保持水土，很早以前就在陡坡地上按坡度大小，广泛修建不同形式、大小的梯形茶园。至今在山坡斜地修建茶园，还是采取这种做法。此外，还运用合理的间作轮作、客土培肥及台刈更新等手段，精心改良茶园土壤，提升肥力，从而增强茶树的生命力。

苏州与信阳两地，在遵循茶树种植基本要求的同时，亦有各自的种植差异，如在品种选择上，苏州主要是本地小叶种（碧螺春群体种），信阳则是本地群体种或引进品种（如福鼎大白茶）；在种植时间上，苏州以秋季（10—11月）为主，信阳则是在春季（3月）或秋季（10月）；在种植密度上，苏州是双行条栽，信阳则是单行条栽；在修剪管理上，苏州成龄树是每年轻修剪，信阳成龄树则是深修剪结合台刈。此外，信阳毛尖茶园还要做好越冬防护工作，诸如为幼树铺草或搭防风棚。

茶
TEA

品　种

茶树品种既是茶叶生产最基本、最重要的生产要素，也是茶叶可持续发展和茶叶产业化的基础。古时，茶种来自野生茶树，诸如信阳唐代的大模茶、宋代的片茶和散茶，苏州唐代的虎丘茶、天池茶，以及早期的洞庭碧螺春，这些都是来自野生茶树。

《茶业通史》说中国茶叶生产从鲜叶晒干而作羹饮，而制饼茶，而造团茶，而炒散茶，直到六大茶类的出现，经过了漫长的发展过程。西晋郭璞首先说明了茶树性状和茶叶概念，并在注释《尔雅》时说：

> 树小似栀子，冬生叶，可煮作羹饮。今呼早采者为荼，晚取者为茗，一名荈。蜀人名之苦荼。[1]

周永明茶园的茶叶（赵香松摄）

[1] 郭璞 . 尔雅 [M]. 王世伟，校点 . 上海：上海古籍出版社，2015：158.

陆羽在《茶经》中进一步说明了茶树性状，使人们易于认识茶树。他说，茶树生长在南方，高一尺或二尺，有的达数十尺，四川的茶树大致要两人合抱。树像瓜芦，叶像栀子，花像白蔷薇，结实像棕榈，茎像丁香，根像胡桃。到了宋代，人们对茶树性状有了深刻认识，能分辨不同的种类。宋子安在《东溪试茶录》中说，茶树分白叶茶、柑叶茶、早生茶、细叶茶、稽茶、晚生茶、从茶 7 个不同品种，并说明了各个品种的性状特征与制茶品质的关系。茶树的树型分为灌木、小乔木、乔木 3 种。叶分大叶、小叶两类，发芽有迟有早。叶大萌发早，芽肥大多汁，制茶品质好。这与现在茶树的选种方法差别不大。

不同品种的茶树加工出来的茶叶品质也是不一样的。据苏州文献资料记载，虎丘寺僧于虎丘茶树中杂种其他茶树，就连品茶专家也难辨真伪。冯梦祯《快雪堂漫录》记录了鉴茶名家徐茂吴鉴茶的故事：

> 昨同徐茂吴至老龙井买茶，山民十数家，各出茶，茂吴以次点试，皆以为赝，曰："真者甘香而不冽，稍冽便为诸山赝品。"得一二两以为真物，试之，果甘香若兰，而山人及寺僧反以茂吴为非，吾亦不能置辨，伪物乱真如此。茂吴品茶，以虎丘为第一，常用银一两余，购其斤许。寺僧以茂吴精鉴，不敢相欺，他人所得，虽厚价亦赝物也。[1]

《红楼梦》中曾言："假作真时真亦假，无为有处有还无。"小小的茶叶，因为受到人们的喜爱，在市场中真中有假，假里有真。若不是真懂茶，又几人能辨出其真伪？

同植于一地的茶树，因品种不同，茶的滋味也有差异。清人李振青在《集异新抄》中记载：

> 包山寺有白茶树，花叶皆白，烹注瓯中，色同与泉，其香味

[1] 冯梦祯 . 快雪堂漫录 [M] . 北京：中华书局，1991：14.

类虎丘。一寺止一林，不知种自何来，植数十年矣。山有素封，欲媚献者，厚价卖于寺僧，移栽以献，茶竟萎绝种。[1]

包山寺（今洞庭西山）的这棵茶树除了有灵性，还有个性，宁为玉碎，不为瓦全。可惜一棵这么珍贵的世上孤品，竟就这样香消玉殒，化为尘埃了。

奇珍虎丘茶之味，并不是其他茶树所能拥有的。

那时，虎丘山上也间种一两株天池茶，有人便认为天池茶就是虎丘茶。清人贾闻诗《虎丘竹枝词·茶叶》云：

虎丘茶价重当时，真假从来不易知。
只说本山其实妙，原来仍旧是天池。[2]

其实并非如此，冯梦祯在《快雪堂漫录》中予以辩证，虎丘茶色白如玉，并说：

天池茶中，杂数茎虎丘，则香味迥别，虎丘其茶中王种耶。岕茶精者，庶几妃后，天池龙井便为臣种，余则民种矣。[3]

该书中提及的岕茶产自阳羡，古代的阳羡就是今天的宜兴市，属无锡市管辖。明清时期，江南之茶，首称“阳羡”。这具体就要从岕茶的生长环境来说了。岕这个字比较少见，意为介于两座山峰之间的空旷之地，也泛指两山之间的区域，即比较长的山沟，相当于山冲的意思。两山之间有条大涧溪，到处是茂林修竹，清澈的山泉水滋润着山涧两边的茶树，洗漱着茶根。山土特别肥沃，到了晚上，明亮的月光洒满峡谷，生长在涧溪边的茶树，吸纳天地之精华。长在这山沟里的茶，焉能不好喝？这山沟里生长的茶就是岕茶。

[1] 王镇恒，王广智 . 中国名茶志［M］. 北京：中国农业出版社，2000：47.
[2] 苏州市文化局 . 姑苏竹枝词［M］. 上海：百家出版社，2002：346.
[3] 冯梦祯 . 快雪堂漫录［M］. 北京：中华书局，1991：14–15.

明代张谦德在《茶经》中也称：

> 品第之，则虎丘最上，阳羡真岕、蒙顶石花次之，又其次，则姑胥天池、顾渚紫笋……[1]

可见，当年虎丘茶的名头有多么响亮！怪不得连珍贵的天池茶也要冒充虎丘茶了。

天池茶始于明朝，当时的天池茶已被列为上品。而天池茶的产地，即今天苏州的天池山。

天池山林木葱郁，松柏挺拔，白云悠悠，泉水潺潺，景色宜人。郑元祐曾在《天池》中描写天池山胜景：

> 立石如云不待鞭，几临池水看青天。
> 下潜灵物疑无底，傍溉山畦似有年。
> 刺水翠苗霜后在，舞风珠树月中悬。
> 太湖万顷应凡浊，闷此泓渟一勺泉。[2]

可见，这生长天池茶的环境同样优越。名山出名茶真是一点儿都不假。那时候，也有卖天池茶为生的人。《獪园》称：

> 虎丘周韬者，卖天池茶。[3]

洞庭碧螺春野生茶树在很多名典古籍中均有记载，如清代朱琛在《洞庭东山物产考》中说，洞庭山之茶，最著名的为碧螺春。

> 树高二三尺至七八尺，四时不凋，二月发芽，叶如栀子，秋花如野蔷薇，清香可爱。实如枇杷核而小，三四粒一球。根一枝直下，不能移植，故人家婚礼用茶，取从一不二之义。[4]

---

[1] 阮浩耕，沈冬梅，于良子．中国古代茶叶全书[M]．杭州：浙江摄影出版社，1999：228.
[2] 吴企明．苏州诗咏[M]．苏州：苏州大学出版社，1999：93
[3] 钱希言．獪园[M]．乐保群，点校．北京：文物出版社，2014：328.
[4] 唐锁海．碧螺春[M]．北京：中国轻工业出版社，2005：49.

越是名贵的品种，越是性情孤傲。洞庭碧螺春也是一样，无法移植他处。于是，当地人就因这“从一不二”的品格，将美丽的洞庭碧螺春当作婚礼用茶。两个相爱的人走到了一起，从此厮守爱情，相伴到老，不离不弃，正如一杯洞庭碧螺春，绿波缱绻，柔情绵绵。

洞庭山现存较多的百年以上的老茶树，除少数紫芽种之外，绝大多数系地方性群体品种，诸如柳叶条、酱板头、柴茶等，通常称为“洞庭山群体小叶种茶树”，其嫩梢较长，质量较轻。洞庭山原产地茶树大部分为中小型灌木，树枝半披展，分枝密度中等，新梢节间较短。叶片水平状着生，叶色绿，叶面稍隆起，叶缘平，叶肉稍厚，叶质硬脆度中等，侧脉明显或尚明显，平均 7 对，叶齿粗、浅、钝，平均有 22 对；叶型以中型为主，叶形为椭圆形，叶尖渐尖。花冠为中等大小；萼片 5 瓣，色绿，花瓣 6—7 瓣，花色淡绿；柱头为 3 裂，每千克茶籽为 880 粒。洞庭碧螺春的经济性状为嫩梢绿色或浅绿色，芽毫一般。一芽三叶平均长 6.02 厘米，平均重 0.33 克。以一芽两叶为主体的现采茶叶，平均百芽重为 11.8 克。群体品种平均芽头密度为 1 012 个 / 米 ^{2}，叶质柔软，嫩黄。对以一芽两叶为主的洞庭碧螺春鲜叶进行生化测定，其主要生化成分及比例分别为氨基酸占 3.03%、儿茶素占 15.87%、咖啡碱占 3.49%、茶多酚占 24.56%。

洞庭山群体小叶种种植示范基地（ 赵香松摄 ）

洞庭碧螺春除洞庭山群体小叶种之外，也引种槠叶种、迎霜、鸠坑、龙井43号、福云5号、福云6号、四川小叶种等品种。用这些外来品种制作的碧螺春，无论是外形条索、色泽、香气，还是味道、汤色，都不具备洞庭碧螺春原产地茶叶外形条索纤细、卷曲成螺、茸毛遍体、银绿隐翠及内质汤色碧绿、清香高雅、入口爽甜的传统品质和特色。

从保护洞庭碧螺春品种资源库角度来讲，苏州做得不错。洞庭碧螺春采用的是典型的茶果间种方式，茶树跟枇杷树、杨梅树、橘子树种在一起，共同构成一个复合的生态环境。有人曾问国家级非物质文化遗产项目绿茶制作技艺（碧螺春制作技艺）代表性传承人施跃文："洞庭碧螺春和枇杷哪个经济价值更高？"施跃文毫不犹豫地回答："枇杷。"问者一时错愕，后来才知道枇杷的产值是洞庭碧螺春的2倍以上。洞庭山不像其他茶区广泛而大量地种植新兴品种，他们对本地品种进行了较好保护。近年来，苏州市吴中区全面启动洞庭碧螺春野生茶树种质资源保护和开发工程，建立了标准规范的洞庭山地方群体性茶树种质资源圃，其中，新品种——槎湾3号通过了江苏省农作物品种审定委员会的鉴定。

茶果间种（赵香松摄）

说回信阳茶。当茶种传到信阳后，经过长期的种植与优选，逐渐演变成本地品种。据专家推测，早年信阳茶树品种除本地品种之外，应该还有从其他茶区引进的外地品种，但缺乏史料印证。明代信阳茶树被砍伐，今虽仍有少许明清遗株，但品种来源无从考证。目前，有确切文献记载的茶树品种，乃是清末民初信阳的本山种。信阳县元贞、车云等茶社于清代末年开始从安徽六安、浙江杭州等地引进茶种。这些引进的茶种均属群体而非纯种，在当地经过培植、改进后，生长良好，适宜本地栽种，茶农称其为本山种，其后发展为具有信阳特色的本地茶树品种。《重修信阳县志》载：

> 西南山农家种茶者寖多本山茶，色味香俱美，品不在浙闽以下，将来成绩可立而待也。[1]

本山种呈灌木状，分株多，披张型，节间较长，叶片大（中叶型），叶肉厚而隆起，深绿，叶片肥壮，茸毛多，持嫩性强，耐旱抗寒。中华人民共和国成立后，本山种定名为信阳种，又名桂花种、大叶种（实属中叶种）。另有瓜子种，芽叶小而薄，迟发，少发，老化快，无茸毛，后逐渐被淘汰。信阳种树高1—2米，小灌木，树姿半开展，分枝低矮茂密，长势旺盛，抗逆性强；叶形为椭圆形，成熟叶平均叶长9.4厘米，叶宽4.38厘米，叶尖渐尖，叶面隆起，叶色深绿，有光泽，叶脉为6—11对，发芽期为3月下旬，年生长期为6个月左右，一般新梢年生长2轮。在采摘条件下，新梢年萌发5轮，年生长期为7个多月，芽叶肥壮，多白毫，持嫩性强，一芽三叶的长度为4.92厘米。一芽两叶百芽平均重36克，一芽三叶百芽平均重52克。中国茶叶研究所信阳种春茶一芽两叶鲜叶化学成分分析资料显示：氨基酸占3.05%，咖啡碱占4.42%，多酚类化合物占20.48%。

从20世纪70年代开始，信阳科研人员利用本地种质资源，采用单株

---

[1] 方廷汉，谢随安 . 重修信阳县志［M］. 汉口：洪兴印书馆，1936: 卷十二 5.

育种法从信阳群体种中选育成信阳 10 号，该品种被国家农作物品种审定委员会审定为国家品种，编号为 GS13011-1994。该品种植株中等，树姿为半开状，分枝匀称，密度大，叶片呈上斜状着生。叶片形状为长椭圆形，叶长 8.02 厘米，叶宽 3.25 厘米，叶色较绿，富有光泽，叶面较平，叶身较平，叶缘微叶脉有 7—9 对，叶尖渐尖，叶齿较浅，叶片较厚，叶质中等；芽叶为淡绿色，茸毛中，一芽三叶长 8.1 厘米，百芽重 41 克，比福鼎大白茶[1]低 8.54%；春茶萌发期与信阳种相当，比福鼎大白茶迟，属中生种。鱼叶期比福鼎大白茶迟 5—6 天，一叶期和三叶期比福鼎大白茶迟 5—6 天；芽叶生育力强，发芽整齐，长势旺，持嫩性好。信阳 10 号的实验结果表明：产量高，品种增产 21.7%；春茶一芽两叶含水浸出物占 44.8%，氨基酸占 3.3%，茶多酚占 22.5%，儿茶素总量占 15.2%，咖啡碱占 4.4%。

信阳 10 号是从信阳群体种中选育出的一个品种，抗寒性高于福鼎大白茶，适应性强，且生长旺盛，特别是分枝密度大而匀称，分枝数均比对照种福鼎大白茶多 90% 以上，从而形成了宽阔整齐的采摘面。用该品种制信阳毛尖，条索紧细，色泽绿润显毫，汤色黄绿明亮，香气清高，滋味鲜爽，优于信阳群体种；制烘其他青绿茶，外形细紧，色翠显毫，内质汤色黄绿明亮，气味清香，滋味鲜爽，叶底黄绿明亮，品质明显优于对照种福鼎大白茶。信阳 10 号在信阳市茶叶试验站有较大面积的栽培，虽然发芽不早，但品质优异，是河南茶区重点推广的品种。

从 20 世纪 70 年代开始，信阳茶区还大量引进外地优良品种，主要有福鼎大白茶、白毫早、龙井 43 号、龙井长叶、福鼎大毫、浙江淳安县鸠坑种、安徽祁门槠叶种及日本薮北茶等品种。外地不同品种所制信阳毛尖，茶质有一定的区别。像福鼎大白茶与信阳种相比，所制信阳毛尖滋味稍淡；白毫早与信阳种相比，成茶品质明显高于信阳种；龙井

[1] 福鼎大白茶品种抗寒性较强，在信阳一般均能正常越冬，个别年份会发生一定程度的冻害。

43号、龙井长叶与信阳种相比，所制绿茶品质更优，但芽叶茸毛少、纤细，所制信阳毛尖白毫少；日本薮北茶所制信阳毛尖色泽深绿，白毫少，汤色绿，叶底绿，香高、味浓、耐泡，并有特殊的风味。

由于信阳的温度、水分、光照、地貌、土壤条件，以及信阳的饮食习惯，信阳茶区对茶树品种的基本要求主要体现在四个方面：一要发芽早。由于信阳地处中国南北交界处，气候适宜，物产丰富，信阳人在饮食上喜欢尝鲜，饮茶更是以“新”茶为上。随着经济的发展与人们生活水平的提高，能抢先应市的名茶可获得消费者的青睐，发芽早的茶树品种可获得较高的经济效益。因此，信阳茶区的茶树品种发芽越早越好，并要发芽整齐，持嫩性强，以利于提高高档茶的产出比例。二要芽叶绿色，多茸毛。信阳茶叶外形要求色泽翠绿光润，白毫显露。因此，信阳茶区推广的茶树品种要求芽叶绿色，多茸毛。三要生化成分组成比例合理。茶叶的品质特点，除了形状由芽叶的物理特性和制茶工艺决定，茶树品种的化学成分对茶叶香高、味浓、耐泡的品质特征还具有极大影响。信阳农林学院郭桂义教授说，信阳茶区推广的茶树品种，氨基酸含量要高，氨基酸是茶叶中的重要提鲜物质，其含量与绿茶品质呈正相关，信阳茶区推广的茶树品种氨基酸含量应在3%以上；茶多酚含量要适中，茶多酚是决定绿茶茶汤滋味浓度和汤色的重要成分，但它又是茶叶苦涩味形成的主要物质，它与决定滋味鲜度的氨基酸共同作用，从而影响茶叶滋味的醇度，信阳茶要求滋味鲜浓、爽口、耐泡，因而信阳茶区推广的茶树品种茶多酚的含量既不能太高，令滋味苦涩，又不能太低，令滋味平淡，一般在20%—25%为宜；水浸出物含量要高，水浸出物是茶叶中能溶于热水的物质总称，含量高则茶汤浓度高、耐泡，一般要求在38%以上。四要抗寒性强。信阳茶区属于北方茶区，冬季气温低，极端最低气温可达 −20 ℃，一般年最低气温也在 −10 ℃左右，茶树易受低温和倒春寒危害，对采制早春茶极为不利，所以推广的茶树品种抗寒性要强。

总之，适宜信阳毛尖茶区推广的茶树品种应具备发芽早、芽叶多毫、内质优、抗寒性强等特点。但同时满足品质优良、抽芽时间早的茶树品种还比较少,因此要处理好早生与优质的关系。在消费观念日益成熟的今天，优质是永恒的主题，应首先选择优质的茶树品种。信阳市一些著名的大山茶产地开采并不早,但由于品质优良而受到消费者的青睐,因而卖价高。优质还要处理好品种的外形和内质的关系。茶叶是一种饮料，其外形要好看，更关键的是要好喝。一些茶树品种所制的信阳毛尖白毫多，色泽翠绿，外形好看，而内质滋味平淡，已逐渐不受消费者欢迎，所以应以内质为主。

种苗繁育

茶树繁殖是茶树繁衍后代的一种生命活动，即茶树生殖。绝大多数茶树兼有有性和无性双重繁殖能力。有性繁殖是通过两性细胞结合，利用茶籽进行播种育苗，也称“种子繁殖”；无性繁殖是不经过两性细胞的结合，直接利用茶树的枝条、根、芽等营养器官进行繁殖的方法，也称“营养繁殖”。茶树繁殖经历了茶籽直播—压条分枝—长穗繁育—短穗繁育这一数千年漫长的演化过程。随着现代科技的发展，工厂化育苗技术成为茶树繁育研究的新方向。

茶籽播种

从唐朝陆羽的《茶经》到当代的《茶经述评》，中国共留下 110 多种茶书，其中《茶务佥载》和《种茶良法》是颇为特殊的两部。《茶务佥载》是清代胡秉枢撰写的一本茶书，清光绪三年（1877 年）初撰成。《种茶良法》撰写时间不详，翻译本出版于清宣统二年（1910 年）。《茶

务佥载》是古代茶书中第一部综合性纯技术专著，以专章讲述茶籽植茶之法。

> 宜于茶树结果之初，择植棵长势强旺、结籽壮硕者采之。至初春惊蛰之时，要将茶籽浸水令湿透，耕作其种植之土。[1]

《种茶良法》则介绍中国栽茶之法。

> 其茶秧法，以修剪茶树之枝，插入泥内，迨茁芽生根……始移栽大园。[2]

两部茶书成书及出版年代说明，彼时茶树短穗扦插技术尚未发明，茶树繁殖都是依靠茶籽直播或长穗扦插繁育。

由此推测，苏州和信阳茶区在 1 000 多年间，一直靠茶籽直播来培育茶苗。例如，清光绪二十九年（1903 年）信阳县第一个茶叶生产组织元贞茶社创建后，曾派人到安徽六安、浙江杭州购买茶籽。信阳县宏济茶社创建后，也到浙江杭州、湖北咸宁、安徽六安及麻阜一带购买茶籽回来播种。大约四五年后，当地茶社开辟新茶园时，就直接从这些已开花结籽的茶树上采摘茶籽播种。一般而言，茶树多于 9—11 月开花结实，次年秋季寒露至霜降时茶籽成熟。茶农多在其未开裂时采收、阴干储存、带壳冬播。冬播发芽率高，出土早，可节省茶籽贮藏时间和人工成本，茶籽冬播多在 11 月上冻前下地；若是春播，则于农历二月中下旬下地。

茶籽直播是传统的有性良种繁育。洞庭碧螺春与信阳毛尖的茶籽播种方法大体相同。时间以当年 11—12 月中旬为宜，也可于早春 2—3 月播种。播种后，茶农会铺上稻草、糠壳、秸秆等，以保持水土，防止干旱，提高出苗率。

---

[1] 徐志坚，刘玥 . 茶心静语 [M] . 广州：广东人民出版社 , 2017：56.

[2] 朱自振，郑培凯 . 中国茶书 · 清：下 [M] . 上海：上海大学出版社 , 2022：675.

如今用茶籽直播育苗的方法虽仍有少量采用，但随着无性系育苗的迅速发展，用茶籽直播育苗的已经越来越少。

短穗扦插

20 世纪 50 年代中期，农业部（今农业农村部）推广无性繁育法。苏州和信阳茶区都分别引进优质无性系良种茶苗，发展无性系良种茶园，作为繁育无性系茶苗的母本园。

洞庭山茶农通常采用容器育苗，容器一般为营养钵或穴盘，用这种育苗方式得到的苗木植株健壮，根系发达，且移栽时根系不受伤害，定植后恢复快，成活率高。一个营养钵一般扦插 2—3 个短穗，穴盘则按 1 穴 1 个短穗的标准来进行扦插。扦插时，剪取木质化或半木质化的茶树枝条，剪成 3—4 厘米长的短穗，每穗带有 1 个腋芽和 1 片叶。短穗上下剪口要平滑，不能撕破茎皮，上端剪口斜面与叶向相同，剪口呈马蹄形，短穗上剪口距叶柄不小于 3 毫米，以免损伤腋芽。扦插前要浇透水，待土稍干、基质湿而不粘手时进行扦插。短穗叶片稍翘起斜插入土，叶柄、腋芽出土面，叶片不贴土。扦插完成后，将营养钵或穴盘排放在苗床上，立即浇透水。

信阳茶区常用的是短穗扦插法，以专供剪取穗条的茶园为母本园。剪取穗条的茶树为母树，供剪取插穗的枝条称穗条。春插常从 4 月份开始，但是春插一般需要 70—90 天才能发根，成活率并不高。夏插一般在 6 月中旬至 8 月上旬，扦插发根快，成活率高，幼苗生长茁壮，但周期长，苗木的生产成本较高。秋插一般在 8 月中旬至 10 月上旬。此时，虽气温渐趋下降，但地温仍稳定在 15 ℃以上，而且秋季叶片的光合作用强，加之扦插后插穗的腋芽很快转入休止，对促进插穗的愈合和发根都有利。秋插的管理周期比夏插短，管理较为省事，所以成本低。因此，信阳茶区大量的扦插主要在秋季进行。信阳茶区一般不在冬季扦插茶苗。中小叶品种扦

插，密度一般是行距 8—10 厘米，株距 2—3 厘米。扦插前应按照行距要求先检查已划行的苗床表土湿度，如果土壤干燥，须提前 2—3 天进行洒水，使表土充分湿润，喷透水待扦插。扦插时，用大拇指和食指夹住短穗上端的叶柄处，按划好的行距插入土中，使叶片和叶柄露出地面。待一行插好后，用食指或中指沿着插穗行，将插穗附近的泥土稍稍加压，让插穗和泥土密切接触，以利于发根。为避免被风吹动，插穗应以 60 度的倾角轻轻插入，叶片的方向要顺着当时的主要风向，其排列要保持与插穗叶片朝向一致，以免被风吹动，影响叶片成活。叶片不要紧贴地面和泥土，以防因泥土堵塞气孔而腐烂脱落。扦插时，须边扦插边浇水，浇到插穗基部的土壤范围全部湿润后，随即搭棚遮阴。

移栽定植

茶树移苗，苏州洞庭山以春季 2 月上旬至 3 月中旬为宜；信阳茶区则以春季 2 月下旬至 3 月下旬为宜。

种植前一个月，将梯田外侧、内侧或果园周围土壤深翻并挖种植沟，深度和宽度各在 30 厘米以上。种植沟内应施人粪和羊粪、菜饼或复合肥等，可按 1 000 千克 / 亩铺稻草，再覆盖一层土，然后施饼肥 200 千克 / 亩，另外施复合肥 15 千克 / 亩，分层施入种植沟，将肥料与土拌匀，覆土 10 厘米左右后再种植。一般采用单行或双行种植，单行条植大行距为 140—150 厘米，丛距为 33 厘米左右，每丛用苗 2—3 株，每亩用苗 3 000—4 000 株。双行条植大行距为 150 厘米，小行距为 30 厘米，丛距为 30—40 厘米，每丛用苗 2 株，两行茶苗按“品”字形种植，每亩用苗 3 500—4 500 株。移栽时，一般选择苗高在 30 厘米以上、植株健壮、具有 1—2 个分枝、根系发达、无病虫害的茶树苗进行定植。每丛茶树苗之间要留有一定的间隙，注意茶树苗根系舒展，逐步加土，层层踩实，使根系与土壤紧密结合。土壤疏松的沙质土可以用低沟栽植法，即将茶树苗栽在低于地面 5—10 厘米的畦面上，将茶树苗放入沟中后覆土。当天栽的苗，当天要浇足定根水，浇水后宜适当覆土。在茶树苗成活前，要根据天气及土壤含水情况，每隔 5—7 天浇水 1 次，直到茶树苗成活。茶树苗种植后难免出现缺株、死株的现象，应及时补栽。

肥水管理

苏州、信阳两地气候条件差别不大，肥水管理几乎相同。茶园一般在每年 10 月底至 11 月初深耕时，开沟施基肥，用量为全年氮肥用量的 30%—40%，另外还需追肥 2—3 次。第一次追肥是在春茶开采前 30—45 天，即 2 月中下旬至 3 月初，也称“催芽肥”，以氮肥为主，其用量为全年氮肥用量的 30% 左右。第二次追肥是在春茶结束后或春梢生长停止时，即 5 月中下旬至 6 月初，以补充春茶消耗的大量养分，确保夏秋茶正常生产、持续高产优质，氮肥用量为全年氮肥用量的 15%—20%。为了节省劳动力，第三次追肥可在 7 月上旬结合中耕除草进行。

茶树种植后，当年夏季要特别注意水分管理，抗旱保水。一般可在茶树栽植后用稻草、绿肥、地膜等材料进行覆盖保水。同时根据土壤含水量、树相及本地气候情况做出判断，适时灌溉。一般在田间持水量低于 70%，茶树尚未出现缺水受害症状时便开始灌溉，可采用浇灌、沟灌、喷灌或滴灌等方式进行。

自 2022 年起，洞庭山茶区全面开展有机肥替代化肥工作，以减少肥料流失对太湖周围环境的污染，促进太湖地区绿色农业、生态农业发展。信阳茶区现在一般是施茶树专用肥。

合理修剪

合理修剪可以保证来年春茶芽头的质量和产量，提高茶农的经济效益。首先，要对幼龄茶树进行定型修剪；其次，要对衰老茶树进行改造后的树冠重塑。幼龄茶树定型修剪可以抑制茶树顶端生长优势，促进侧枝生长和腋芽萌发。幼龄茶树经过3—4次定型修剪后，可以培养骨干枝，增加分枝层次，形成壮、宽、密、茂的树型结构，扩大采摘面。

生产期的茶园经过多次采摘后，树冠面会参差不齐，形成鸡爪枝。因此，春茶采摘结束之后，需要对茶树进行修剪。洞庭碧螺春茶园一般在4月下旬进行修剪，而信阳毛尖茶园则通常在5月上中旬进行。两者都采用水平平行修剪法，培养立体采摘面，树冠的高度一般控制在70—80厘米。幼年茶树采用轻修剪方式，修剪深度一般为5—10厘米，剪去树冠面上突出的枝叶；成年树采用深修剪方式，修剪深度一般为10—20厘米，以剪除鸡爪枝为原则；衰老树采用重修剪方式，即剪去离地40—50厘米的地上部树冠。台刈一般只针对严重衰败的群体种茶园，需要剪去离地20厘米的地上部全部树冠。

病虫草害防治

信阳茶区古代自然生态环境好，茶树病害仅有零星发生，危害轻微。但由于信阳茶区地处江淮一带，自古为兵家必争之地，每次战争之后，依赖山区经济的开发以使平原经济得以复苏。周而复始，山区森林资源受到了严重的破坏，由此也加剧了茶树病害的发生。信阳茶区较为常见的茶树病害有：以危害茶树嫩叶和新梢为主的茶饼病，以危害成叶和老叶为主的茶炭疽病、茶云纹叶枯病、茶轮斑病、茶赤叶斑病、茶煤病等。根据苏州地区的调查，洞庭碧螺春茶园的病害种类主要有茶炭疽病、茶轮斑病、茶云纹叶枯病、茶白星病、茶饼病、茶藻斑病等。

信阳茶区古代茶园虫害亦不严重。信阳地方县志说，信阳县旧时未有病虫文字记载。老茶农只见过不同品种的吊吊虫（学名茶蓑蛾），还有少量白蛴螬、地老虎等。中华人民共和国成立后，信阳茶区因从外省大量引进茶种，未经检疫，不少茶山发现有扁刺蛾 、茶卷叶蛾、茶绿盲蝽象、小绿叶蝉、介壳虫（龟甲蚧、角蜡蚧）、蛀心虫、蚜虫、黑刺粉虱等虫害。洞庭碧螺春茶园常见的害虫种类有茶小绿叶蝉、大青叶蝉、茶蚜、黑刺粉虱、柑橘粉虱、红蜡蚧、椰圆盾蚧等，其中，茶小绿叶蝉和黑刺粉虱是茶园的主要害虫。

当茶园中发生某些较为严重的病虫害时，必须采取必要的防治措施。首选物理和生物防治的方法，诸如人工捕杀法、灯光诱杀法、嗜色诱杀法、防虫网覆盖、繁殖并释放天敌（比如茶园害虫的天敌茶尺蠖）等。也可以适当利用无公害农药控制病虫害。例如，信阳毛尖茶园现在一般使用乙基多杀菌素、氰氟虫腙、茚虫威、甲氧虫酰肼等药剂。茶园施药后，这些药剂对蜘蛛、瓢虫等天敌基本没有影响，对环境影响小，是茶区绿色防控技术体系的理想药剂。

洞庭碧螺春茶园大部分处于太湖水源保护区，同时洞庭碧螺春茶树大多栽植于果树经济林下，病虫害发生情况较为严重。在防治洞庭碧螺春茶树病虫草害的过程中，为防止农业面源污染对太湖水资源的危害，多采用无公害管理技术，如采取检疫措施防止新的病虫侵入，科学利用栽培管理技术，适当中耕，合理施肥，合理密植，适时修剪，冬季清园翻耕松土，喷施石硫合剂，减少病虫越冬基数。此外，还采用综合预防措施，创造有利于茶树和害虫天敌生长发育，且不利于病虫害的发生、繁衍、流行的条件。

洞庭碧螺春茶园和信阳毛尖茶园的杂草，主要有禾本科和菊科两大类。杂草多为 1 年生，少部分为 2 年生或多年生。每年的 6—8 月为杂草旺盛

生长阶段。洞庭碧螺春茶园防除病虫害是抓住6—7月梅雨季节和8—9月初秋两个时段进行。信阳毛尖茶园一般是在8—9月于杂草结籽成熟前进行清除。清除茶园杂草以人工锄草为主，也用草甘膦、茅草枯、扑草净等除草剂除草。此外，还可以通过铺草覆盖、铺防草布等方法控制行间杂草的生长。

可持续发展的茶园建设

苏州与信阳两地茶园的建设，都经历了传统茶园建设和现代无公害茶园建设两个阶段。信阳茶区是江北最大的茶叶生产基地和全国知名的现代无公害茶产销基地。苏州碧螺春茶区已建成现代无公害茶园。

洞庭碧螺春茶园主要分布在金庭镇的秉常村、包山坞、水月坞、涵村坞一带，以及东山镇的莫厘村、碧螺村（俞坞）、双湾村（槎湾）等村。茶树历来多混植于花果林之间，随山势地形错落分布，很少成行成片地规整种植。山民们将洞庭碧螺春茶树与青梅、枇杷、柑橘、杨梅等各种果树复合种植，在“月月有花、季季有果”的洞庭山上，茶吸果香，花窨茶味，洞庭碧螺春被采摘制成干茶后，便带着独具一格的花果香味。

苏州市把洞庭碧螺春作为城市的特色名片，纳入现代农业“四个百万亩”总体规划和“绿色苏州”生态建设、“文化苏州”茶文化传承的总体部署统筹推进，加快发展。随着洞庭碧螺春茶园面积不断扩大，苏州市政府对茶园建设提出了更高的要求。新茶园一般选择建设在交通较为便利、生态条件良好、远离污染源、各类植被生长良好、土地层深厚、有较大可垦面积、具有可持续生产能力的缓坡区域。2022年，苏州市吴中区全区茶园面积为4万亩，东山镇和金庭镇茶园开采面积分别约为1.41万亩和1.92万亩，茶叶总产量为334吨，总产值达3.04亿元，拥有约107家茶叶公司，茶农数约17 458户。

信阳茶区传统茶园一般在深山区，茶山海拔大多在500米以上，被称为“高山茶”（又称“大山茶”），其他地方还有依山的海拔来划分的中山茶、小山茶。高山茶多是随坡就弯的老式茶园，之后出现用石块垒岸的梯式茶园。随着茶园向低山和浅山区发展，人们开始在15—20度缓坡地上建水平梯田，大弯随势，小弯取直，做到一梯一个水平面，外高里低，水往里走，里有小水沟，纵有纵沟，每隔5—10米增设一个蓄水坑截径流。此方法被人们总结为：“水平线绕山转，一梯一个反坡面，槽深八十三，远看是个扇子面。”2010年以后，信阳茶区加快了现代无公害茶园建设的步伐。如今，信阳茶区无公害茶园基地都是选在茶叶的优生区，茶园集中成片，呈现出规模化趋势。生产茶园与其他常规农业生产用地间有一定的隔离带。在开垦茶园过程中，信阳市有计划地在茶园四周、路边、沟边、梯边、地角处植树造林，栽豆种草，对茶园生态进行恢复。信阳市围绕“一城、一环、一核、三极”全域旅游发展格局，启动环南湾湖道路茶旅游工程，展现“百里茶廊、千峰竞秀、万顷茶海”的独特美景，带动旅游业与农业融合发展。

随着苏州与信阳茶产业的发展，洞庭碧螺春茶园面积仍在不断扩大，信阳茶区的茶园也开始进入巩固提升阶段，对茶园建设提出了更高的要求。两地对新茶园建设都坚持认真选择园地、做好科学规划、保证开垦质量的原则，对现有茶园进行改造升级，引入现代农业物联网技术，充分应用区块链物联网设备，诸如综合气象站传感器设备、虫情分析仪、孢子分析仪等，采集虫情、病情、灾情、土壤墒情数据，实时上传至区块链物联网平台进行数据分析处理，建立茶树生长过程、农事采摘过程溯源体系，建设集数据采集、存储、处理、汇总、分析、挖掘、展示于一体的基于物联网和区块链智慧的茶园综合管理系统与示范基地。茶树的种植带动了相关产业的发展，诸如旅游业、餐饮业等。此外，茶树的种植还有助于改善生态环境，为人们提供了一个宜居的生活环境。

江苏苏州
河南信阳

秀山嘉木

生长洞庭碧螺春、信阳毛尖之名山

洞庭碧螺春，源自太湖洞庭山的秀美之地，其主要产区集中在江苏省苏州市吴中区东山镇的碧螺村（俞坞）、双湾村（槎湾）、莫厘村及西山金庭镇的包山坞、水月坞、涵村坞、秉常村等地区。

信阳茶区主要位于风景如画的桐柏山脉和大别山系之间，处在高山之巅的广袤茶园犹如铺展的翡翠，蔚为壮观。浉河区的名茶珍品多产自西山，因此，浉河区将这些山上所产之茶统称“大山茶”，亦称“西

山茶”；平桥区的名茶珍品则主要集中在震雷山、天目山、佛灵山一带；罗山县的名茶珍品主要集中在灵山一带；光山县的名茶珍品主要集中在大苏山、九架岭一带；新县的名茶珍品主要集中在香山、磨云山、九架岭一带；商城县的名茶珍品主要集中在黄柏山的金刚台一带；固始县的名茶珍品则主要集中在西九华山一带。高山不仅孕育出优质茶叶，其秀美的山景和旖旎的风光，也使之成为茶园观光的绝佳胜地。

茶
TEA

洞庭东西两山

太湖位于长江三角洲的南缘，古称“震泽”“具区”，又名五湖、笠泽，是中国五大淡水湖之一。春秋战国时期之前，太湖地区原是陆地的冲积平原。唐代，太湖湖水可达吴江塘岸，为吴中胜地。范仲淹《太湖》诗赞太湖浩然之美：

有浪即山高，无风还练静。

秋宵谁与期，月华三万顷。[1]

相传，吴王夫差打败了越王勾践，越王用范蠡之计，把民间美女西施献给吴王夫差，让他朝歌夜舞，沉湎酒色，丧失斗志。最终越王一雪前耻，一举灭了吴国。但范蠡知道勾践这个人只可与之共患难，不可与之共享乐。于是，他急流勇退，悄然离开越国。有人看见他带着西施驾一叶扁舟，出三江，泛五湖而去，杳然不知所终。后来，范蠡经营产业，家资巨万，成为富翁，世称“陶朱公”。

据说，范蠡和西施就隐居在这碧波荡漾、风烟浩渺的太湖。在太湖七十二座山中，首推洞庭东、西两山。东面的是洞庭东山，西面的是洞庭西山。太湖似乎用一双柔情的臂膀，温情脉脉地将它们拥绕着，苍翠的山色、澄碧的湖光，相依相偎、相映生辉。

洞庭东、西山气候温和，物产丰富。宋人苏舜钦有“笠泽鲈肥人脍玉，洞庭柑熟客分金”之咏，待到橘熟时节，又自有一番“霜降莫愁时果少，客船争买洞庭红”的热闹景象。

洞庭碧螺春最早产自碧螺峰，但据说洞庭东、西山均有碧螺峰。洞庭东山碧螺峰在后山白豸岭响水涧石桥之东，是一座砂岩山，石壁曾产野茶数株，就是当初朱正元采制“吓杀人香”的地方；西山碧螺峰在东河南

[1] 杨旭辉．苏州诗咏与吴文化：吴文化视野中的古代苏州诗词研究［M］．苏州：苏州大学出版社，2017：50.

徐村的南徐饭店后面，是一座太湖石秀峰，自元代以来就名为碧螺峰。明嘉靖年间，这里出了一位名叫徐缙的进士，官至吏部左侍郎。因峰前盖了徐氏宗祠，所以碧螺峰后被称为“徐宅山”，以至原山名逐渐为人们淡忘。

洞庭东、西山茶区，土壤由山丘岩石风化而成，呈微酸性或酸性，土壤有机物质、磷含量较高，质地疏松。受太湖水面影响，年平均气温为15.5—16.5 ℃，年降水量为 1 200—1 500 毫米，空气湿润清新，云雾弥漫缭绕，为茶树的生长提供了优越的自然条件。

苏州历史上的名茶，有水月茶、虎丘茶、天池茶、洞庭碧螺春等，其中水月茶和洞庭碧螺春皆出自洞庭东、西山。明人陈继儒《太平清话》记道：

> 洞庭中西尽处有仙人茶，乃树上之苔藓也，四皓采以为茶。[1]

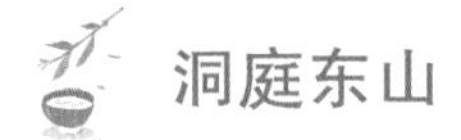

洞庭东山

洞庭东山的莫厘峰，古称“胥母山”。相传，莫厘峰曾是隋朝莫厘将军生前居住和死后安葬的地方，并因此得名。洞庭东山主峰莫厘峰是太湖七十二峰中的第二高峰，海拔 293.5 米。洞庭东山历史悠久，风景优美，古人赞其为山、石、居、花果、幽隐、仙境及山水相得七胜之地。唐《十道志》记载，隋朝时东山岛与陆地相距 30 余里。清道光十年（1830 年），洞庭东山与陆地相隔缩至 50 米。100 多年前，山之东北与陆地相接。从地形上看，今洞庭东山为伸展入太湖中的一个半岛，三面环水，北与渡村接壤，西与洞庭西山隔湖相望，素以“天堂中的天堂”著称，为国家级风景名胜区。洞庭东山辖有三山、泽山、厥山等大小岛屿 11 座，为太湖中最大的半岛。

东山镇距苏州古城区约 40 千米，为中国历史文化名镇，文化底蕴深厚，其旧石器时代遗址“三山文化”距今 1 万余年。镇域面积约为

[1] 陈继儒 . 太平清话 [M] . 北京：中华书局，1985：9.

96 平方千米，下辖 12 个行政村和 1 个社区。2022 年年末，东山镇户籍人口为 5.3 万人。

清嘉庆年间，顾禄《清嘉录》载：

> 洞庭东山碧螺峰石壁，产野茶数株，每岁土人持竹筐采归，以供日用，历数十年如是，未见其异也。康熙某年，按候采者如故，而其叶较多，筐不胜贮，因置怀间，茶得热气，异香忽发，采茶者争呼“吓杀人香”。“吓杀人”者，吴中方言也，因遂以名是茶云。[1]

洞庭东山因其得天独厚的自然条件与历史文化底蕴，自古以来就十分富庶，有“一年十八熟，四季花果香”的美誉。这里盛产莼菜、菱角、莲藕、茭白、慈姑、芡实等水中“八仙”。此外，洞庭东山的茶园和枇杷、杨梅等果树共同吮吸着土壤里的养分，共同营造着和谐的生态链。当地人认为，这是洞庭碧螺春拥有而其他地区无法比拟的优势所在。特殊的气候环境与独特的种植方式，造就了洞庭碧螺春天然的种茶环境。

这种茶果间作的种植方式为林果茶叶的生长提供了多样化的生存环境，也让东山人四季不会懒惰。老人说，洞庭碧螺春采罢就是枇杷，跟着是杨梅，秋天的橘子紧随其后；橘子上市的时候，太湖的大闸蟹也要开始捕捞了。临近冬天，土壤和茶园就要开始养护了。这里的人们一年四季都在忙碌，勤劳成为他们致富的关键。

东山碧螺春产茶区，主要分布在东山镇的碧螺村（俞坞）、双湾村（槎湾）、莫厘村。

碧螺村面积为 9 平方千米。境内多古迹、轶闻，著名的有响水涧、诸公井、雨花台、二十四湾、紫金庵、雕花楼等。村域总户数为 1 660 余户，人口为 5 000 余人。该村是全国“一村一品”示范村镇、国家森林乡村。该村青山叠翠，环境清幽，风光秀美，果林茶园覆盖住一个个

[1] 顾禄 . 清嘉录 [M] . 王密林，韩育生，译 . 南京：江苏凤凰文艺出版社，2019：115.

丘陵山头、绵延到各个山坞中，村庄里一条条宽阔的马路干净整洁，苏式民居粉墙黛瓦，错落有致，小游园、休息亭等设施点缀其中。

双湾村与新潦、杨湾、碧螺 3 个村相邻。2003 年，该村由金湾、槎湾 2 个村合并而成。全村占地面积约 8 平方千米，有村民小组 26 个，农户 1 200 余户，人口 4 000 余人。

莫厘村与吴巷村、双湾村、碧螺村等村相邻。2003 年，该村由湖湾村、岱松村、尚锦村 3 个村合并而成。莫厘村的莫厘峰是洞庭东山诸峰中最高的山峰，在太湖七十二峰中位居第二，仅次于洞庭西山的缥缈峰。这里溪水潺潺，点缀有青石小巷、古老庭院，清幽恬静，令人心旷神怡。莫厘村已入选第一批江苏省传统村落名录，被评为第一批国家森林乡村。

洞庭西山

与洞庭东山相呼应的洞庭西山，发脉于浙江的天目山，自宜兴东南入太湖，突起于湖中，为吴中诸山之首的洞庭西山是太湖中最大的一个岛屿，陆地面积约为 82 平方千米，岛上缥缈峰海拔为 336.6 米，居太湖七十二峰之冠。

洞庭西山茶果间作的示范茶园（宋桂友摄）

洞庭西山距苏州古城区约 45 千米，洞庭东、西两山相隔约 6 千米。洞庭西山原名包山，以四面皆由水包而得名。《苏州府志》记载，《水经注》中“作苞山……或谓仙人鲍靓所居，遂呼鲍为包”[1]。因其又在西面，故俗名为洞庭西山。

2007 年，西山镇更名为金庭镇。镇域面积约为 83.42 平方千米，下辖 11 个行政村和 1 个社区。2022 年年末，西山镇户籍人口约 5.1 万人。西山镇集自然景观、生态环境、古村文化、太湖资源、地质资源等旅游资源于一身，是国家级太湖风景名胜区、国家森林公园和国家地质公园的所在地，西山镇还被评为江苏省历史文化名镇。

洞庭西山的生态环境优美，果树成林，种类繁多，生长繁密，四季花香。茶树与银杏、枇杷、青梅、杨梅、石榴、柑橘、板栗、桃子等果木间种，茶树和果树的枝丫交相错落，根脉相连。青翠欲滴的茶蓬与浓荫如伞的果林相依相伴，茶吸果香，花窨茶味，孕育了洞庭碧螺春花香果味独特的天然品质。洞庭西山的山坞众多，有水月坞、罗汉坞、包山坞、毛公坞、天王坞、涵村坞、龙坞、大清坞等 12 个坞。

洞庭西山的人文历史非常悠久，是道教圣地，天下第九洞（林屋洞）和第四十九福地（毛公坛）便在这里。

南宋初年，北方贵族随宋室大举南迁，在洞庭西山定居，给洞庭西山带来了空前的繁荣。水路航运四通八达，为洞庭西山的商人提供了很多商机，从而使洞庭西山的经济愈加繁荣。又由于洞庭西山自然环境幽静、林木茂密、山清水秀、人迹稀少，自汉初商山四皓[2]之后，它又是历来达官显贵隐居的好地方，留下的古屋名宅更是数不胜数。

西山的古村落至今使人流连，其中颇为著名的要数消夏湾与明月湾。尤其是荷花初放时的消夏湾，荷花一望无际，灿若锦绣。荷花有红、白、

[1] 习寯 . 苏州府志 [M]. 刻本 .1748（乾隆十三年）：卷四 17.

[2] 商山四皓指秦朝末年四位博士：东园公唐秉、夏黄公崔广、绮里季吴实、甪里先生周术。

黄数种，夏末秋初，一望数十里不绝，为水乡胜景。

明月湾相传春秋时期就已形成村落，吴王夫差携西施曾在此避暑、赏月，自古便是文人骚客群聚之地。高启有诗云：

凉生白苎水浮空，湖上曾开避暑宫。
清箪疏帘人去后，渔舟占尽柳阴风。[1]

游人在明月湾放棹纳凉，花香云影，皓月澄波，叫人迷恋，往往留梦湾中，越宿而归。清人顾文彬《竹枝词》咏道：

锦帆泾里碧波长，消夏湾头水亦香。
醉倒荷花三十里，不知尘世有炎凉。[2]

春分时节，绿茶初展芽头，在拥有数一数二的洞庭碧螺春炒茶坊的消夏湾，不仅可以一观自然美景，还可以品尝到味美甘甜的洞庭碧螺春新茶；初夏时节，走在消夏湾的广阔低地的平原之间，大片的湖湾变成了连续不断的鱼塘和成片的水田；深秋时节，金灿灿的水稻遍布田野，来此泛湖赏秋最合适不过；冬季来此，坐在屋里，静心喝一杯洞庭碧螺春，别有一番情趣。

“明月处处有，此处月偏好。”进入明月湾，首先看见的就是一棵标志性的大树——古樟。古樟经历过多次磨难，一侧主干因火烧、雷劈变成枯木，只靠后来发出的新枝维持生命，更显得苍劲有力，俗称“爷爷背孙子”，妙趣天成。

明月湾一向有“无处不栽花，有地皆种橘”的习俗。房前屋后，甚至在塌废的宅基地上，也大多栽种柑橘、石榴、桃杏等果木。花开时节，果林绚丽烂漫，香飘四溢。漫步在明月湾的古码头上，让人有一种泛舟太湖之上的感觉。

---

[1] 顾禄 . 清嘉录 [M] . 王密林，韩育生，译 . 南京：江苏凤凰文艺出版社 , 2019：207.
[2] 苏州市文化局 . 姑苏竹枝词 [M] . 上海：百家出版社 , 2002：286.

“明月石板街，雨后穿绣鞋。”花岗岩的石板路，给明月湾的民居平添了一份恬然自静。

洞庭碧螺春产茶区，主要分布在金庭镇的包山坞、水月坞、涵村坞、秉常村等区域。在洞庭碧螺春的发源地西山水月坞，茶园面积有 1 000 多亩，茶树品种全部为群体小叶种。按照传统的茶果间种方式，茶园内种植了枇杷、杨梅、橘子等果树。西山水月坞无不显示出“七十二峰之巅”“碧螺春茶之源”“森林公园腹地”“江南名刹禅林”的文化特色。坞内峰峦叠翠，风光旖旎，果树茂盛，葱郁秀丽。洞庭碧螺春的前身是产于水月禅寺的小青茶，又称“水月茶”。唐至德二载（757 年）三月，陆羽与刘长卿一起到太湖西山考察茶事，就是前往西山的水月坞水月禅寺品茶。水月茶在唐、宋两朝均被列为贡茶。

洞庭西山将茶园与水月禅寺、贡茶院等景区进行互动，推广“禅茶”的概念，并开发了一系列由游客参与的采茶、制茶、品茶等旅游项目。

信阳茶区著名茶山

车云山

车云山又名北仰天窝，位于浉河区董家河镇西北部，海拔为 578 米，风景优美。清光绪年间，拔贡程悌曾隐居于此，他见山上常有风云翻滚，状如车轮，便取山名为车云山，并自号车云山人。

车云山年均云雾日 160 天，昼夜温差较大，土壤有机质含量较高，自然肥力和养分丰富。车云山毛尖芽壮、叶厚、香高、味浓，被誉为毛尖极品，是信阳毛尖的发祥地。清光绪年间，兴隆寺有个和尚在主峰千佛塔南坡种茶 2 亩有余，茶叶品质甚佳，分送给一些士绅品尝，很受欢迎。清宣统二年（1910 年），陈一轩、王选青、陈玉轩合资在车云山创办宏济茶社

车云山（吴晓军摄）

（后改为车云茶社）。由于车云山自然条件优越，茶师精心指导，管理人员认真负责，因而一开始就生产出品相上乘的毛尖。因种植的茶树是由杭州龙井购回的茶籽所生，宏济茶社为制出的茶叶起名为车云龙井。车云龙井成为信阳茶叶的第一个品牌。1913 年试采，多数股东应邀上山，大摆酒席，燃放鞭炮，照相留念。社长陈一轩为宏济茶社写了一副门联：“茶敬客来茶当酒，云山人去云作车。”

1915 年，宏济茶社生产的毛尖在巴拿马太平洋万国博览会上获得金质奖状和奖章。这些奖状和奖章被带回信阳后，车云龙井声名鹊起，宏济茶社改车云龙井为本山毛尖，并在山上扩建房屋，添置用具，将茶园扩大到 80 余亩 8 万余窝。当时，本山毛尖的市场售价每斤高达 4 银圆。后因战争影响，到 1949 年年初，山上有茶园 200 余亩，年产茶 1 000 余公斤（1 公斤为 1 千克）。中华人民共和国成立后，为扶持茶叶生产，政府组建车云茶叶专业村，组织茶农改造老茶园，发展新茶园，不断扩大茶叶种植面积；改随坡就弯种茶为水平梯地种茶，克服水、肥、土“三跑”现象；改常规种植为矮化密植，大面积提高单位面积产量。20 世纪 60 年代，车云山村茶园面积由中华人民共和国成立初期的 200 余亩发展到近 5 000 亩，年产商品茶 4.5 万公斤，成为信阳县最大的产茶专业村之一。进入 20 世纪 90 年代后，按照产业化要求，车云山村并入河南信阳五云茶叶（集团）

有限公司，成为该公司的一个分场，生产和经营全部实现企业化管理。

车云山的茶还曾进过中南海。1949 年以后，山上的茶农开始过上好日子。1956 年初夏的一个夜晚，车云山茶叶生产合作社党支部书记、社长夏复兴和席本荣等几名党员聚在一起，谈起连年丰收的茶叶生产形势，个个感慨不已。有的说，茶农能过上好日子，全托毛主席的福；有的说，不是毛主席领导革命，推倒三座大山，哪有茶山人民的翻身解放；有的说，毛主席的恩情深似海，他们要表达一下对毛主席的感激之情。在夏复兴的提议下，几位党员亲自采摘，亲自炒制出 2 斤茶叶，然后装入一个圆形的白铁盒内，并在盒面写上“北京毛主席收”几个字，并将白铁盒投入邮局。时隔不久，该合作社收到中共中央办公厅寄来的一封信。信中说，给毛主席寄来的茶叶已收到，首先感谢茶山人民对领袖的爱戴，现随信附上茶叶款，并寄去一些茶叶栽培技术方面的书籍，并恳请茶山人民以后不要再给毛主席寄茶叶了，此类事中央已制止。革命胜利了，人民寻求不同的方式表达对毛主席的感激之情，是可以理解的，但是毛主席是人民的领袖，要与过去的皇帝区别开来。要认识到这是一种“进贡”的现象，共产党是坚决反对的，并希望茶山人民今后大力发展茶园，提高茶叶栽培炒制技术，为支援国家建设多做贡献。收到回信和寄来的茶叶款，茶山人民欢呼雀跃，奔走相告，都说：“毛主席真英明，共产党里都是清官啊！”

车云山山脉延绵数十里，陡起星峰，高插云表。清代举人马柄诗的《车云山记》，细致描写了山上的景物。信阳作家余道金的《烟雨车云山》是这样描写车云山上的茶园的：

> 车云山上的梯带茶园一片连着一片，漫漫雨雾里茶香暗溢。微风吹过茶山，风便带着新茶的芬芳；山泉流过茶园，一溪清茶便流香山外。置身云山之中，即使你不懂茶，也会陶醉在春风细雨中弥散的茶香里……云雾缭绕中的茶园梯带，宛若淡雅的绿色织锦，团团相衔，绕山而长，一半隐进仙境，一半留在人间；采

茶女散立在像雨像雾又像云的纱幔里，一双双巧手在团团茶树枝头舞动，兰指轻拢，摘下一片片新茶嫩芽，烟雨中的车云山更加生动起来。此情此景，让人心中不尽〈禁〉感叹：此景只应天上有，车云烟雨胜江南。[1]

此外，车云山上还建有千佛塔。传说，武则天称帝后移都洛阳，上承贞观之治，下启开元盛世，日夜辛劳患上肠胃病，且久治不愈，无意间饮用了车云山供奉的茶后疾病顿消。女皇容颜大悦，赐银在车云山顶修建千佛塔，以彰茶功。车云山村因此被列入“中原贡品”保护名录。

集云山

集云山坐落在浉河区董家河镇境内，风景秀丽，海拔为700多米，最高峰狮子头山海拔为736米。因山峰耸立，常有云雾集聚，故名集云山。早在唐代，集云山就有茶农种植茶树。中华人民共和国成立后，茶园面积迅速扩展，所产之茶具有紧细圆直，多白毫的外观，以及汤清色绿、回味悠长的特点，深受人们青睐，日本、韩国、美国的茶叶专家也曾来此山考察。集云山上有一个天池，水清柳绿，古松挺拔，直插云霄。当地文艺工作者都喜欢来此山品茶吟诗。

集云山村有49户人家，有茶园1 000多亩，年生产优质信阳毛尖1万余公斤。20世纪80年代，集云山村人均纯收入达1 000余元，是信阳县第一批命名的文明村之一。1990年，集云山村被信阳地委、行署命名为文明村；1994年，被河南省建设厅命名为中州新村；1997年，被河南省委、省政府命名为文明村。20世纪90年代，集云山村并入河南信阳五云茶叶（集团）有限公司，成为该公司的一个分场。集云山茶场最好的茶产自主峰大岭。大岭产的茶条细色翠，显白毫，汤清明亮，滋味浓醇，耐泡性强。

[1] 余道金 . 烟雨车云山 [N]. 漯河日报，2019-05-21（6）.

云雾山

云雾山坐落在浉河区董家河镇境内，与四望山一脉相连，山势陡峭，直插云霄，常有云雾缭绕于山腰，故名。这里三峰鼎峙，形似笔架，亦名笔架山。民国初年，山下士绅杨子述等人集股在山上垦荒种茶，从山坳中挖出一个古钟，上刻“仙山寺”，因此人们也习惯称此山为“仙山”。

云雾山诸峰海拔在500—700米，高山峻岭，群峦叠翠，溪流纵横，终年云雾弥漫，风景优美。主峰鹰嘴石峰海拔约为800米，为董家河镇最高峰。山上光照适宜，空气湿润，土层深厚松软，利于茶树生长。此山茶园形成颇早，还存有清代茶树。所产信阳毛尖香高味浓，深受人们喜爱。一片片茶园似梯田环绕，嵌在一道道山坡之上，园与园之间高树拱立。

中华人民共和国成立前，仙山的茶叶在信阳城内占有很大市场，并远销武汉、开封等地。20世纪50年代，政府将鹰嘴石茶山与附近的东茶山合并，又从南湾水库淹没区移民到山上，成立专业茶村，命名为云雾村。20世纪90年代，云雾村并入河南信阳五云茶叶（集团）有限公司，成为该公司的一个分场。云雾村茶农有着丰富的传统制茶经验，该村加入该公司后，在山上建成大型茶叶加工厂。

云雾山的村民热情好客，每年春季都会有大量登山爱好者前来登山，登山爱好者一边品尝云雾山的毛尖，一边和老乡聊当地的风土人情。茶农们非常珍惜荣誉，成立质量管理领导小组，定期对茶叶进行评比和质量检测，在消费者中树立了良好的职业道德形象。

天云山

天云山位于浉河区董家河镇塔耳湾村，山势陡峭，直插云霄，常有云雾伴于山腰，故名。由于山高雾多，茶叶品质优良，成为信阳毛尖的精品之一。天云山种茶历史颇为悠久，民国初年，山主何继武一家在此经营茶园 30 余亩，年产干茶几十公斤。中华人民共和国成立后，政府从南湾水库淹没区移民 23 户到山上，创建茶叶生产合作社。该社后来并入塔耳湾村，成为一个专业种茶的村民小组。20 世纪 90 年代，塔耳湾村并入河南信阳五云茶叶（集团）有限公司。

1975—1976 年，董家河乡党委组织全乡数千名劳动力，在天云山顶部和山腰的十里岗上开荒植树。经过 2 年的辛苦拓荒，共垦挖荒山 1 万余亩，全部栽上茶叶和杉树，并开办天云山和十里岗 2 个乡办林茶场。1999 年，天云寨茶场成立，拥有茶园 3 800 余亩。2010 年，天云寨茶场整体流转给福建华祥苑茶业有限公司开发。如今，天云山山路畅通，山上建有现代化的茶叶加工厂。

连云山

连云山位于浉河区董家河镇黄龙寺村，又名连界寺山。旧时，山上有一古庙，横跨豫、鄂两省，两省以此为界，故名连界寺。这里生长着贝母、柴胡、杜仲等名贵药材。早在清乾隆年间，连云山茶叶已声名远扬，前来购买该茶叶的客商络绎不绝，以至于在山下的大路边形成集市。因距黄龙寺较近，故名黄龙寺街道。

20 世纪 60 年代，连云山上有庙田 200 余亩，农民 150 余人，皆以种茶为业，很少与外界接触。1970 年冬，黄龙寺村组织劳动力到山上垦荒种茶，先后开挖出新式梯地茶园 500 余亩。不久，村里又动员一部分农民到山上定居种茶，成立连云茶场。20 世纪 90 年代，连云茶场并入河南信阳五云茶叶（集团）有限公司，成为该公司的一个分场。2000 年春季，董家河乡党委将连云山的 3 个村民小组并入连云茶场，并将其从黄龙寺村析出，划给河南信阳五云茶叶（集团）有限公司。过去山路闭塞，2013 年建成 5

米宽的上山道路。该场现有茶园 3 000 余亩，因手工采摘、手工炒制等传统工艺而闻名，所产之茶“紧圆细直多白毫，色绿汤清回味甘”，很受消费者喜爱。

何家寨

何家寨位于浉河区浉河港镇郝家冲村，是浉河区最古老的名茶山之一。山顶上有一个土寨，占地 20 余亩，全用山石砌成，森严壁垒，易守难攻。该寨为明崇祯十四年（1641 年）曾任汉中府推官的何继桂所建，时称“永宁寨”。清嘉庆十二年（1807 年）重修，易名何家寨。清代贡生王观《游何家寨二首》诗曰：

登寨莫登楼，楼是前人制。
磴道已欹斜，空有岩岩势。
漫道楼将堕，还增山势高。
但愁危壁下，荒草集猿猱。[1]

何家寨村民小组的房屋沿着两边茶山夹着的一条深沟，绵延 1 千米左右，依山就势，浑然天成。一条山泉顺沟而下，曲曲折折，纵穿山村中央，给山村平添一丝灵秀之气。何继桂之子何瑞征是明崇祯元年（1628 年）进士，入清朝后担任礼部侍郎，后致仕归乡。父子都是一时的显宦，如有客人过访，他们就用本山茶招待，至今山上还有零星老茶树，群众称为野茶，传说就是明代遗株。

民国年间，何家寨一带是有名的土匪窝，茶农的生产和生活没有保障，茶园荒芜严重。至中华人民共和国成立时，这里仅有 7 户人家，经营着 19 亩茶园，生活十分困难。为改善茶农的生产与生活，人民政府采取了一系列优惠措施，并于 1962 年建立茶叶专业队，成立了何家寨茶场。当

[1] 方廷汉，谢随安 . 重修信阳县志 [M]. 汉口：洪兴印书馆，1936: 卷二十九 35.

地茶农在山山岭岭、沟沟洼洼中开荒种茶，何家寨茶场现已成为信阳毛尖的主产地之一。

何家寨不仅茶叶有名，还是当地茶乡旅游的胜地之一。这里能将湛蓝的南湾湖尽收眼底，从山脚到山顶，长满茶树。星星点点的白色帐篷屋坐落于茶垄之间，三五游客乘坐观光车在山道上若隐若现。他们或随意找块地方，在鲜活绿意里亲自尝试采茶制茶的趣意，聆听人与茶年复一年的故事；或沁着一身浅淡茶香，攀登山上的高点，站在天空之境，看远处天地相融，触手的绵云化作清凉的风，吹皱一池无拘无束的心绪；或登上云崖古寨，奔赴一场落日主题的约会，纵览天空展现的绮丽色彩，这些都是那么令人惬意。

白龙潭

白龙潭位于浉河区浉河港镇西部龙潭村，因白龙潭瀑布而著名。早在清代乾隆年间，白龙潭瀑布就被列为信阳八景之一，瀑布上游群山巍峨，林茶繁茂。古今常有文人墨客来这里游玩题咏，并留下脍炙人口的诗篇。明代二品镇国将军王延世有《游白龙潭记》：

> 扶掖到潭右一岩如广，大石离列可座而饮食，敲石火温所携酒，炙烹蚧茗，色味俱绝。[1]

从这篇游记中不难看出，当时的白龙潭茶品质已属上乘。

白龙潭种茶历史悠久，且质量很好。民国初年，刘海涵的《龙潭新志》记载：

> 两潭左右乱石丛中多生茶树，茶味尤以白龙潭为最佳，龙井、

[1] 黄执优．信阳茶论[M]．信阳市老新闻工作者协会，2017：34.

雀舌恐未有此佳妙也。[1]

但当时白龙潭的茶叶出产量很小，而且价格昂贵，所产茶叶多销往城里的富庶人家。

中华人民共和国成立后，龙潭村猴儿石村民小组农民利用当地上接高山、下临龙潭、土质肥沃、云雾常绕的自然条件，大力发展茶叶生产。1964 年，当地政府将猴儿石村民小组划为专业产茶队，进一步调动了茶农的种茶积极性。1985 年，白龙潭村被信阳县委、县政府命名为文明村；1990 年，被河南省建设厅命名为中州新村。1993 年，全村人均年收入达 800 元（当年河南省农民人均年收入为 695 元）；2000 年前，该村实现小康。龙潭村现有茶园面积 2.5 万亩，是浉河区最大的产茶专业村之一。

如今，潭水两侧的山上都是郁郁葱葱的茶树，映得潭水也成为碧绿的颜色。蓝天、碧水、绿茶，薄雾绕山，宛如仙境，吸引着大批的游客前来游玩。

黑龙潭

黑龙潭位于浉河区浉河港镇西部黑龙潭村，与白龙潭相隔一山。黑龙潭瀑布地处两山夹峙之中，流水下泻，形成三潭，其中第二潭最深，瀑布较白龙潭稍狭，其水流来势汹涌，气势磅礴。明代前七子之一、诗人何景明曾作诗《夜酌黑龙潭》：

川流一曲抱，峭壁万年开。
白石传杯坐，青天送月来。
蛟龙亦自舞，鸥鹭岂相猜。
谁识仙潭上，天留此钓台。[2]

---

[1]《信阳河湖大典》编纂委员会．信阳河湖大典［M］．郑州：河南人民出版社，2023：124.

[2] 亢崇仁，郑志强．百年金奖信阳毛尖［M］．郑州：河南人民出版社，2015：382.

黑、白两潭四季水汽蒸腾，造就了周边山地良好的茶叶生长环境，使之成为信阳毛尖核心产区的两大名潭。

1915 年，李友芸、强石生、易宣山等人集股在山上开荒种茶，所建龙潭茶社是信阳八大茶社之一。该社共有股东 12 人，种茶 40 余亩，年产干茶近 300 公斤。日本人侵占信阳后，茶山股东散伙，至中华人民共和国成立前夕，仅有周宇贤一家经营着 10 余亩破败的茶园。1955 年春，政府从南湾水库淹没区移民 30 户到山上，重新开辟山林，种植茶树，建立黑龙潭茶叶生产合作社，该社后改为黑龙潭茶村。

黑龙潭茶山是浉河区八大名山中出类拔萃的大山茶产地，山高涧深，泉水缠绕，高山之巅终年云雾缭绕。黑龙潭毛尖品质卓绝，细圆挺秀，翠绿光润，白毫遍布；茶汤鲜亮，清香高雅，滋味鲜爽，极受世人青睐。1985 年特级、一级信阳毛尖国家银质奖茶样，均出自黑龙潭。如今，黑龙潭毛尖的名声在市场上较其他名山都高出一头。究其内因，大抵因为 1985 年和 1990 年两次信阳毛尖获奖，均以“龙潭”为品牌，给黑龙潭带来了极大的声誉。

黑龙潭村有十几户人家，辖地 5 平方千米，高山茶园到处是石头，茶园面积有限，每年产量都不多。由于地势较高，平均海拔超过 600 米，主峰为 788 米，茶园基本处于自然生长状态，病虫害较少，所产信阳毛尖品质极优。每到春茶生产季节，来此观光和购茶者络绎不绝。

鸡公山

鸡公山是中国四大避暑胜地之一，素有“云中公园”“万国建筑博物馆”之称。主峰报晓峰因其形似雄鸡报晓，有“一鸣叫两省”（河南省、湖北省）的说法，也是豫、鄂两省的分界岭。鸡公山的山峰高迥，云出常在其下，其气候清爽，常似深秋。夏季平均气温为 21 ℃，是绝佳的避暑胜地。

山上有民国时期外国传教士、洋商和中国官僚、买办修建的各种西洋建筑千百楹，楼阁参差，因山作势，不拘一向，或市或村，曲折迂回，各极其胜。

鸡公山古为原始森林，因年深日久的枯枝烂叶积累了丰厚的腐殖土层。加之山上云雾缭绕，光照适度，适宜茶树生长。鸡公山种茶历史悠久，北侧山沟多以茶为地名，如大茶沟、中茶沟、小茶沟、大茶沟口、茶冲口、茶坊、茶坡等。老茶区长约 20 千米，茶树多分布于海拔 300—500 米的地方。中茶沟西端出口称为“茶冲口”，从李家寨南侧进入大茶沟的岔道口称为“大茶沟口”。

大、中茶沟和大、小滴水之间生长的古茶树遗株，每年清明至谷雨时节，可采茶约 40 斤，当为明末茶农抗税毁茶的幸存株。20 世纪初，鸡公山天福宫、灵化寺、龙泉寺、活佛寺僧人道徒均曾就近植茶。

1971—1975 年，鸡公山管理部门组织民众在南岗辟土植茶，云雾茶由山腰发展到海拔 700 米的山顶，建成茶园 100 余亩。如今，鸡公山的大、中、小 3 条茶沟，鸡公山山顶，李家寨辖区的当谷山、南岗等区域，已广植茶树，所产信阳毛尖是鸡公山景区著名的土特产。

震雷山

震雷山坐落在平桥区城南，浉河南岸，主峰海拔为 338 米。山顶上有 2 个石沼，其水清洌，洋溢无增减，每遇天阴，云自沼出，天将下雨即有浮云笼罩。由于景象奇特，相传有龙潜于内，人以石投下，则砉然作声，如雷震一样，故称“雷沼喷云”，此为信阳八景之一。明代县丞袁洪《震雷山龙沼》诗曰：

雄峰高耸白云端，上有灵池总不干。
半夜龙归风雨恶，九霄雷震骨毛寒。

丹崖古木啼黄鸟，绝顶飞流响碧湍。

何日尘缘能谢却，结庐此境坐观澜。[1]

震雷山的南坡、北麓有大片茶园，连绵起伏，嘉木葳蕤，所产茶叶品质极好。清末，甘以敬与王子谟、彭清阁和刘墨香等人集股筹资在此创建元贞茶社。这是信阳有史以来的第一个茶叶生产组织。民国初期，在震雷山北麓垦荒 30 余亩，种植茶树达 3 万余窝，年产茶 800 余公斤，年获利合计 650 银圆。后因战乱，茶园荒芜，中华人民共和国成立时年产茶叶仅 100 余公斤。1954 年，河南省、信阳市农业部门在此投资建立信阳地方国营雷山茶叶试验场。国优茶叶品种信阳 10 号诞生于此，雷沼喷云、震雷剑毫、震雷春等河南省新名茶亦产于此山。每到茶季，市民常携家带口或与几户结伴到山上游览观茶。

灵　山

灵山坐落在罗山县境内，属于佛教圣地。灵山寺建于北魏孝文帝延兴四年（474 年），为中原四大古寺之一。灵山主峰金顶海拔为 827 米，为罗山县第二高峰。董寨国家级自然保护区和九里落雁湖都坐落在这里，是一处保存完好的生态旅游区。

相传，朱元璋早年出家做和尚时，曾到过汝宁府的灵山寺。后来，朱元璋参加郭子仪的红巾军，在一场战斗中被元军打得落花流水，只身逃回灵山寺。许多小和尚并不认识他，而朱元璋也不敢说自己是谁，只好用笔墨在寺院的白壁上写了首打油诗：

战罢江南百万兵，腰间宝剑血犹腥。

山僧不识英雄主，只管叨叨问姓名。[2]

[1] 黄振国，田君 . 信阳大博览 [M]. 长春：时代文艺出版社，2012：951.

[2] 张清改 . 信阳茶史 [M]. 郑州：河南人民出版社，2019：210.

寺院住持知道后，不能明说，只是将他悄悄安排在后斋。罗山县令李思齐听闻朱元璋躲在灵山寺的信息，下令围寺捉拿。寺院住持叫朱元璋躲到寺院中的一口井里，口衔打通的竹竿，能自由呼吸。李思齐带兵到寺院当然没有搜到人，朱元璋就这样躲过元兵的搜捕。传说，明洪武三年（1370年）三月初一，朱元璋在汝宁府衙的陪同下，第三次来到罗山灵山寺烧香。这次烧香，老和尚沏了一杯灵山茶献上，朱元璋喝下后，舌尖有一种浓郁的醇厚之味，觉得哪一种茶也赶不上灵山茶好喝。烧完香后，朱元璋命地方州县在灵山一带广种茶叶，每年进贡。

灵山所产茶叶久负盛名。1952 年，国家对信阳毛尖实行统购统销，正宗信阳毛尖产区除信阳县之外，还包括罗山县南部灵山一带涩港、彭新、青山 3 个乡。灵山所产茶叶如今得到很大发展。除传统的信阳毛尖之外，20 世纪 80 年代灵山在挖掘、整理历史名茶灵山云雾的基础上，利用当地早芽、毫多的优良品种，研制出灵山剑峰。1990 年，信阳毛尖在河南省茶叶质量评审会上被评为省级名茶；1991 年，被列为河南省重点名茶进行系列开发；1992 年，获首届信阳茶叶节“兴申杯”最高奖。

信阳茶区的名山、名茶还有很多，诸如光山县的大苏山茶、新县的香山茶、固始县的西九华山茶、商城县的金刚台茶等，这些都是信阳毛尖的珍品，不一一而述。

在山水美景中品茗，可以让我们在忙碌的生活中放慢脚步，感受茶叶带来的甘甜芬芳。品茗不仅是饮用一种美味的饮品，也是一种对生活的热爱与追求。我们在品茗的过程中，可以领悟生活的美好与和谐，以及追求品质生活的意义。

江苏苏州
河南信阳

绿茶双娇

洞庭碧螺春、信阳毛尖采制工艺

洞庭碧螺春的手工炒制技艺起源较早，得益于洞庭山历代茶农的长期实践。他们归纳出一套包含高温杀青、热揉成形、搓团显毫、文火干燥四个步骤的炒制工艺。其炒制的核心在于手与茶的密切配合，即手不离茶，茶不离锅，揉中带炒，炒中带揉，连续操作，起锅即成。这与信阳毛尖历经生锅炒制、熟锅整形、初烘去湿、摊晾散热、复烘提香、精心拣剔、再复烘定型的繁复工序相较，有异曲同工之妙，皆显制茶之精湛。

信阳毛尖的炒制技艺起源于清朝光绪年间，最初由商人为了拓展茶叶市场，通过互相模仿和演变而形成。随着信阳县宏济茶社的成立，该社邀请了来自六安的茶师，以指导茶叶种植和加工技术。炒制过程分为生锅和熟锅两个阶段，使用小平锅进行。这标志着信阳毛尖传统制作技术的诞生。然而，信阳毛尖早期的炒制方法容易使茶叶条索弯曲，且缺

乏光泽。信阳县车云茶社的茶工吴彦远尝试使用炒熟锅的大茶把来替代小茶把炒制生锅，双手紧握大茶把，交替用力，意外地发现这种方法炒制出的茶叶效果更佳。这种创新的“握把炒”方法迅速被同行采纳，尽管如此，炒制出的茶叶条索弯曲的问题仍未得到解决。1925 年，车云茶社的茶工唐慧清试用“散把”炒茶，茶条满锅散开，较为紧匀，但欠直，外形欠佳。吴彦远取其之长，在用散把炒制过程中，不时用手抓起茶叶，观看炒制程度，同时把结成团块的茶叶撒开、甩出再炒，如此反复，炒出的茶条比较紧、直，色泽也变得鲜绿光润，人们称之为“理条”。理条可以使茶叶呈现出如今信阳毛尖细、紧、圆、直的形状特点和品质。这种独特的工艺，逐步在信阳县西南山一带传开，并在实践中不断改进和提高，最终形成条索细、秀锋尖、白毫满披的信阳毛尖。

茶
TEA

茶叶采摘

采摘时间

《茶经》说采茶在2—4月。生在烂石沃土的肥芽，长到四五寸长，薇蕨杂草初生时，于早晨带露水采为宜。生在薄瘠土的瘦芽，长出三枝、四枝、五枝后，选择最好的中枝采之。

宋代，对采茶方法有详细的阐述。如《东溪试茶录》和黄儒《品茶要录》等茶书，都明确指出采茶季节，各地不同，有早有迟。就是同一地区，也有先后不同。要掌握适当时机，及时采摘，才能获得品质最好的茶叶。

到了明代，对采茶技术更有研究。许次纾《茶疏》载：

> 清明谷雨，采茶之候也。清明太早，立夏太迟，谷雨前后，其时适中，若肯再迟一二日，期待其气力完足（芽叶都已展开），香洌尤倍，易于收藏。梅时不蒸（梅雨时不会蒸热），虽稍长大，故是嫩枝柔叶也。[1]

屠隆于1590年前后写的《茶说》说：

> 采茶不必太细，细则芽初萌而味欠足；不必太青（叶老色泽变青），青则茶已老而味欠嫩。须在谷雨前后，觅成梗（枝条）带叶微绿色，而团（肥）且厚者为上。[2]

苏州与信阳的地理纬度极为相近，但苏州受海洋气候影响，洞庭碧螺春开采和停采都较信阳毛尖早7—10天。

洞庭碧螺春的采摘时间为春分前后至谷雨，通常是在3月春分左右开始采摘，最晚是在谷雨的时候采摘，采摘时间差不多要持续1个月。春分到清明这个时段采摘的洞庭碧螺春是最好的。经过一个冬天的休养生息，

---

[1] 许次纾．茶疏［M］．北京：中华书局，1985：2.

[2] 卢美松．福州通史简编［M］．福州：福建人民出版社，2017：371.

清明前茶叶又能够得到充足的阳光，受土壤和气候条件的影响也会让它更加饱满和脆嫩。从古至今，苏州人采茶都非常注重时令与节气，洞庭碧螺春的品级与采制时间关系极大，甚至可以说一日之内品质都有所不同。3月中旬时，苏州太湖洞庭东、西山的平均气温在 12 ℃，茶园常年受太湖水汽的影响，这时茶树就开始发芽了（10 ℃以上茶树开始萌动），洞庭碧螺春的采摘要求是“采得早，采得嫩，拣得净”。到了 4 月 21 日—22 日谷雨以后，因气温升高达到 20 ℃以上，鲜叶中的茶多酚增加，茶氨酸、叶绿素下降，苦涩味增加，粗纤维增加，洞庭碧螺春的嫩香和鲜爽相对减弱。另外，茶芽不再长个，不细嫩了，大量的开面叶不适宜制作洞庭碧螺春（没有或只有少许白毫），谷雨以后炒制的茶不能称为洞庭碧螺春。

洞庭碧螺春采制于清明前的，称作“明前茶”，为上品；采制于谷雨前的，称作“雨前茶”，质量略逊于明前茶，但仍属佳品。正德《姑苏志》卷十四就称“极细者贩于市，争先腾价，以雨前为贵也”。谷雨后，气温升高，茶叶生长较快，茸毛少，体形粗大，称为“炒青”。

信阳茶区春季日平均气温为 10 ℃时，茶芽才开始萌发，南部山区清明前后开始采茶，但清明前的茶叶产量极少。信阳茶叶正常开采期在 4 月 8 日—10 日。谷雨前后，茶芽快速生长，采摘不及，茶农多从外地聘请工人协助采摘。西部山区气温稍低，比南部山区开采迟 7—10 天。清明前，可少量开采；谷雨前数天，普遍开采；若遇倒春寒，4 月底才可开采。

信阳茶区春茶季节为 40 余天。4 月底前，采制的茶为春茶，也称“头茶”。开采的头一两天，数量很少，称“跑山尖”，即跑遍所有茶园，抢鲜采摘极少量的鲜嫩茶芽。人们所说的明前毛尖，是指在清明前采制的毛尖。这时采制的信阳毛尖芽叶鲜嫩，品质极佳。

茶芽萌发先后不一，如按标准分批采摘，天天有茶可采。4 月中旬至 5 月上旬，鲜叶量最多，称“合洪”，即鲜叶下山的高峰期。此时稍不

抓紧，茶叶老了，就会影响茶叶质量，减少收入，茶农称之为“跑茶”。因此，看山人必须心中有数，根据茶芽生长情况，随时增加采茶人员，抢采茶叶。

5 月中下旬，气温逐渐升高，茶叶老化很快，这时采制的茶称“头茶尾”，品质相对稍次。但从整体上讲，春茶含有机物丰富，嫩茎粗壮，芽叶肥厚，色泽翠绿，白毫遍布，锋苗显露，香高味浓，品质均佳。茶汤滋味在进口时稍有苦感，然后很快消失。因此，先苦后甘是春茶的一大特点。

5 月底，春茶结束，5—6 天后夏芽萌发，这时采制的茶为夏茶，俗称“二茶”。茶农所说的“尖对尖，四十天”，就是说头茶毛尖开采与二茶毛尖开采间隔 40 天左右。

夏茶采摘从 6 月初开始，到 6 月下旬夏至过后四五天停采，时间为 1 个月左右。夏季气温高且较干燥，芽叶伸展，老化较快，持嫩性较差，欠壮实，茸毛少，茶叶虽如春茶，但茶汤涩味较重，茶的清香味也不如春茶。

夏茶停采后，进入伏天，茶树发芽停止。到八九月间，秋芽逐渐萌发。茶农一般不采摘秋茶，留作养树。因为采过秋茶的茶树会再发新芽，当年气温降到 0 ℃及以下时如新枝茎秆还没有木质化，就可能被冻死，影响来年春茶产量。人们常说的“头茶苦，二茶涩，秋茶好喝舍不得摘”就是此理。白露时节，茶树新枝芽茂盛，一些茶农也少量“打打尖”，就是稍微采一些嫩芽制茶，但决不重采。此习惯一直沿袭至今。

秋茶称“白露茶”或“秋老白”。从内质上看，秋茶的内含物质如茶多酚、咖啡碱等虽比春茶、夏茶少，但茶叶中具有的沉香醇、苯乙醇、香叶醇等含量相对较高。秋茶无苦涩味，滋味较醇，而有茶香味。从外观上看，秋茶由于气温变化较大，芽叶持嫩性较夏茶强，嫩芽叶生长较慢，茸毛增加，成茶较显白毫，但叶绿素含量相对减少，干茶色泽稍暗。

留叶技术

洞庭碧螺春只采春茶，不采夏茶、秋茶。洞庭碧螺春采春茶与信阳毛尖采春茶的方法基本上是一样的。信阳毛尖还采一部分夏茶、秋茶，这在留叶上便有些讲究。

幼年茶树，主干明显，分枝稀疏，树冠尚未定型。采摘目的是促进分枝和培养树冠。春茶实行季末打顶采，夏茶、秋茶实行各留两叶采。定型修剪后，骨干枝已基本形成，便实行春茶、夏茶各留两叶采，秋茶留一叶采。

成年茶树，树冠形成，枝头多，茶叶产量高，品质优，能相对稳产25年左右。在这一时期内，茶农尽可能地多采质量好的芽叶，以留鱼叶采为主，在适当季节（如夏茶、秋茶采摘时）辅以留一叶或两叶采摘法，也有茶农在茶季结束前留一批叶片在茶树上。

衰老茶树，在衰老前期，春茶、夏茶采用留鱼叶采，秋茶酌情集中留养。衰老中期以后，茶农则需要对衰老茶树进行不同程度的改造，采用诸如深修剪、重修剪、台刈等。针对这种茶树，在改造期间，茶农参照幼年茶树采摘的方法，养好茶蓬，待树冠形成后，再过渡到成年茶树的采摘与留叶方式。

采摘周期

在人工手采的情况下，一般春茶蓬面有10%—15%新梢达到采摘标准时就可开采。

夏茶、秋茶由于新梢萌发并不整齐，茶季较长，一般有10%左右新梢达到采摘标准就可开采。茶树经开采后，春茶应每隔3—5天采摘1次，夏茶、秋茶每隔5—8天采摘1次。

采摘标准

《宣和北苑贡茶录》载：

> 茶芽有数品，最上曰小芽，如雀舌鹰爪，以其劲直纤铤，故号芽茶。次曰拣牙，乃一芽带一叶者，号一枪一旗，次曰中芽，乃一芽带两叶，号一枪两旗。其带三叶、四叶者，皆渐老矣。[1]

当春季茶树发芽时，在茶树上采摘嫩叶，叶的尖端称为“尖”，分为五等：第一等是蕊尖，无汁；第二等是贡尖，又叫皇尖，即一枪一旗（一芽一叶）；第三等是客尖，即一枪两旗（一芽两叶）；第四等是细连枝，有一梗带三叶；第五等是白茶，有毛的虽粗也叫作白茶，无毛的再细也只能叫作明茶。明茶又有耳环、封头等名称，都属于比较老的茶叶了。

采摘宜用大拇指和食指捏住芽叶，轻轻向上提采或折断，切忌用指甲掐采。上述采摘的茶叶都是春茶，至于在秋季采的茶叶，统称“秋茶”“白露茶”，也可叫它“老茶”。

洞庭碧螺春采制的都是春茶，人工量极大，成本也高，是真正的名优茶。洞庭碧螺春按产品质量分为特级一等、特级二等、一级、二级、三级五个等级。其中，特级通常采一芽一叶初展，芽长1.6—2.0厘米的原料，因叶形卷如雀舌，故称“雀舌”。一般而言，炒制500克特级洞庭碧螺春需要采摘6万—8万颗左右的芽头，历史上曾有500克干茶用9万颗左右芽头的纪录。在众多名茶中，洞庭碧螺春的细秀是出了名的。如果把洞庭碧螺春装在罐子里，看起来相当蓬松，素有“一斤碧螺春，四万春树芽”之称，足见其芽叶之嫩，非同一般。洞庭碧螺春茶叶之幼嫩、采摘功夫之深也可想而知。这样的嫩度，就算是心灵手巧的姑娘每天也就采1—2斤鲜叶。细嫩的芽叶含有丰富的氨基酸和茶多酚。优越的环境条件、优质的鲜叶原

---

[1] 唐大斌 . 名家论饮 [M] . 武汉：湖北人民出版社 , 2004：4.

料，为洞庭碧螺春品质的形成提供了物质基础。

信阳毛尖以其鲜叶采摘期和质量分为珍品、特级、一级、二级、三级、四级。珍品毛尖，只采一个芽。特级毛尖采一芽一叶初展，正常芽叶占90%以上。一级毛尖采一芽两叶初展，正常芽叶占85%以上。二级、三级毛尖采一芽两叶至三叶为主，兼有两叶嫩对夹叶，正常芽叶占70%以上。四级毛尖采一芽三叶与两叶至三叶对夹叶，正常芽叶四级茶占30%—40%。全国名茶评审委员会专家组组长、中国茶叶流通协会原副会长于杰多次来到信阳。他第一次看到上等信阳毛尖每斤干茶有六七万个叶芽时，惊叹不已，连称全国罕见。他说："我研究了几十年茶叶，还不知道我国有这么好的毛尖。"还说，"信阳毛尖为绿茶珍品，在全国100多种绿茶中，获国家金质奖的唯西湖龙井和信阳毛尖两种"。

采摘方法

洞庭碧螺春主要是人工采摘，一是摘得早，二是采得嫩，三是拣得净。茶农一般清晨上山采茶，至上午11时左右结束。采摘时，茶农左手抓住茶树枝条，右手提采嫩芽，不能捏采和掐采，忌一把捋。当茶农掐采茶芽时，芽茎的断口端易溢出茶汁，细胞壁破裂，时间长受热后会形成一个红圈，产生红变，影响叶底的美观和新鲜度。

《洞庭东山物产考》就谈到了采摘时的注意事项：

> 采茶以黎明，用指爪掐嫩芽，不以手揉，置筐中覆以湿巾，防其枯焦。回家拣去枝梗……随拣随做。[1]

洞庭碧螺春有"雨水叶不采，病虫叶不采，冻伤芽叶不采，紫色芽叶不采"的采摘要求。洞庭碧螺春须当天采摘、当天拣剔、当天炒制，每批采下的鲜叶嫩度、匀度、净度、新鲜度应基本一致，不得含有非茶芽、叶

---

[1] 王镇恒，王广智．中国名茶志[M]．北京：中国农业出版社，2000：50.

等夹杂物，且无老叶、黄叶、老梗。

采摘洞庭碧螺春时，须根据地段和茶芽嫩度分批进行。当茶芽长到一芽一叶初展，长度在 1.5 厘米以上符合采摘标准时，要及时地采摘，采摘的大小须均匀一致。上午采摘的茶叶收工时要及时集中装入洁净透气的竹筐或布袋中，尽快送入茶厂，存放时不得用塑料袋和有异味的容器；在运输过程中，要防止因受压和受热而导致茶叶变红和失去鲜爽的口感。

信阳毛尖对鲜叶嫩度的要求也很高，采摘鲜叶，须在晴天进行，实行提手采，分朵采，忌一把捋。南山气温稍高，可在 4 月上旬开采，俗称“打茶”，鲜叶称“青凋”或“茶草”。采茶时，切记不采老、不采小、不采马蹄叶（鱼叶）、不采茶果（茶蕾、幼小果实）、不采老枝梗。

鲜叶摊晾

摘回之后的洞庭碧螺春鲜叶须匀摊在室内通风的竹匾上，厚度在 3—5 厘米，不能紧压。室内要保持空气凉爽和通风。中间适当轻翻 1—2 次，要摊匀，摊放时间须根据室内温度高低进行调整，比如嫩叶 6—8 小时，老叶 4—6 小时，嫩叶老摊，老叶嫩摊（后续的拣剔也算入摊放时间），雨水叶可适当延长时间，放在最晚时间炒制。等水汽和青气部分散发，茶多酚轻微氧化，鲜叶散发清香，含水率在 65%—70% 左右，即手抓一把不脆，手感微软，即可进入杀青阶段。

东壹茶坊鲜叶摊放车间（赵香松摄）

茶叶采摘下来后，还要经过筛、播、拣等工序。先拣剔去鱼叶、鳞片、老叶、嫩茶果、空心芽、紫色芽等其他杂质，让芽叶的长短、大小、嫩度一致，做到“头头过堂”；再按标准挑拣一芽一叶初展、一芽一叶、一芽两叶，并分别摊放。这些工序都很花功夫，尤其是拣，每个鲜叶都要检查一遍，很费时间。拣剔时间也算入摊放时间，可视为摊晾鲜叶让茶叶轻萎凋的过程，有利于茶的香气形成。拣好的鲜叶分类摊放在竹扁上准备炒制，人工拣剔费时费力，一个熟练工 8 小时拣出一芽一叶的鲜叶在 2.5—3 公斤之间。鲜叶净重 2 公斤，约有 6 万多个鲜叶，经过筛、剥、拣后，估计可以炒出 0.5 公斤的洞庭碧螺春。上品洞庭碧螺春要求嫩、匀、净，其拣剔过程要更严格，做到只保留一芽一叶，且去净硬柄、老叶及杂质，以保持“一嫩三鲜”（芽叶嫩，色、香、味鲜）的特点。

鲜叶拣剔（周文艺摄）

艾煊的《碧螺春汛》说：

> 茶汛一到，夜饭后的俱乐部厅堂，就完全变换成了另一种景象，像送灶前替过春节准备年礼一样，又忙又开心，喜气洋洋。妇女们收起针线活了，男人们也不拢起袖子光抽烟了。男的女的，老人小孩，都围在桌边，一边拣茶叶，一边讲笑话、谈家常。台子当中，堆放了一堆鲜嫩的带紫芽的绿叶，无数手指，在轻轻地拨动这堆嫩叶。这些生了老茧子的粗糙指头，又快又准地从成堆的茶叶中，分拣出细嫩的芽尖一旗一枪来。手指头那么粗糙，想不到拣茶时竟又这么灵巧，就像银行会计拨算盘珠样的异常轻快、异常熟练。[1]

鲜叶不能隔夜，黄昏至夜晚是当地茶农炒制洞庭碧螺春的时间。嫩芽、叶背有茸毛，新鲜时不明显，制成后方显露出来，品质越好，茸毛越多，此为洞庭碧螺春的一大特色。

信阳毛尖也是在山上采摘鲜叶后 1 小时左右，集中运回茶局（今称“茶场”），分级、分批次摊晾，以挥发掉青凋（刚采摘的鲜叶）的清晨露水汽，并使之萎软。摊放鲜叶的场所要求清洁、阴凉、通风、透气，室内温度须保持在 25 ℃以下，避免阳光直射，鲜叶摊在竹制篾簟上，不在地面上摊放。大宗茶摊晾的鲜叶厚度为 15—20 厘米，最多不超过 30 厘米。每平方米约可摊放的鲜叶为 10—15 公斤。特级、一级嫩叶摊放的厚度为 2—3 厘米，每平方米篾簟约可摊放鲜叶 2—3 公斤。在摊放过程中，适当进行翻叶，以散发热量，每隔 1 小时左右，轻翻 1 次。特级、一级鲜叶摊晾 1—2 小时开炒，三级以下鲜叶摊晾 3—4 小时。

与炒制洞庭碧螺春不一样的是，炒制信阳毛尖时，摘回的鲜叶只摊晾，不挑选。这道工序是放在茶叶炒好后，再从炒好的茶叶中拣剔去鱼叶、

[1] 艾煊 . 碧螺春汛 [M] . 南京：江苏人民出版社，1963：5-6.

鳞片、老叶和其他杂质，使芽叶的长短、大小、嫩度保持一致。

信阳毛尖跟洞庭碧螺春一样，鲜叶须在当天炒制，绝不过夜。

手工炒制工艺

艾煊的《碧螺春汛》写道：

> 从黄昏到深更，在碧螺春茶汛的那些春夜里，个个村子的炒茶灶间，都是夜夜闪亮着灯光。新焙茶叶的清香跟夜雾溶和在一道，从茶灶间飞出来，弥漫了全村。香气环绕着湖湾飞飘，一个村连一个村，一个山坞连一个山坞，茶香永没尽头。一个夜行的人，茶汛期间在我们公社走夜路，一走几十里，几十里路都闻的是清奇的碧螺春幽香。[1]

《碧螺春汛》这一段，为我们描写了洞庭碧螺春茶汛期间的夜晚景象，生动展现了茶农炒制洞庭碧螺春的热闹氛围和茶叶的清香，同时也揭示了洞庭碧螺春在当地文化中的重要地位。

洞庭碧螺春与浙江名茶西湖龙井虽近在咫尺，却是茶树、水土各异，而且炒制方法也不一样。西湖龙井是用手掌在大铁锅中反复按摁茶叶，使得茶叶外形扁平光滑无毫。而洞庭碧螺春则由炒茶人用双手一边烘焙一边搓揉，直至形成卷曲如螺，满披白毫的外形。洞庭碧螺春手工制作工艺，传承了 1 000 多年，它在生产过程中不断被总结和更新，传承着千年茶文化精华，保证了洞庭碧螺春的卓越品质。

施跃文是洞庭东山双湾村茶农、国家级非物质文化遗产项目绿茶制作技艺（碧螺春制作技艺）代表性传承人，拥有近 50 年的炒茶经验；周永明是洞庭西山衙角里村茶农、洞庭碧螺春国家级炒茶大师、省级非

---

[1] 艾煊．碧螺春汛［M］．南京：江苏人民出版社，1963：9.

物质文化遗产项目绿茶制作技艺（苏州洞庭碧螺春制作技艺）代表性传承人，拥有50多年的炒茶经验；严介龙是洞庭东山碧螺村茶农、中国制茶大师、市级非物质文化遗产项目苏州太湖洞庭山碧螺春制作技艺代表性传承人，拥有40多年炒茶经验。他们多年致力洞庭山碧螺春炒制技艺的修复、挖掘和创新。据他们说，手工炒制的洞庭碧螺春，包括高温杀青、热揉成形、搓团显毫、文火干燥4道工序。炒制特点是手不离茶、茶不离锅、揉中带炒、炒中带揉、连续操作、起锅即成，全过程时长为31—40分钟。

信阳毛尖手工炒制则是用两口大锅，分生锅、熟锅。先将茶叶在生锅中揉捻，然后放入熟锅进行裹条、扇条和理条，接着到茶条形成紧细、圆直、光润的外形时即可出锅，最后还要经过烘焙、拣剔、再复烘等过程。全过程时长为70—80分钟。

下面将洞庭碧螺春的手工炒制工艺的全过程，与信阳毛尖的手工炒制工艺进行对比，就会发现两种绿茶的炒制工艺有着异曲同工之妙。

炒茶车间（赵香松摄）

高温杀青

洞庭碧螺春的高温杀青，是在直径 62 厘米的浅底平锅中炒制（炒茶师傅用灶台时会把锅斜放便于翻炒），鲜叶的投放量为 500—600 克，高温杀青分 3 个温控：一是铁锅底边的焦点温度在 300—320 ℃；二是锅内温度（常称为“锅温”）在 180—200 ℃；三是茶叶的叶温要达到 80 ℃以上，但不能超过 100 ℃，升温要快。先高温后低温，杀青时间为 3—5 分钟。投叶后，用双手或单手反复旋转抖炒 4—5 分钟，动作要轻快。待到叶片略失光泽，手感柔软，稍有黏性，始发清香，失重约二成时即可。

高温杀青主要目的是破坏鲜叶酶的活性，遏制多酚类化合物酶促氧化，散发水汽，使叶质变柔软，促进茶香的散发，此为保持干茶色绿的重要工艺，也有利于后续加工。

杀青须掌握“嫩叶老杀，老叶嫩杀”，杀青时间应从感官上判断：茶叶颜色转为暗绿，青气消失，没有红梗、红叶，散发茶香，手感叶质柔软，略感粘手。杀青后，青叶的含水率在 60% 左右即可。

杀青的要点在于青叶于锅心发白时投入，先抛入锅中散发水分，挥发青草气，使茶叶散发清香；再张开十指捞出青叶，多抛少闷，抛闷结合；然后连续翻抖，要杀透、杀匀，后期以闷为主，则清香持久，叶底柔匀，色泽嫩绿。切忌将叶子留于锅底，须使叶子不粘锅，充分散发青草气和水汽，这是保持叶底鲜活、不混杂的关键工艺。

信阳毛尖的生锅炒制过程，在温度上与洞庭碧螺春的高温杀青相似，但操作方法和目的有所不同。生锅与熟锅均用直径 82.5 厘米的“牛四锅”，呈 30—35 度角倾斜，并安放在 33 厘米高的锅台上，两锅相连砌置。炒茶前，要把锅面磨光擦净，保持锅面清洁光滑。锅温高度，各级鲜叶要求不同，高档鲜叶在 160—180 ℃，中低档鲜叶在 180—200 ℃。每锅投叶量为

500—750 克。生锅炒制时间，须根据鲜叶老嫩、芽叶肥瘦、水分多少灵活掌握，一般翻炒加揉捻需 7—10 分钟。锅温达到一定要求时，开始投叶，用特制的茶把子（一种竹茅编扎成的圆帚）有节奏地上下挑翻杀青，将叶子在锅里不断翻炒，去除水分。当锅中发出轻微的啪啪声，水分迅速散发，约 3—5 分钟，叶质变软，叶片卷缩，手握成团时改用揉捻的“裹条”炒法，按照顺时针的方向，用茶把子前端竹梢将叶子收拢，在锅内呈弧形进行翻滚，用力先轻后重，转幅先大后小，动作先慢后快，并不时用茶把抖散茶叶，以散发水分。如此翻炒与揉捻交替进行，约 7 分钟，炒至五成干（含水率为 55%），直至条索明显、少量茶汁挤出，并有粘手感时，方可扫进熟锅整形。

杀青是绿茶加工工艺里最为重要的一步。生物酶在这一温度下极不稳定，会迅速变性，失去活性。氨基酸在这一过程里会出现明显的流失，所以需要尽快杀青、杀透，减少氨基酸流失。

热揉成形

洞庭碧螺春的第二道工序是热揉成形。先把锅温降至 120 ℃左右，揉叶成条，至不粘手且叶质尚软、失重约五成半即可，时间约为 10—12 分钟。

揉捻的主要目的是把茶叶条索揉得紧细，有利于后续的加工做形。洞庭碧螺春一般采用在锅内热揉，很少冷揉。

揉捻时，将锅温降至 80—95 ℃，先轻揉 3—5 分钟，完成轻揉后，将锅温降至 65—75 ℃，叶温（茶叶的表面温度）保持在 45—55 ℃重揉 3—4 分钟，后轻揉 5—6 分钟。

揉捻时，用双手或单手按住杀青叶，按顺时针方向沿锅壁盘旋推揉，使茶叶内部自动滚转，一边揉一边抖散解块（保持茶叶不变黄，叶色翠绿），重复操作。揉捻主要是为了茶叶做形，洞庭碧螺春是卷曲状的，所以条索要紧细，保持叶细胞破碎率在 40%—50%。开始时，旋三四转，即抖散一次，以后逐渐增加旋转次数，以减少抖散次数，基本形成卷曲紧结的条索。揉捻时间为 12—18 分钟（嫩叶为 10—12 分钟，老叶为 15—18 分钟），成条率在 80% 以上，当有粘手感、茶汁附着在叶面上、手摸有湿润感即可。

揉捻的要点，一是加温热揉，边揉边抖。炒制洞庭碧螺春要保持小火，加温热揉。热揉时，因叶质柔软，果胶质黏性较大，易揉紧成条，缺点是容易闷黄，产生闷热气，故须边揉边解块，以散发叶内水分。二是先轻后重，用力均匀。如果开始时用力过大，茶汁会粘在锅壁上，结成锅巴，影响品质，妨碍操作，又易使芽尖断碎。先轻揉 4—5 分钟，然后要重揉 6—8 分钟，否则条索松，茸毛不显露。三是揉后洗锅。揉捻时，会有茶汁流出，粘着锅壁，形成锅垢，故须将揉叶起锅，洗掉茶垢，以免产生焦火气。清锅后，进入搓团显毫工序。

信阳毛尖用熟锅形成条形，这相当于洞庭碧螺春的揉捻。熟锅是形成毛尖细圆、紧直的关键环节，通过整形使水分蒸发，香气发挥，外形达到细、圆、紧、直，锅温达 80—90 ℃。锅面要求清洁光滑。当生锅叶扫进熟锅后，开始仍进行裹条和扇条。裹条用力大，转圈小，主要是进一步把条揉紧；扇条用力小，转圈大，具有揉条和散发水分的作用。当茶条紧细时进行赶条，要求紧握茶把，稍碰茶条，上下转动，赶直茶条，抖散团块，炒至六七成干，叶面茶汁不再相互粘着，就用手进行理条。从虎口用力甩出，使条叶从锅上游浸入锅底，达到紧直效果为宜。

无论是洞庭碧螺春的揉捻搓毫，还是信阳毛尖的揉捻加理条，这一步的主要目的都是塑形。在整个揉捻做形的过程中，温度相对较低，时长相对较短，叶片含水率低，生物酶已经失活，使得这一步对于茶叶内质的影响较小。

搓团显毫

洞庭碧螺春的第三道工序是搓团显毫。洞庭碧螺春满身披毫的主要工艺是搓团，时间在10—15分钟，锅温在60—70 ℃。双手握一把鹅蛋大小或鸭蛋大小的茶叶，不能太多，不能太少，掌握轻—重—轻的手法，顺时针搓团4—5圈，快速解块，要轮番清底，边搓团，边解块，边干燥。不能结团闷在锅里，产生闷味；当茶叶含水率降至20%—25%时，适当加温，掌心稍有灼烧感，提香提毫，边搓边出白毫；之后快速让锅温降至60 ℃左右，利用锅的余温反复搓团，使色泽翠绿，白毫显露，茶叶散发清香和花香。

搓团时，一是锅温要按照低—高—低的顺序调整。搓团初期，火温要低，如果温度过高，则水分散失多，干燥快，条索松；中期，茸毛初显时要提高温度，促使茸毛充分显露；后期，须降温，否则毫毛被烧，色泽泛黄。二是用力要按照轻—重—轻的手法。初期，茶叶的水分尚多，用力过大易黏结成团块，故须轻搓；中期，在茶叶韧性大时需要用力搓，以促使毫毛显露；后期，随着茶叶水分的减少，果胶质变性，可塑性降低，如果用力过大，则揉叶易断碎脱毫。

这道工序相当于信阳毛尖的理条，理条包括抓条和甩条两种手法。在熟锅抓条时，须将掌心向下，大拇指与食指张开，呈“八”字形，其余三指与食指并拢，稍向内弯曲成抓物的虎口状，之后抓起锅中部分茶叶稍稍握紧，以抓满手心为宜，然后于距锅心12—15厘米的高处用腕力将叶条由虎口处迅速地摇动甩出，散开抛至茶锅上沿，使茶叶条顺斜锅内沿滑入锅心。此时，手中的茶叶不要一次甩完，宜保留五分之二。徐徐进行，直到茶条形成紧细、圆直、光润的外形，达七八成干（含水率为25%—30%）时即可出锅。全过程操作历时约7—10分钟。理条要抓得匀，甩得开，摆得直，不散乱，所以手势开始应松、高、轻、慢，随水分散失，逐步紧、轻、重、快、高，后期要轻、低、慢，避免茶条断碎。

文火干燥

洞庭碧螺春的第四道工序是文火干燥。当搓团显毫工序完成后，须利用炒锅的余温，保持温度在 50—55 ℃，将茶叶摊匀在锅内，时间为 6—8 分钟，中间要轻翻摊匀，即可起锅摊凉。当茶叶有戳手感、茶叶含水率达标即可。

东壹茶厂碧螺春炒制摊凉（赵香松摄）

洞庭碧螺春是手工炒制的，全程在锅内完成，所以茶叶干燥后，干茶内的含水率还会在 7.5% 左右，为有利于保管干茶和保持干茶的颜色，需要进行复烘。茶叶起锅待冷却回潮后，将茶叶摊放在牛皮纸上，放在锅里文火复烘，锅温在 45—50 ℃左右，烘至足干（含水率为 5%—6% 即可）。也可采用茶叶烘焙机，把干茶薄摊（厚度在 2—3 厘米左右）在网格里，时间为 1 小时，设置温度 60—65 ℃，进行低温慢烘，当温度升至 60 ℃时，打开烘箱门 30 分钟，使烘箱内湿气散出，再关门烘烤 30 分钟，使茶叶含

水率降至5%—6%。利用7—9目的竹扁筛，轻筛分离茶末后密封装箱入库。洞庭碧螺春存放时含水率为5%—6%，能保持它的鲜爽度和香气；含水率超过7.5%，茶叶汤色不明亮，鲜爽的滋味、香气减弱，影响品质。

信阳毛尖与洞庭碧螺春的烘焙方法相似。烘焙的主要作用是固定茶叶的外形，继续蒸发水分，达到干燥的目的，进一步提升茶叶色、香、味，防止品质劣变。烘焙分毛火和足火，中间适当摊放。初烘（毛火）：熟锅出来的叶子摊放在茶烘上，约半小时，摊放4—5锅叶量，即进行初烘，初烘温度（烘头中心处）为70—90 ℃，时间为20—25分钟，每隔5—8分钟翻动1次，烘至含水率15%左右，即下烘摊放。摊放时间不少于40分钟，以使茶叶内的含水率降低，有利于足干。复烘（足火）：采用文火慢烘，这相当于洞庭碧螺春最后的文火复烘。火温须控制在60 ℃左右，每烘摊茶约2.5公斤，时间为30分钟，每10分钟翻动1次，使其含水率达6%，手捏茶叶成粉末、色翠香高、条形美观、白毫显露时立即下烘。烘茶时，不能在茶灶上翻茶，同时要轻端轻放茶烘，避免茶末掉到茶灶里生烟串味，影响茶叶质量。

因洞庭碧螺春是在炒制前先经人工拣剔，拣去粗老叶和黄片、茶梗后再炒，故文火干燥后就算炒好了。信阳毛尖正好相反，是在茶叶炒好后，才经人工拣去粗老叶和黄片、茶梗及碎片。拣出来的青绿色成条不紧的片状茶叫茴青，拣出来的大黄片和碎片末列为级外茶。

信阳毛尖完成拣剔后，还要进行一次再复烘，俗称“拉烘”“打足火”。这样可以使茶叶进一步干燥，有利于其长期保存，并可充分体现茶叶的色、香、味，是炒制信阳毛尖不可缺少的工序。农谚云：“要想茶叶香，必提三道火。”再复烘温度须控制在60 ℃左右，每烘摊茶3—3.5公斤。每隔10分钟左右，手摸茶叶有热感即翻面。其操作流程均同复烘。25—30分钟后，茶叶色泽翠绿光润，香高浓烈，手捏成粉末即下烘，分级、分批摊放于大篾箕内，趁余热及时装进专用的干净大茶桶密封。2000年以前，大多数茶场均采用这种密封方法，有条件的可以将木炭复烧，冷却后用白纸包裹放入茶桶作为干燥剂。成品茶应存放于室内干燥、低温、避光、卫生的地方，严防串入异味。2000 年之后，规模较大的茶场（种茶大户）、茶商多自建冷库，在 10 ℃以下的低温冷库冷藏茶叶。

干燥对茶叶品质有很大影响。在干燥过程中，虽然也有高温工艺，但与杀青不同的是，在失水过程中，干燥可以使茶碱减少，氨基酸的含量上升，茶多糖含量增多。茶多糖的增加能进一步确保绿茶中富含丰富的茶氨酸，增加茶叶的鲜爽汤感。

机械加工炒制

信阳毛尖机械加工

信阳毛尖的机械加工炒制工艺在信阳茶区已基本普及。

鲜叶摊放是薄摊在篓席上或洁净的摊青槽内，摊放厚度为 4—5 厘米，每隔 2 小时轻翻 1 次，摊放时间为 4—6 小时。至叶质变软、叶色由鲜绿变为暗绿、鲜叶减重率为 12% 左右为宜。此外，还要进行鲜叶筛分，选用 6CXF-70 型鲜叶分级机对鲜叶进行分级，特别是中、低档茶鲜叶，通过筛分，将老嫩、大小不一的鲜叶区别开来，实现分级付制。当气温高时，杀青后再筛分为宜。

杀青是用 6CST-70 型或 80 型杀青机，滚筒温度控制在 260—300 ℃，按照揉捻机组的产量标准均匀投入鲜叶。杀青时间掌握在 2.5—3 分钟，以鲜叶失去光泽、梗折不断、叶质柔软、手捏成团，并稍有弹性、无青草气为宜。

信阳毛尖鲜叶杀青后要立即摊晾，开启电风扇，或用鼓风机把杀青叶吹散，让杀青叶快速散热，带走水蒸气，防止杀青叶变黄和产生水闷气。

快速冷却是保证信阳毛尖质量的重要步骤。

揉捻是选用6CRW系列揉捻机，按照揉捻机投叶量要求投入杀青叶，揉捻压力掌握轻—重—轻的原则，高档茶揉捻程度宜轻或不加压，中、低档茶适当增加压力。揉捻时间为高档茶6—10分钟，中、低档茶15—20分钟，揉捻至茶条卷拢、茶汁稍沁出、成条率达95%以上即可下机解块。揉捻过重，虽能揉紧茶条，但茶汁被挤出附于叶表，易使茶多酚被氧化，叶绿素脱镁变色，成茶色泽灰暗。

揉捻叶下机后，先选用6CJF-40型解块机进行解块筛分，然后进行理条。选用6CIZ-80/18系列往复理条机，锅温控制在120—160 ℃，投叶量为2—2.5公斤，时间控制在5—6分钟。炒至条索紧直，含水率为25%左右即可出锅。

初烘时，选用6CHW系列连续烘干机。先将茶叶均匀摊放在传送网上，厚度约1厘米，温度控制在120 ℃左右，烘干时间为8—10分钟，烘至含水率为10%—15%即可。先对初烘后的茶叶充分摊晾，摊晾时间为3—4小时，促使茶叶内水分重新均匀分布，以利于茶叶继续烘干；然后选用6CHW系列连续烘干机或烘笼进行复烘，采用低温慢烘的方法，温度为80 ℃左右，时间为25—30分钟，烘至茶叶含水率为8%—10%后下烘，摊晾；最后进行精制，风选、色选、提香，充分摊晾后包装密封入库，低温保存。

洞庭碧螺春机械加工

截至2024年年底，洞庭碧螺春仍采用传统的手工炒制。其不能实现机械加工的主要原因：一是洞庭碧螺春的卷曲（弯曲）不易做到；二是机器无法搓毫，毕竟满身披毫是洞庭碧螺春的特色之一，换句话讲，炒出来的茶叶没有白毫就不能叫洞庭碧螺春。

随着上一代制茶人逐渐老去，新一代的制茶人对于手工加工的传承未能跟上。在苏州这样一个气候适宜、交通便利、经济发达、工业化程度高的城市，洞庭碧螺春的茶树管理、茶叶采摘、炒制加工属于辛苦活，而且洞庭碧螺春的生产期仅为春季，那些在茶园里长大的孩子们，如今有更多的机会去城市工作、生活与开创事业，茶叶加工的人员老龄化问题开始显现。因此，洞庭碧螺春也在探索传统工艺与机械化生产相结合的可能性，有关部门正在积极探索新的发展思路，利用先进的工业优势，采用人机结合的方法，从半机制加工入手，推动规模化加工生产，吸引年轻人加入茶产业的创新与发展，并组织茶农、茶企员工去外地参观学习，解决劳动力不足与技术水平不高的问题。在不久的将来，苏州依托先进的工业制造和丰富的传统加工经验，会实现现代科技与古老技艺的完美结合。

洞庭碧螺春和信阳毛尖从采摘、摊晾、杀青、热揉、搓团（理条）到干燥，每个步骤都凝聚了两地茶农的辛勤和制茶师傅的技艺。随着现代化技术的发展，虽然普及机械炒制是大势所趋，但传统的手工炒制工艺依然被保留和传承下来，它们不仅仅是制茶的方法，更是中国茶文化的重要组成部分。未来，我们期待这些传统工艺能够得到更好的保护和传承，同时也希望现代科技能够与古老技艺相结合，让洞庭碧螺春和信阳毛尖这一对双娇，继续在更大范围内散发她们独特的魅力。

江苏苏州
河南信阳

芳姿谁识

绿茶鉴别与功效

苏州历史上有名的绿茶，有水月茶、天池茶、虎丘茶、碧螺春等，特别是晚近以来的洞庭碧螺春，名闻天下。苏州人对洞庭碧螺春情有独钟，同时也对西湖龙井、君山银针、六安瓜片、黄山毛峰等其他绿茶青睐有加。信阳人更倾向于品饮本地的信阳毛尖，但近年来，他们对其他地区绿茶的偏好也在逐步提升。

洞庭碧螺春以形美、色艳、香浓、味醇著称于世；信阳毛尖则以色翠、味鲜、香高闻名遐迩。

《信阳茶叶志》详细列出了绿茶的多种功效：一是兴奋提神；二是利尿；三是止痢和预防便秘；四是防龋；五是助消化；六是明

目；七是抗衰老；八是减轻吸烟对人体的毒害；九是消炎灭菌；十是吸附重金属；十一是防辐射；十二是降血压；十三是降血脂和抗动脉粥样硬化；十四是降血糖和辅助治疗糖尿病；十五是抗癌、抗突变。

除具备上述功效之外，绿茶还能预防痛风，清除体内有害盐类及毒素积累，治疗瘰疬，并防治维生素缺乏症。同时，绿茶还是人体铜、铁元素的重要来源，有助于预防黏膜、牙龈出血，浮肿，眼底出血及甲状腺功能亢进。此外，咀嚼干的绿茶可以减轻晕车、晕船引起的恶心等不适。

茶
TEA

洞庭碧螺春、信阳毛尖的分级

洞庭碧螺春分级

国家对洞庭碧螺春按其基本特征和产品质量分为特级一等、特级二等、一级、二级、三级五个等级，其中特级一等、特级二等最为名贵。

特级一等：条索纤细，卷曲呈螺，满身披毫；色泽银绿隐翠、鲜润；香气嫩香清鲜；滋味清鲜甘醇；汤色嫩绿鲜亮；叶底幼嫩多芽、嫩绿鲜活。在茶鲜叶拣剔上从用洞庭碧螺春一芽一叶炒制，改为单芽。

特级二等：条索较纤细，卷曲呈螺，满身披毫；色泽银绿隐翠、较鲜润；香气嫩香清鲜；滋味清鲜甘醇；汤色嫩绿鲜亮；叶底幼嫩多芽、嫩绿鲜活。

一级：条索尚纤细，卷曲呈螺，白毫披覆；色泽银绿隐翠；外形匀整；香气嫩爽清香；滋味鲜醇；汤色绿明亮；叶底嫩、绿明亮，是拣剔一芽一叶炒制而成的，有"一嫩三鲜"之称。

二级：条索紧细，卷曲呈螺，白毫显露；色泽绿润；香气清香；滋味鲜醇；汤色绿、尚明亮；叶底嫩、略含单张、绿明亮；冲泡后，茶条徐徐舒展、上下翻飞，茶水银澄碧绿、清香袭人，口味凉甜，鲜爽生津。

三级：条索尚紧细，尚卷曲呈螺，尚显白毫；色泽尚绿润；香气纯正；滋味醇厚；汤色绿、尚明亮；叶底尚嫩、含单张、绿尚亮；冲泡后，口味鲜爽生津，回味绵长，是办公室及居家日常用茶的首选。

茶叶分级（赵香松摄）

信阳毛尖分级

国家对信阳毛尖茶按其基本特征和产品质量分为六个等级，其中珍品最为名贵。

珍品：条索紧秀圆直，色泽嫩绿多白毫，整碎匀整，净度净；汤色嫩绿明亮，香气嫩香持久，滋味鲜爽，叶底嫩绿鲜活、匀亮。

特级：条索细圆紧尚直，色泽嫩绿显白毫，整碎匀整，净度净；汤色嫩绿明亮，香气清香高长，滋味鲜爽，叶底嫩绿明亮、匀整。

一级：条索圆尚直尚紧细，色泽绿润有白毫，整碎较匀整，净度净；汤色绿明亮，香气栗香或清香，滋味醇厚，叶底绿尚亮、尚匀整。

二级：条索尚直较紧，色泽尚绿润稍有白毫，整碎较匀整，净度尚净；汤色绿尚亮，香气纯正，滋味较醇厚，叶底绿、较匀整。

三级：条索尚紧直，色泽深绿，整碎尚匀整，净度尚净；汤色黄

绿尚亮，香气纯正，滋味较浓，叶底绿、较匀整。

四级：条索尚紧直，色泽深绿，整碎尚匀整，净度稍有茎片；汤色黄绿，香气尚纯正，滋味浓略涩，叶底绿欠亮。

洞庭碧螺春、信阳毛尖真假鉴别

真茶与假茶

吃茶就怕吃的是假茶。清乾嘉时期，破额山人《夜航船》记载了一个“绛囊三品”的故事，颇为有趣。该故事讲述的是新淦县令莼卿公的次子眉生是位进士，特别喜欢喝茶。每次去朋友家，眉生都自己带茶，生怕主人家的茶不好。主人觉得眉生带的茶好，就经常向他索要好茶。于是，座上的客人都向他索要好茶，他心中难免不舍。回家后，眉生做了三个绛色的纱囊，上面的叫“原”，中间的叫“法”，下面的叫“具”，上面的纱囊装的是最好的茶，只有那些学识渊博、修养深厚，能对自己有所帮助的人，才能尝到一点儿。如果遇到那些胸无城府但说话中听的人，可以用中间那个“法”字号的茶招待。对于那些交情不深的人，就用下面那个“具”字号的茶应付一下算了。眉生这个人虽然爱茶，可是把茶与人都分了等级，未免市侩了些。不过，往时官茶容民入杂，茶多而贱，当时民自买卖，须要真茶，真茶不多，其价遂贵，眉生的做法也就可以理解了。

这种情况在古典小说中也有描述，在《镜花缘》第六十一回“小才女亭内品茶，老总兵园中留客”中，紫琼曾言：

> 家父一生无所好，就只喜茶。因近时茶叶每每有假，故不惜重费，于各处购求佳种。[1]

---

[1] 李汝珍 . 中国古典文学名著：镜花缘 [M] . 北京：北京十月文艺出版社，1998：396.

洞庭碧螺春、信阳毛尖既是中国历史名茶，也是中国十大名茶之一，受到很多茶友的喜爱与好评。洞庭碧螺春因产量少，能喝到的人极少。著名漫画家华君武就说，他是江苏无锡人，但洞庭碧螺春是其 40 岁以后才喝到的。当一种产品热卖之后，市场上往往就会有不法商人以假乱真、以次充好。民国《吴县志》卷五十一《物产二》记载：

> 近时东山有一种名碧螺春最佳，俗呼吓杀人香。味殊绝，人珍贵之，然所产无多，市者多伪。[1]

可见，假冒的洞庭碧螺春早就有之。后来出现冠以“四川碧螺春”“贵州碧螺春”“浙江碧螺春”等名的外地碧螺春，更是至今犹在。

仿冒的信阳毛尖则出现在 20 世纪 90 年代信阳举办茶文化节之后。由于信阳毛尖的价格一路攀高，因而有信阳人跑到四川、湖南等地，用信阳毛尖的炒制技术加工当地的茶叶，仿冒信阳毛尖，运到信阳茶叶市场上销售。不仅洞庭碧螺春、信阳毛尖被假冒，连西湖龙井也不能幸免。很多标明西湖龙井的龙井茶，并不是出自西湖区，而是来自距核心产区比较远的地方。前文提到的鉴茶名家徐茂吴鉴龙井茶的故事就是一个例子。

据载，太平猴魁也有类似问题。当年，太平猴魁产地在深山幽谷中不足 20 亩，如今猴坑周围太平县境开辟的茶园已有成百亩。若非制茶专家，谁能分辨其是哪个地域出产的呢？

2010 年前后，多地政府为了发展特色经济，开始主导传统特色产业的扩能，诸如龙井茶按照中国农业科学院的划分就有西湖龙井、钱塘龙井、大佛龙井和越州龙井等，但上好的西湖龙井只在杭州西湖区一带；太平猴魁主产区扩大为整个太平县（今黄山区新明乡等地），但太平猴魁核心产

---

[1] 江苏省苏州市吴中区东山镇志编纂委员会 . 中国名镇志丛书 · 东山镇志 [M] . 北京：方志出版社，2017：120.

区仍为猴坑。信阳毛尖也是如此，2009 年东部产茶县的茶被统一改名为信阳毛尖；但是，信阳毛尖核心产区（原产地）在浉河区西南部山区，俗称“西山毛尖”。而洞庭碧螺春也仅限于洞庭东、西山两处所产。消费者选购历史名茶时还必须辨识原产地才行。

真茶与假茶的鉴别

茶叶的香气由多种因素决定，包括它生长的地方、品种及制作工艺。如果制作工艺有问题，可能会产生不好的味道，但这并不等同于假茶。比如工艺有问题就可能出现异杂味，这是茶叶的品质问题，不意味着是假茶。鉴定真茶与假茶，一般是结合人体感知和科学工具，综合考量，对茶叶固有的色、香、味、理化特征等，用看、闻、摸、尝的方法，判断茶叶的真假。

泡茶时，可取少量茶叶放入杯中，加入沸水冲泡，从茶叶的色、香、味、形，特别是从展开的茶叶叶片上进行识别。虽然茶树叶片的大小、色泽、厚度各不相同，并因品种、季节、树龄、产地条件和农业技术措施不同而有差异，叶片的形状、叶缘、叶尖也因茶树品种而有所不同，但某些形态特征，却是各种茶叶所共有，而其他植物并不具备，这是区别真茶与假茶的主要依据所在。

茶树叶片边缘锯齿一般为 16—32 对，有锯齿形、重锯齿形、齿牙形和缺刻形之分。茶树叶片叶背的叶脉凸起，主脉明显，并向两侧发出 7—10 对侧脉。侧脉延伸至离边缘三分之一处向上弯曲呈弧形，与上方侧脉相连，构成封闭形的网脉。这是茶树叶片的重要特征之一。其他植物叶片的侧脉多呈羽状分布，直通叶片边缘。

碧螺春不同等级干茶（赵香松摄）

茶树叶片背面的茸毛，在放大镜或显微镜下观察，除主脉上的茸毛之外，大多基部短、弯曲度大，通常呈 45—90 度角弯曲，这也是茶树叶片的一个重要特征。而其他植物叶片上的茸毛多呈直立状生长或无茸毛。

茶树叶片在茎上的分布，呈螺旋状互生。而其他植物叶片在茎上的分布，通常是对生叶或几片叶簇状着生。

一般而言，可采用化学方法或现代分析手段，从茶叶生化成分上加以鉴别。茶叶都含有 2%—5% 的咖啡碱和 18%—36% 的茶多酚。同时含有这两种成分，并富有如此高含量的植物叶片，只有茶叶。因此，从感官上判断难以下定论时，可以通过测定茶叶中的咖啡碱和茶多酚来鉴别真茶与假茶。

此外，还可借助于仪器分析方法测定茶氨酸的有无，以便做出最后的判断。因为茶氨酸是茶叶所特有的化学成分。

外地茶叶虽按洞庭碧螺春或信阳毛尖的炒制方法制作，外形相似，但因自然条件差异，品质远不如真正的洞庭碧螺春和信阳毛尖，内行人一尝便知。

那么，该如何来鉴别真假洞庭碧螺春与信阳毛尖呢？

从外形上看，高级洞庭碧螺春的干茶叶条索纤细，微卷曲呈螺形，满身披毫，茶叶的颜色银绿隐翠，茶芽较嫩、叶片完整，没有叶柄。不过，现在四川、贵州等地产的碧螺春，单从外形描述来看，较难区分。信阳毛

尖的外形细嫩，圆直，油润，匀整，净度好。不论档次高低，外形都要匀整，不含非茶叶的夹杂物；茶叶要干，拿到手里要沙沙作响。这样的茶叶含水率低。湖南、湖北也有产毛尖的，不法商贩拿来充当信阳毛尖，从外形上也难以分辨。四川产的毛尖，芽叶很细，比较好辨别。

从内质上看，抓一把茶叶闻一闻，是否有异味、焦味、酸味、杂味。茶叶冲泡之后，轻轻地啜一口，真的洞庭碧螺春滋味鲜醇，回味甘厚；信阳毛尖茶叶鲜爽浓醇，茶汤滋味以微苦中带甘为最佳。信阳毛尖喝时甘醇，有活性，喝后喉头有甘润的感觉，且持续良久。买茶时，尽量要求先品尝。有些外地茶仿制的洞庭碧螺春、信阳毛尖外形虽然好看，但是从味道上很容易区分。例如，仿制的信阳毛尖汤色翠绿但混沌，滋味偏涩麻。以“川芽”[1]与信阳毛尖的差别为例，信阳毛尖喝起来口感要比“川芽”好，口味更纯正，带有花香或板栗香；“川芽”外形好看，但汤色寡淡，喝起来滋味回甘差，有青涩气。

从颜色上看，真的洞庭碧螺春茶叶没有加过色素，颜色比较柔和；加过色素的假的洞庭碧螺春看上去会比较黑，颜色较暗。信阳毛尖色泽嫩绿，或翠绿，或深绿，叶片较肥厚。真的洞庭碧螺春冲泡之后，茶叶入水即沉杯底，细芽慢慢展开，汤色碧绿清澈，叶底嫩绿明亮；如果是加过色素的假的洞庭碧螺春看上去则比较黄暗，就像陈茶的颜色一样。信阳毛尖冲泡后，汤色碧绿透底，嫩黄明亮，比较均匀，不含杂质，叶底嫩绿鲜活，芽体粗壮；“川芽”仿冒的信阳毛尖则叶底匀整、瘦小、细长。

从茸毛上看，较嫩的洞庭碧螺春上有白色的茸毛，如果是着过色的假的洞庭碧螺春，它的茸毛不是白色或乳白的，而是绿色的；信阳毛尖多白色的茸毛，色泽嫩绿，细腻光润。从这一点上也可以识别茶叶的真假、好坏。

从味道上看，真正的洞庭碧螺春头道鲜爽，二道甘醇，三道微甜；假

---

[1] 用四川茶树的芽叶按信阳毛尖制作工艺加工出来的信阳毛尖，信阳人叫它“川芽”。

冒的洞庭碧螺春不但有异味，而且可能有添加剂、染色剂等刺鼻的气味。同样，真正的信阳毛尖，香高持久，滋味浓醇，回甘生津，带有花香或板栗香。

绿茶新茶与陈茶的鉴别

酒越陈越好，绿茶则是新的好，《红楼梦》好多地方写到新茶。第五十五回，媳妇们讨好平儿，“一个又捧了一碗精致新茶出来”[1]。第六十二回，袭人给宝玉送茶，“手内捧着一个小连环洋漆茶盘，里面可式放着两钟新茶”[2]。说的都是新茶。不过，也只有《红楼梦》中的人物，才够得上吃新茶的资格。至于一般人，大多并不懂茶，就连在京城做官的人，也只晓得吃吃“茉莉双熏”香片茶，正像《天咫偶闻》所说，“大抵京师士夫，无知茶者”[3]了。

如今，人们的生活条件有极大提高，普通人也能喝上每年早春才上市的新茶。新茶与陈茶是相比较而言的，有一种说法是当年春季从茶树上采摘的头几批鲜叶，经加工而成的茶叶称为“新茶”。茶叶收购部门的“抢新”，茶叶销售部门的“新茶上市”，指的都是每年最早采制加工而成的几批茶叶。但也有将当年采制加工而成的茶叶称为“新茶”，而将上年甚至更长时间采制加工而成的茶叶（保管严妥，茶性良好）统称“陈茶”。

与其他茶类相比，绿茶尤为讲究新茶，新茶的色、香、味、形都给人以新鲜的感觉，可称之为“崭鲜喷香”。隔年陈茶，无论是色泽还是滋味，总有香沉味晦之感。这是因为茶叶在存放过程中，在光、热、水、气的作用下，其中的一些酸类、酯类、醇类，以及维生素类物质发生缓慢的氧化或缩合反应，形成了与茶叶品质无关的其他化合物，而为人们所需的茶叶

[1] 曹雪芹，高鹗 . 红楼梦 [M] . 北京：人民文学出版社 ,1996：757.
[2] 曹雪芹，高鹗 . 红楼梦 [M] . 北京：人民文学出版社 ,1996：857.
[3] 震钧 . 天咫偶闻 [M] . 顾平旦，点校 . 北京：北京古籍出版社，1982：187.

中有效品质成分的含量则相对减少，最终使茶叶色、香、味、形向着不利于茶叶品质的方向发展，促使茶叶产生陈气、陈味和陈色。

绿茶中，新茶与陈茶的识别，一看色泽。茶叶在贮存过程中，空气中氧气和光的作用，使构成茶叶色泽的一些色素物质发生缓慢的自动分解。例如，绿茶叶绿素的分解，使色泽由新茶时的青翠嫩绿逐渐变得枯灰黄绿。洞庭碧螺春为手工炒制，透气性较机制茶稍差，可能不那么绿。绿茶中含量较多的茶多酚氧化产生的茶褐素，会使茶汤变得黄褐不清。当年特别是当季采制的新鲜茶叶，从外形上看，色泽鲜绿，有光泽，香气高而鲜活，白毫较明显；陈茶色泽较暗，无光泽，白毫较少。由于现代工业的高度发展，一些大型冻库设备会延缓陈茶在色泽上的变化，这就增加了色泽辨识的难度。当茶叶冲泡后，新茶茶汤色绿、鲜艳。二闻香气。新茶以纯正的清香为主。经过存放，特别是在不适宜的环境中存放，内含的有机物会发生一定的化学反应，从而使茶叶质量有所变化，因此品闻时，会带有一种属于冷藏空间的气味。陈茶由于香气物质的氧化、缩合和缓慢挥发，有明显的陈气，使茶叶由清香变得低浊。三品滋味。新茶口感鲜爽，陈茶就差了些。茶叶中酯类物质经氧化后会产生一种易挥发的醛类物质，或不溶于水的缩合物，易使可溶于水的有效成分减少，从而使茶叶滋味由醇厚变得淡薄。同时，由于茶叶中氨基酸的氧化和脱氨、脱羧作用，绿茶的鲜爽味也会减弱而变得“滞钝”。有些保管不当的陈茶还会有霉变现象，并产生各种异味。

绿茶香气的成分共有300多种，主要由醛类、醇类、酯类等物质构成。这几类物质的特点是，既能不断挥发，又能缓慢氧化成其他化合物。随着贮存时间的推移，茶叶的香气自然由新茶时的清香而变得淡浊了。若贮存条件良好，这种差别就会相对缩小。如果采用冷库冷藏（0 ℃以下），2年以下的陈茶陈化程度较小，与新茶的差距不会太大；而2年以上的陈茶，其陈化现象会愈来愈严重。

信阳毛尖春茶、夏茶与秋茶的鉴别

信阳毛尖不像碧螺春只采春茶，夏季也会采少量的夏茶，秋季也会采少量的秋茶。由于茶树在生长发育周期内受气温、雨量、日照等条件的影响，以及茶树自身营养条件存在差异，加工而成的各季茶叶的自然品质发生了相应的变化。“春茶苦，夏茶涩，要好喝，秋白露（指秋茶）”，这是信阳人对季节茶自然品质的概括。

在信阳茶区，春茶、夏茶和秋茶的划分，一般从季节变化结合茶树新梢生长的间歇性进行。春茶通常是指当年 5 月底之前采制的茶叶；夏茶是指 6 月初至 7 月初采制的茶叶；秋茶是指 8 月以后采制的当年的茶叶。

鉴别信阳毛尖春茶、夏茶与秋茶，一是干看。主要从茶叶的外形、色泽、香气上加以判断。条索紧结，色泽绿润，茶叶肥壮重实，或有较多毫毛，且有馥郁香气，是春茶的品质特征。条索松散，色泽灰暗，茶叶轻飘宽大，嫩梗瘦长，香气略带粗老，是夏茶的品质特征。绿茶的茶叶大小不一，叶张轻薄瘦小，色泽黄绿，且茶叶香气清雅，是秋茶的品质特征。另外，还可以结合偶尔夹杂在茶叶中的花、果来判断，如果发现有茶树幼果，大小近似绿豆，可以判断为春茶。因为茶树花通常在 9—11 月授精，春茶期间，正是幼果开始成长之际。若茶果大小如同佛珠一般，可以判断为夏茶。到秋茶时，茶树鲜果已差不多有桂圆一般大小了，且不易混杂在茶叶中，但 7—8 月茶树的花蕾已经形成，从 9 月开始出现开花盛期，凡茶叶中夹杂有花蕾、花朵者，则为秋茶。但通常在茶叶加工过程中，经过筛分、拣剔，是很少混杂花、果的。因此，须进行综合分析，方可避免出现片面性。二是湿看。通过冲泡茶叶，看汤色、闻香气、尝香味、看叶底来进一步做出判断。冲泡时，茶叶下沉较快，香气浓烈持久，滋味醇厚，汤色绿中透黄，茶底柔软厚实，正常芽叶多，叶张脉络细密，叶缘锯齿不明显者为春

茶。凡冲泡时茶叶下沉较慢，香气欠高扬，滋味苦涩，汤色青绿，叶底中夹有铜绿色芽叶，显得薄而较硬，对夹叶较多，叶脉较粗，叶缘锯齿明显的为夏茶。凡香气不高，滋味淡薄，叶底夹有铜绿色芽叶，叶张大小不一，对夹叶多，叶缘锯齿明显的为秋茶。

信阳毛尖高山茶与平地茶的鉴别

在信阳茶区，因茶山的海拔不同，茶叶的品质也有优劣，高山茶品质最好，中山茶品质稍差，小山茶品质又不如中山茶。因此，在信阳茶区的核心产区浉河区，便有高山茶、中山茶、小山茶之分。

信阳茶区一般产自海拔300—800米的茶，都可称为“高山茶”。高山茶由于山高林密，云海雾天，空气潮湿，腐殖质丰，土松肥厚，故而茶树生长健壮，茶叶鲜，芽叶肥壮，节间长，颜色绿，茸毛多，经加工而成的茶叶，条索紧结、肥硕，白毫显露，香气馥郁，滋味浓厚，耐冲泡。平地茶芽叶较小，叶底坚薄，叶张平展，叶色黄绿、欠光润，经加工而成的茶叶，条索较细瘦，身骨较轻，香气稍低，滋味较淡。

绿茶之功效

茶为内功，无喧嚣之形，无激扬之态。一盏浅注，清流、清气馥郁。澳门的《澳门日报》原总编辑、作家李鹏翥在《清风生两腋，余香齿颊存》中说：

> 茶功如神，中国古代的《本草》等著作都有谈到。它能够有止渴、清神、消食、利尿、治喘、去痰、明目益思、除烦去腻、少卧轻身、消炎解毒等功效，是因为茶叶含有300多种化学成份〈分〉，主要是茶多酚类（茶单宁）、咖

啡碱、蛋白质、氨基酸、芳香复化合物、碳水化合物、果胶物质、色素、维他命〈维生素〉和各种矿物质。茶可以止渴、消炎、消滞，有预防龋齿（蛀牙）、降低胆固醇、预防动脉硬化的功能，是因为它的茶多酚类和氟化物所起的作用。[1]

这是当代人就新发现的茶叶功效所说的，而古代的苏州人文震亨写的《长物志》所说的功效，却颇为有趣：

物外高隐，坐语道德，可以清心悦神；初阳薄暝，兴味萧骚，可以畅怀舒啸；晴窗拓帖，挥麈闲吟，篝灯夜读，可以远辟睡魔；青衣红袖，密语谈私，可以助情热意；坐雨闭窗，饭余散步，可以遣寂除烦；醉筵醒客，夜语蓬窗，长啸空楼，冰弦戛指，可以佐欢解渴。[2]

“神农尝百草，日遇七十二毒，得茶而解之。”[3] 这是很多初入茶世界的朋友，关于茶与健康了解到的第一课。《神农食经》说茗茶宜久服，令人有力悦志；华佗《食论》也说，“苦茶久食，益意思”[4]。

南北朝时，道士便将茶当成了长生药，让茶清胃涤肠，去浊秽，利小便，降心火。这饮茶与道士的养生之道，想来也是吻合的。僧人皎然《饮茶歌》也说：

素瓷雪色缥沫香，何似诸仙琼蕊浆。
一饮涤昏寐，情思朗爽满天地。
再饮清我神，忽如飞雨洒轻尘。

[1] 袁鹰 . 清风集 [M] . 北京：华夏出版社 , 1997：100.
[2] 文震亨 . 长物志 [M] . 李瑞豪，评注 . 北京：中华书局，2017：219.
[3] 吴建丽 . 探寻中国茶 [M] . 北京：中国轻工业出版社 , 2021：229.
[4] 陈平原，凌云岚 . 茶人茶话 [M] . 北京：生活 · 读书 · 新知三联书店 , 2023：87.

三饮便得道，何须苦心破烦恼。[1]

《唐书》有这样一则故事。唐宣宗大中三年（849年），东都有一位130岁的高僧朝见唐宣宗。唐宣宗问：“您如此长寿，是服用了什么药吗？”对曰：“我年轻时，地位低下，从来不知道药物的作用，唯独喜欢喝茶。”因此，唐宣宗赐其名茶50斤，命其在保寿宫居住。

由此可见，在唐代喝茶风气最盛的时候，茶不但是“清心剂”，还被僧人看作“延命丹”。

李白《答族侄僧中孚赠玉泉仙人掌茶并序》也讲了一则故事：

……其水边处处有茗竹罗生，枝叶如碧玉。唯玉泉真公常采而饮之，年八十余岁，颜色如桃李。而此茗清香滑熟，异于他者，所以能还童振枯，扶人寿也。[2]

不过，前人对茶之功效的了解仅此而已，明代李时珍也曾说，茶“苦、甘，微寒。无毒”；“茶苦而寒，阴中之阴……火为百病，火降则上清矣”。[3]一般人对茶叶作用了解得比较肤浅，多是认为茶叶不过是解渴、解乏而已。当人们劳动后，喝碗凉水就解渴，顾不上喝什么茶，当然有碗热茶就更好了。体力劳动者，都有这些体会。除此之外，他们也说不出茶的其他好处。

随着科技的进步与发展，人们发现，绿茶可以以更加丰满、更加具体的形象出现在一杯绿茵茵的茶水里。从神话传说到现代科学论证，茶叶的功效得到了充分的肯定。

苏州碧螺春和信阳毛尖，一个在江南水乡，一个在中原腹地。虽生长在不同地域，两片绿叶却有着相似的营养成分、相近的工艺步骤，对人体健康也发挥着重要作用。

---

[1] 潘素华，李柏莹．茶艺与茶文化［M］．北京：旅游教育出版社，2019：58.

[2] 周振甫．唐诗宋词元曲全集·全唐诗：第4册［M］．合肥：黄山书社，1999：1246.

[3] 张三锡．医学六要［M］．王大妹，张守鹏，点校．上海：上海科学技术出版社，2005：1245.

多酚类化合物

茶多酚是茶中多种酚类物质的总称。茶多酚包括儿茶素、黄酮、花青素等成分。儿茶素，又叫茶单宁，占茶多酚总量的70%—80%。饮茶时，常表现出苦味、涩味，这也能解释为何民间常常有“不苦不涩不是茶”的说法。黄酮，是一种广泛存在的黄色色素，它们的天然结构上常有羟基、烃氧基、甲氧基等显黄色的取代基，而表现出黄、灰黄、橙黄等颜色。人们在品评绿茶汤色时，常常有黄绿、绿黄、嫩黄等用词及表述，多半就与黄酮类成分有关。花青素是一种可溶于水的营养物质，广泛存在于日常饮食里，比如蓝莓、桑葚、紫红色的葡萄等水果就含有较多的花青素。在茶叶中，花青素也广泛存在，但含量不高，只在一些紫芽品种的树种中有较高含量。绿茶具有绿汤、绿叶的品质特点，相对来说，花青素含量较少。但在西山苏州特农茶业发展有限公司的品种资源库里，有一种紫芽茶，用其树种所采鲜叶为原料制得的绿茶，会含有较多的花青素。从这里也能看出，茶叶的营养功能是由品种、工艺、产地及土壤的理化特点等共同决定的。以信阳毛尖为例，可溶性的多酚类化合物约为24.13%。当产区或品种不同时，这一含量会随之发生变化。

《中国高血压防治指南（2024年修订版）》指出，我国人口高血压患病率持续升高，近年来中青年人群及农村地区高血压患病率上升趋势更明显。截至2018年年底的统计数据表明，我国18—69岁人群中高血压患病人数已经达到2.74亿人。茶叶中的茶多酚含有丰富的儿茶素、黄酮等物质，它们可以从维持血管透性和增强血管韧性两个方面来保护人体中的大动脉，从而降低高血压发生的风险。

此外，茶多酚还可以抗氧化，延缓衰老。所谓“抗氧化”，通常是通过减少自由基来实现的，茶多酚可以抑制甚至清除自由基。它不仅可以单独“作战”，还可以连同维生素E或者金属离子等一起“作战”，

联手抗氧化。例如，夏天紫外线特别强烈，如果在太阳下长期暴晒，皮肤就会被晒伤，经年累月，衰老就会越发严重。而茶叶中的茶多酚及其氧化产物可以提供活泼的氢与自由基相结合，从而清除自由基，保护皮肤。因此，市面上常有绿茶类的护肤品，主打的就是抗氧化功能。

茶多酚是公认的“四抗达人”，除上述三种功能——抗菌、抗病毒、抗氧化之外，抗癌也是茶多酚重要的功能之一，它可以有效抑制癌细胞扩散。对于癌症患者来说，日常饮用绿茶是一个不错的选择。因为癌症的整个治疗过程是很漫长的，放化疗对于人体细胞是无差别攻击的，杀死癌细胞的同时，健康细胞也会受到伤害。人体还会出现一些不适的症状，比如脱发、呕吐、口腔溃疡等。这些身体上的伤痛加上心理上的消极情绪常会让患者意志消沉，我们常说有时杀死癌症患者的并不是癌症本身，比如治疗中营养摄入是否均衡、患者心态是否乐观等都是影响因素。在这个过程中，绿茶中的茶多酚、茶氨酸和茶多糖均可发挥作用。茶多酚可以通过调控致癌过程中的关键酶、诱发细胞凋亡、阻断信息传递等方式有效降低肺癌、乳腺癌、肠癌、肝癌等疾病的发生概率。茶氨酸则有助于抗癌药物的吸收，并通过增加多巴胺的释放，安抚患者的情绪，这种缓释作用配上茶氨酸本来的镇定作用，会使得治疗效果更好。

生物碱

茶叶中还有一类生物活性物质叫作生物碱，包括咖啡碱、茶叶碱等。咖啡碱又名咖啡因，虽然名字里带了“咖啡”二字，但并不仅存于咖啡中。在茶叶中，咖啡碱含量也很高，一般含量为2%—5%。每杯150毫升的茶汤中，就含有40毫克左右的咖啡碱。但在各类茶中，绿茶中的咖啡碱并不是最高的。在绿茶中，信阳毛尖的咖啡碱含量略高于其他绿茶，可以达到4.44%。这主要是因为其产于高纬度的北方茶区，年平均气温较低，有利于咖啡碱等含氮物质的积累。茶叶的苦味主要来自咖啡碱，特别是晚春茶，所以消费者需要自行调减杯中茶叶的投放量。

咖啡碱是中枢神经的一种兴奋剂，具有提神的作用。“加班族”不是常备咖啡，就是常备茶。每当夜深人静，“加班族”独自工作，昏昏欲睡之时，来上这么一杯茶，一下子就能提振精神。这大概就是卢仝《七碗茶歌》里写到的“一碗喉吻润，两碗破孤闷，三碗搜枯肠，唯有文字五千卷”[1]。三碗茶下肚，立刻神清气爽，头脑清醒，灵感如泉涌，下笔如有神。不过，宋人赵希鹄《调燮类编》又说“晚茶令人不寐，有心事者忌之”[2]。这实乃深得三昧人语，若是有心事又饮晚茶，想来夜间定不能入睡，睁着双眼，也很是后悔不该饮了这杯茶的。

也有人认为，茶是真能治病的。陆文夫在《茶缘》中说：

> 我在苏州生活了半个世纪，对苏州的名茶碧螺春当然是有所了解的。〈20 世纪〉50 和 60 年代，每逢碧螺春上市时，总要去买二两，那是一种享受，特别是在生病的时候，一杯好茶下肚，能减轻三分病情。当然，如果病得茶饭不思，那就是病入膏肓了。[3]

对于体力劳动者来说，茶又能缓解疲劳。谢兴尧的《吃茶颂》有这样一段话：

> 还有他的功用，就是调剂疲劳，除了吃茶以外，没有再好的方法。所以常看见北平的车夫，每逢走到有名的茶叶店门前，总是进去买一包“高末”（好茶叶末儿），预备回头休息的时候养养神。因此它能够普及的原因，便是同纸烟一样，没有阶级性。[4]

---

[1] 卢仝 . 卢仝集（及其他一种）[M] . 北京：中华书局，1985：17.
[2] 赵希鹄 . 调燮类编 [M] . 北京：中华书局，1985：60.
[3] 陆文夫 . 陆文夫文集：第四卷 [M] . 苏州：古吴轩出版社，2009：312.
[4] 陈平原，凌云岚 . 茶人茶话 [M] . 北京：生活 · 读书 · 新知三联书店 , 2023：39.

咖啡碱能溶于水，在热水中溶解度较高，含量如果过多时，茶水就会发苦。绿茶，尤其是高档鲜嫩的绿茶一般不容易发苦，因为鲜嫩芽叶中的氨基酸会抑制苦味，所以特别嫩的绿茶往往苦涩味淡。茶叶冲泡的温度和泡茶水的酸碱度也对茶汤的滋味有影响。茶圣陆羽就有“三分茶七分水”之说，又有泡茶水之“三沸”“水老”“水嫩”之论。当这杯茶最终进入口腔，我们感觉到的滋味是多方共同作用下的表现。它们彼此拉扯，此消彼长，最后以一杯茶的形式呈现。若比例恰当，便是一杯绝妙的好茶。

氨基酸

在茶叶的干物质中，蛋白质含量较高，但可溶于水的很少，能在冲泡中被喝到的，仅占蛋白质总量的1%—2%。量虽不多，作用却很大。经过加工，茶叶中的部分蛋白质会水解为氨基酸。氨基酸是人体必需的营养成分，有的氨基酸和人体的健康有密切的关系。茶叶中的氨基酸种类已报道的就有26种，其中茶氨酸是含量最高的一种，占总量的50%以上。以信阳毛尖为例，氨基酸含量高于20种名绿茶的平均含量，但略低于西湖龙井等名优茶。其中以茶氨酸最高，占总量的70%以上，其次是谷氨酸、天门冬氨酸、丝氨酸。精氨酸的含量与其他绿茶相比略微偏少。这些小分子氨基酸和可溶于水的蛋白质共同带来了绿茶的鲜感，“茶汤有厚度”“入口有汤感”等描述多半都与茶中的氨基酸和可溶性蛋白有关。随着茶树新梢的长大，蛋白质含量减少，茶汤鲜度下降，苦味上升，茶带给人们的感觉就开始往味重、苦涩的方向发展。例如，洞庭碧螺春整个茶树品系多为小叶种，采摘后又要进行手工拣剔，只保留单芽、一芽一叶等原料，且只采春茶，这使得洞庭碧螺春整体都较嫩。品饮时，也会有鲜甜在前、微苦后回甘的特点。

茶多糖

茶多糖是蛋白质与多糖结合而成的化合物。其中，糖类部分常见的有葡萄糖、半乳糖、甘露糖、鼠李糖等。对信阳毛尖中提取的茶多糖进行研究时发现，除蛋白质和多糖相结合之外，茶多糖还携带有部分矿物质元素，诸如铁、镁、锌等。这些成分对于人体健康也有益处。

茶多糖也可以通过抑制细菌黏附在宿主细胞表面来达到抑菌的作用。茶多酚中的儿茶素对霍乱弧菌、金色链球菌、伤寒杆菌等都有明显的抑制作用，它与茶多糖强强联合，效果更佳。

茶多糖还被认为具有防辐射和增加白细胞数量，提高免疫力的功效。

矿物质和维生素

茶叶中含有多种矿物质元素，诸如磷、钾、钙、镁、锰、铝、硫等，大多数对人体健康有益。绿茶中的氟元素含量较高，平均为每公斤 100—200 毫克，远高于其他植物，却远低于黑茶等茶类，在安全范围内为人体提供健康保障。氟元素对预防龋齿和防治老年骨质疏松有明显的效果。像饭后饮茶，依清人《饭有十二合说》，茶叶是“解荤腥、涤齿颊，以通利肠胃”[1] 的良方。饮这杯茶，就可涤齿颊。因此，保护牙齿，从饭后一杯茶开始。

绿茶富含多种维生素，尽管其维生素含量会受到加工方式、品种差异及冲泡方法的影响，但在茶饮中，绿茶仍然是维生素含量相对较多的物质。

绿茶中，维生素 C 含量较高，平均每 100 克干茶的维生素含量高达 250 毫克，加工后则降至 10—30 毫克。维生素 C 能防治坏血病，增强

[1] 陈重穆，徐千懿 . 岁时茶山记 [M] . 北京：生活 · 读书 · 新知三联书店 , 2022：111.

人体的抵抗力，促进创口愈合。绿茶中，每100克干茶的维生素A含量为0.5—1.2毫克。维生素A能维护呼吸道黏膜上皮组织的完整性，抵御病毒的入侵，对呼吸道有保护作用，同时有助于眼部健康。绿茶中，每100克干茶的维生素E含量为25—50毫克。维生素E与茶多酚共同作用，能提升自由基清除能力，增强抗氧化的作用。

总之，绿茶中的维生素具有独特的价值，其维生素组合与多酚类物质的协同效应值得关注。人们每日饮用3—4杯绿茶（约12克干茶），可有效补充人体所需维生素，促进健康素养提升。

江苏苏州
河南信阳

闺秀出阁

茶叶包装、贮藏与购销

茶叶包装，作为一种特殊的商品外衣，与普通商品的包装存在显著差异。它涵盖了多种多样的形式，从高档的礼盒装（包括纸盒、竹盒、木盒、布盒、皮盒）到精致的茶罐装（铁罐、锡罐、锡瓷罐、玻璃瓶、不锈钢罐、精品纸桶、特质茶罐），再到环保型的茶袋装（真空袋、小泡袋、手提袋、铝箔袋、特质茶袋）。此外，还包括小型包装机器设备、真空机胶带、小字贴及封口标签等辅助包装材料。按照容量来区分，茶叶包装有半斤、几两、一斤装等规格；按照用途来区分，茶叶包装则有内包装和外包装之分，其中，内包装主要指的是茶叶的贮存容器，而外包装则指的是除茶叶罐之外的其他包装形式。茶叶包装的内涵丰富多样，

材料的选择也极为广泛。一般而言，茶叶包装批发商还会提供一体化的服务，涵盖与茶叶及包装相匹配的茶具及工艺品，诸如茶盘、茶杯、茶桌等。

绿茶属于未发酵茶类，其含水率较低，容易在空气中吸收湿气和发生氧化反应，因此它对保存条件的要求相对较高。在所有茶类中，绿茶的保质期相对较短。若保存方法不当，其保质期会进一步缩短，绿茶可能会因自身发酵而产生异味或变质。特别是在高温环境下，绿茶的色泽容易转变为褐色，并且容易发酵。因此，将绿茶存放在冰箱内进行密封保存是比较适宜的选择。

茶
TEA

茶叶包装

茶叶包装经过从古至今的发展，已成为茶叶产业重要的组成部分，包装可分为内包装和外包装。在古代，茶叶的包装注重装饰性，使用如绢纱之类的薄物为材料。互相寄送新茶是唐代文人交往的一种方式，寄送的团饼茶包装十分讲究，一般用白纸或白绢多重包装，并且在包装物表面题写相关的诗句。如在唐代，饼茶外面会包装有绢纱之类的薄物。卢仝《走笔谢孟谏议寄新茶》曰：

口云谏议送书信，白绢斜封三道印。[1]

一片茶饼用白绢细心包装，可见其情义之深切。唐宰相李德裕收到四川老友寄送来的新茶，在其包装白绢上就写了一首《故人寄茶》诗，其中吟道：

剑外九华英，缄题下玉京。
开时微月上，碾处乱泉声。[2]

宋代茶的包装物有了变化。梅尧臣、欧阳修、黄庭坚都在诗里写过用箬叶包装的茶饼。如黄庭坚《阮郎归》写道：

青箬裹，绛纱囊，
品高闻外江。
酒阑传碗舞红裳，
都濡春味长。[3]

由此可见，以箬叶包装茶饼在宋代是较为普遍的。这种方法一直延

[1] 卢仝．卢仝集（及其他一种）[M]．北京：中华书局，1985：17.
[2] 李德裕．李德裕文集校笺：中 [M]．傅璇琮，周建国，校笺．北京：中华书局，2018：579.
[3] 黄庭坚．黄庭坚词集 [M]．马兴荣，导读．上海：上海古籍出版社，2011：116.

续到21世纪20年代，云南一带包裹七子饼茶，仍采用当地生产的竹笋壳包装。

黄庭坚非常喜欢饮茶，经常把家乡江西修水县双井村产的双井茶作为礼物馈赠给亲友。其中，他在一封给泸州安抚王补之的信中写道：

双井今岁制作似胜常年，今分上白芽等各五囊，虽在社后数日，味殊胜也。[1]

双井茶是散茶，属于炒青茶一类。宋代有了铁锅，才有了炒茶的条件。黄庭坚送给王补之的茶是以囊包装的。制作囊的材料一般是布、纱或纸。宋代词人葛胜仲、孙觌、苏颂、欧阳修都在诗词里写过用囊包装的散茶。如欧阳修《双井茶》写道：

白毛囊以红碧纱，十斤茶养一两芽。[2]

宋代，漆器成为平民百姓日常生活的用具。当时，市面上也有漆制作的茶叶盒，南宋文学家周紫芝写过茶奁的铭文：

震雷发，甬云膏，谷帘香，春睡鏖。[3]

从上文中可以看出，不管是茶末还是散茶都可用奁包装，或是饮茶者买回茶来用奁收藏。

信阳茶区发展到宋代，茶园面积达到古代的鼎盛时期，散茶产量大增。苏州也开始出现虎丘白云茶和天池茶。那时，茶叶包装大体上是以囊和盒为主。

元明清时期，茶叶包装虽有所创新，但变化不大。到了民国时期，茶叶包装盒仍旧以搪瓷、铜、铁、锡为材料的小包装容器为主；而销售的低

[1] 黄庭坚．黄庭坚全集［M］．成都：四川大学出版社，2001：1992.

[2] 欧阳修．欧阳修全集［M］．北京：中国书店，1986：62.

[3] 纪昀，永瑢，等．景印文渊阁四库全书（第1141册）［M］．台北：台湾商务印书馆，2008：297.

档次茶叶，则是用牛皮纸卷成纸筒现卖现包，不甚讲究，由买者买回后自己另找容器储藏。

20 世纪 50—70 年代，洞庭碧螺春、信阳毛尖的外包装选用的是茶布袋或铁茶桶。其规格一般为每条布袋装 25—40 公斤，铁茶桶装 20—30 公斤；运输包装多半是麻袋，级内茶一般装 25 公斤，级外茶一般装 20 公斤；零售多用牛皮纸包装。这类包装均难以保持茶叶质量。20 世纪 70—80 年代，价格低廉的塑料袋、铁皮桶等是茶叶包装的主要器具。

中华民族自古以来就是礼仪之邦。在共度佳节和走亲访友时，人们往往会带上一盒好茶，这样可以尽显礼节和高雅，其中也蕴含了人们的美好祝福。由于茶叶具有保健功能与老少皆宜的特点，它也成为很多人走亲访友、馈赠礼品的最佳选择。20 世纪 80 年代后期，国家全面放开高、中、低档茶市场，消费者有了较大的选择空间，对茶叶品质甚至是外包装有了新的消费需求。对于作为馈赠礼品的茶叶，消费者开始注重包装的时尚性、新颖性。茶商越来越认识到茶叶包装对保存茶叶特性、提升茶叶附加值具有重要的作用，便开始从茶叶包装的外观形象方面下功夫，出现了内、外两层包装形式，一些造型典雅、美观大方的茶叶内包装盒和外包装盒逐渐在市场上出现。以信阳茶区为例，20 世纪 80 年代初，信阳县茶果公司开始对信阳毛尖的包装进行研制，在包装设计中，根据茶叶怕强光、高温、易潮、易异味、易碎等特点，用进口的 350 克白板纸和马口铁为包装原料，制成桶型、盒型，其规格有 100 克、150 克、250 克、500 克，包装上印有鸡公山云海、龙潭瀑布、梯地茶园、茶农采茶等图片；之后，又增加茶山云雾、双叠瀑布、开封铁塔等图片，并在包装盒上加入醒目的中英文说明；不久，又增加 250 克和 500 克手提款式包装盒。1985 年，信阳县茶果公司综合原有包装优点，设计使用曾获巴拿马太平洋万国博览会金奖和国优产品标记的 250 克精套装和多功能包装，相继印制有复合塑料、铝箔材料的包装。1986 年，该公司还在茶叶包装上印制“双龙”图案，获得金卡奖。同年 11 月，在郑州召开的全国糖酒三类商品交流会（今全国糖酒商品交易会）上，信阳毛尖小包装销售额居全国第六位。1987 年、1989 年，信阳毛尖小包装分别荣获河南省和商业部一等奖。

随着时代的发展，茶叶包装不再仅仅是保护茶叶的容器，还成为传递品牌文化、提升消费体验的重要媒介。精美的外观设计、环保的材料选择、便捷的使用功能，这些都成为现代茶叶包装设计中不可或缺的元素。包装内盒同样具有新颖、别致的造型，所用材质更加多样化，诸如铁、铝、陶瓷、纸、绢、塑料等；包装外盒更加丰富多彩，有薄铁、纸、藤、竹、木等材质做成的包装盒、提袋等，印有精美、典雅的文字与图案，还印有产地、品牌、商标标志等，彰显茶叶作为一种高贵产品的品质和价值。像全国著名商标“龙潭”牌信阳毛尖的包装，分别用“圣、贤、君、仕”代表四个等级，形成一个系列产品，蕴含丰富的中国传统文化；“文新”牌信阳毛尖分别用“品道、修道、悟道、观道”四个等级形成一个系列产品，蕴含深厚的佛道文化底蕴；“五云山”牌信阳毛尖分别用“和、雅、绣、润、淳”五个等级形成一个系列产品；等等。色彩和图形的系列化要求内外包装的图形一致，或是内外包装的色彩一致，或是图形和色彩同时呈系列化分布。这些品牌的系列化包装富有变化和层次感，色彩系列化构图大致一致，整体色调协调统一，形成了统一的视觉美感，系列化设计产品常以单独或组合的方式向人们呈现，使效果更富层次性，更具统一性。

茶叶内外包装的演变，反映了包装材料和技术的进步，也映射出社会文化和消费观念的变迁。从古代的绢纱、竹盒到现代的铁罐、铝箔，再到环保材料的使用，茶叶内外包装的每一次变革都是对茶叶保护和呈现方式的一次深刻思考。茶叶内外包装的演变，也是一段不断追求创新和完美的旅程。

茶叶贮藏

茶叶吸湿及吸味性强，很容易吸附空气中的水分与异味。通常茶叶在贮放一段时间后，香气、滋味、颜色会发生变化。若茶叶贮存方法稍有不当，就会在短时期内失去其原汁原味，而且愈是名贵的茶叶，愈是难以保存。

陆羽《茶经》记载，唐朝以纸囊、竹、瓷盒、陶瓷罐和金银盒来盛放用于煎茶的茶末，用茶笼、陶、瓷、锡制成的贮茶罐等来盛放茶饼。

《茶经・四之器》说：

罗末，以合盖贮之，以则置合中。[1]

其文指将茶叶用茶碾轮碾成茶末后过罗筛选，用茶盒贮藏。陆羽认为，盒“以竹节为之，或屈杉以漆之”,并对其尺寸做了记述:“高三寸，盖一寸，底二寸，口径四寸。”[2] 陆羽认为，以竹子为材质制作茶盒较为理想，因为竹子留有清香，与茶的清香味十分相契。唐代陶瓷业兴盛，北方的邢窑生产的白瓷和南方越窑生产的青瓷，形成“北白南青”的陶瓷分布格局。以陶瓷制作茶具是当时人的最佳选择。

除竹木、陶瓷类茶盒之外，也有以玉为材质加工而成的茶盒。唐代诗人卢纶《新茶咏寄上西川相公二十三舅大夫二十舅》中提道：

三献蓬莱始一尝，日调金鼎阅芳香。
贮之玉合才半饼，寄于阿连题数行。[3]

宋代的茶叶品种主要有两种：一种是片茶，又叫团饼茶；另一种是草茶，又叫散茶，主要流行于江淮（含信阳茶区）一带，属于炒青类茶。无论是团茶还是草茶，都须放入密封的容器中，即所谓的“藏茶”。宋代赵希鹄《调燮类编》记载了藏茶之法：“藏茶之法，十斤一瓶，每年烧

[1] 陆羽．茶经［M］．沈冬梅，评注．北京：中华书局，2015：58.
[2] 陆羽．茶经［M］．沈冬梅，评注．北京：中华书局，2015：58.
[3] 卢纶．卢纶诗集校注［M］．刘初棠，校注．上海：上海古籍出版社，1989：465.

稻草灰入大桶，茶瓶坐桶中，以灰四面填桶瓶上，覆灰筑实。每用，拨灰开瓶，取茶些少，仍覆上灰，再无蒸壤。”[1] 这种方法类似于今天的干燥剂保存法。

宋代茶叶的储存方法是先用箬叶包装茶饼，然后放入茶焙中存放。

宋人也有以瓷瓶贮放散茶的。周必大、杨万里、梅尧臣、张镃都在诗词里写过用瓷瓶贮放散茶。也有使用罂的，这罂里贮藏的是已碾成末的茶，茶末放入罂内，通常罂也是用瓷器做的。此外，缶也是一种小口鼓腹的罐子，可用来装茶叶。

宋代，苏州开始出现虎丘白云茶和天池茶，贮存则以瓷瓶为主。特别是苏州水多，常年空气湿度大，像虎丘白云茶最不宜贮存，得现采现焙，及时烹制，才得真味。卜万祺《松寮茗政》称：

> 虎丘茶，色味香韵，无可比拟。必亲诣茶所，手摘监制，乃得真产。且难久贮，即百端珍护，稍过时，即全失其初矣。殆如彩云易散，故不入供御耶。[2]

苏州人为了贮存虎丘茶，想尽了各种办法，不像其他茶区用纸包散茶，而是改用瓷罐或锡罐贮存，以保持它的原香原味。

明人对优质茶叶的品赏标准是“茶以青翠为胜”，力求保持其原汁原味，如果贮存不得法则易变色。明代王象晋《群芳谱》把茶的保鲜和贮藏归纳成三句话：

> 喜温燥而恶冷湿，喜清凉而恶蒸郁，宜清独而忌香臭。[3]

为保持茶叶的色、香、味俱佳，明代人采用大的瓷瓮来贮藏大批量的茶叶，而另取小罂贮所取茶，即用大瓶、小瓶分装茶叶的方法。茶瓶内放以箬叶，口部封装也包以青箬。小瓶用来分藏茶叶，因为大瓶所装茶叶量多，

[1] 赵希鹄．调燮类编［M］．北京：中华书局，1985：59.

[2] 朱自振，沈冬梅．中国古代茶书集成［M］．上海：上海文化出版社，2010：940.

[3] 王象晋．群芳谱诠释（增补订正）［M］．伊钦恒，诠释．北京：农业出版社，1985：132.

如果经常开启，湿气容易进入，这时需备用一个小瓶，从大瓶中分些茶叶入小瓶，以便时时开启。明代许次纾《茶疏》也有述及：

> 收藏宜用磁瓮，大容一二十斤，四周厚箬，中则贮茶，须极燥极新，专供此事，久乃愈佳，不必岁易。[1]

“建城”也是明代重要的茶叶贮存用具，是一种箬制的箬笼，用于高阁贮茶。还有用锡罐贮存茶叶的，明代冯可宾撰《岕茶笺》说：

> 近有以夹口锡器贮茶者，更燥更密，盖磁坛犹有微罅透风，不如锡者坚固也。[2]

可见，夹口锡罐的密封性较之紫砂罐更胜一筹。

清代饮茶方式继承明代的散茶冲泡，茶叶的贮存与明代没什么区别，只是贮茶罐的种类更加繁多，主要有陶瓷、紫砂、锡罐等。清代晚期，还出现了以搪瓷、铜铁为材料的贮存容器。清同治年间，在北京的茶庄里有专卖信阳商城县金刚台雀舌、银针的，贮存多用陶瓷、锡罐。

清末民初，随着近代工业的发展，商业意识增强，大宗茶的储存开始使用茶布袋或铁茶桶。洋铁皮茶叶罐（桶）的出现，使储藏茶叶更为简便。洋铁皮茶叶罐（桶）是选用市场上供应的马口铁，用手工做成圆桶，桶口里面有一层内盖，外面再加一个外盖。储存茶叶前，先要检查罐身与罐盖是否密闭，不能漏气。储存时，将干燥的茶叶装罐，罐要装实、装严，再用白纸包上几块火炭放入里面充当干燥剂。这种方法虽然方便，但不宜长期储存。

家庭贮存茶叶的核心要素为干燥、避光、防潮、防异味。当代茶叶贮存的方法很多，如选用保暖性良好的热水瓶作为盛具，将干燥的茶叶装入瓶内，装实、装足，尽量减少空气存留量，瓶口用软木塞盖紧，塞缘滴注

[1] 许次纾 . 茶疏［M］. 北京：中华书局，1985：3.

[2] 陈文华 . 中国茶文化典籍选读［M］. 南昌：江西教育出版社，2007：200.

白蜡封口，再裹以胶布。由于瓶内空气少，温度稳定，这种方法保持效果也较好，且简便易行。

如果储藏的茶叶价值较高，但总量不大，也可以用陶瓷坛来贮藏。这是利用石灰块的吸湿性，使茶叶保持干燥，延缓茶叶变质。具体做法是先用不易漏气的陶坛作为盛具，贮放茶叶前将坛洗净、晾干；再用粗草纸衬垫坛底，用白细布做成袋子，内装石灰块，每袋装 0.5 公斤。先把待贮藏的茶叶用白软纸包好，外层包牛皮纸，做成每包约 0.5 公斤的茶包；再将茶包放入坛中，中间嵌入 1—2 包石灰块袋，其上用茶包覆盖。陶坛装满后用厚软纸密封坛口，并压上重物以减少空气的流通。视袋内石灰的潮湿程度，每隔一定时间更换一次。用此方法存放茶叶，可使坛内保持较低的湿度，在 1 年之内茶叶基本维持原有的色泽和香气。

此外，还有利用木炭极能吸潮的特性来储藏茶叶的。具体方法是：先将木炭烧燃，立即用火盆或铁锅覆盖，使其缺氧熄灭，待冷却后用干净布将木炭包裹起来，放于盛茶叶的瓦缸中间；再把需要保存的茶叶用纸包好放入瓦缸中。缸口以较软的纸张盖好，压上木板，防止茶香外泄或外界潮气进入。缸内木炭要根据回潮情况，及时更换。一般炭、茶比例为 1 比 10 左右，这种方法贮藏时间相对较长，直到现在还普遍使用。

随着电冰箱与冷藏柜的出现，电冰箱与冷藏柜便成了人们贮存茶叶的常用办法。人们将包装密封好的茶叶装入冷藏柜中保存，可以在 2 年之内基本维持茶叶原有的色泽和香气。但冷藏柜中不能混藏其他物品，尤其是重味的物品。茶叶独立包装也要密封好，冷藏室的温度要控制好，不宜结冰。温度一般控制在 0—5 ℃，相对湿度为 45%。切记要定期调整冷藏室中的茶包位置，以利于更好地保存茶叶。

随着现代科技的发展，贮藏茶叶的方法越来越多。诸如组合式茶叶专用低温冷藏保鲜库；除氧、真空、抽气充氮贮藏；等等。如今，许多茶企都在使用。

洞庭碧螺春和信阳毛尖属于绿茶，绿茶为不发酵茶，茶叶的含水率较低，在空气中容易吸收水分和氧化，其保存方面的要求比其他茶类要高。就保存要求总体而言，一是茶叶盛器一定要干净、无异味，以防茶叶串味变质。因为茶叶特别容易惹异味，茶叶一旦被异味混扰就不堪饮用，所以一切茶叶盛器都必须清爽无味。二是茶叶盛器应密闭。盛器的密闭性能越好，就越容易保持茶叶的质量，容器内茶叶保存的时间也就相对越长。对于易走气的盛器，应在其盖子或口内垫上 1—2 层干净纸密封，以防从入口处吸进潮气或异味。三是茶叶盛器应放在干燥处，以防受潮。茶叶中水分越多，茶叶的质量就越不易保持，所以茶叶不能受潮。有的茶叶盛器不一定完全密闭，放在干燥处，受潮的机会相对少些，对茶叶保存有利。四是茶叶盛器应放在避光处。光线直照会使茶叶的内在物质发生变化，若强光直接照射，这种变化就会更加明显。不要将用罐、筒、盒装的茶叶放在长期见光的桌子上或柜顶、窗台等处，以防光照影响茶叶质量。五是茶叶盛器应该避开高温。贮藏茶叶的环境温度不宜过高，以防茶叶“陈化”。同时，温度升高会加速茶叶的陈化过程。所以，在炎热的夏天，茶叶盛器应放在阴凉干燥处。

绿茶保质期通常为 18 个月，如果保存不当的话，保质期会更短。在温度过高的情况下，洞庭碧螺春和信阳毛尖的外观色泽容易变成褐色，并且发酵。所以，家庭储茶最好的办法是将洞庭碧螺春和信阳毛尖放进冰箱密封储存。在把茶叶放入冰箱之前，要先把茶叶放在干燥、无异味，并且可以密封的盛器中，然后进行冷藏。如果人们打算在半年内泡饮完茶叶，冷藏柜的温度宜控制在 0—5 ℃。

用冰箱保存茶叶，贮藏期在 6 个月之内的洞庭碧螺春，其品质和口感最佳；贮藏期在 1 年之内的信阳毛尖，其品质和口感最佳。

从电冰箱或冷藏柜取出茶叶时，应先让茶叶温度回升至与室温相近，才可取出茶叶，否则茶叶容易凝结水汽，增加含水率，使未泡完的茶叶加速劣变。

洞庭碧螺春、信阳毛尖过了保质期或者发酵变质就不能再泡饮了，因为变质后会产生多种对身体有害的霉菌，导致腹泻等问题，而且口感也不再鲜爽，香气也不再浓郁。

茶叶收购

茶叶商品化出现在汉代。西汉资中（今四川省资阳市）人王褒在《僮约》里写到一个买髯奴的故事，其中，有两处提到茶，即“脍鱼炰鳖，烹茶尽具”和“武阳买茶，杨氏担荷”。[1]“烹茶尽具”是说煎好茶并备好洁净的茶具，“武阳买茶”则是说要到邻县的武阳（今眉山市彭山区）去买茶叶。《华阳国志·蜀志》就有“南安、武阳皆出名茶”[2]的记载。从茶叶成为商品上市买卖，来客奉茶细节来看，西汉茶叶已经商品化，饮茶也已在中产阶层流行。《桐君采药录》记载：“西阳、武昌、庐江、昔陵好茗。”

西阳，即古光山；昔陵，即西陵，在古光山南部。这表明在汉魏时期，信阳已经将茶作为商品进行交易。

在唐代之前的人民生活中，茶并不占重要地位；到了唐代开元年间，许多城市出现专门煎茶、卖茶的店铺，称为“茗铺”，这是大众消费茶叶的一种重要方式，也是后代茶馆的雏形。饮茶的大众化、生活化，极大地活跃了茶叶的贸易。唐代白居易在《琵琶行》中就写下“商人重利轻别离，前月浮梁买茶去”的诗句。在茶叶重要的产区江淮一带，茶叶买卖频繁，以至于“舟车相继”。唐文宗大和九年（835 年），为了增加财政收入，丞相王涯向唐文宗进谏“奏改江淮、岭南茶法，增其税”[3]，提出榷茶，即朝廷对茶叶实行专买专卖。

唐代以后，茶叶经营基本以官办为主，实行专卖政策，大量商品茶被

[1] 张清改. 信阳茶史 [M]. 郑州：河南人民出版社，2019：25.
[2] 常璩. 华阳国志校注 [M]. 刘琳，校注. 成都：巴蜀书社，1984：281.
[3] 司马光. 资治通鉴 [M]. 胡三省，音注. 北京：中华书局，2013：6612.

官方设立的机构收购，由茶商缴税后，批量卖给商人，再由商人卖给消费者。宋太宗太平兴国二年（977 年），在荆、黄、庐、舒、光（今潢川、光山、商城、固始县一带）、寿 6 州设 13 个山场收购茶叶，官买官卖，不准私自交易。元、明、清时期，一直沿用宋代的榷茶制。

第二次鸦片战争以后，由于清政府腐败无能，官营茶叶一蹶不振，榷茶制改为民间自由经营，出现茶庄、茶社、茶摊、茶坊、茶肆等代为销售。以今信阳市区为例，1913 年，信阳县衙设劝业所，成立祥记茶庄，由戴象山经营。1915 年，信阳县建立茶叶公所[1]，后停办。1936 年，蔡竹贤、陈善同等绅士、商人成立董事会，筹款重建行业性茶叶公所，地址设在信阳城内太平缸胡同，经费由清朝末年成立的三大茶社和民国前期成立的五大茶社分摊。

中华人民共和国成立以后，在相当长的时期内，茶叶作为重要物资，国家对其实行统购统销，由国家统一定价。以信阳茶区为例，1950 年成立中国茶叶公司，在各产茶区设分、支公司，专门协调茶叶生产和购销。信阳茶区归中国茶叶公司武汉分公司（以下简称“武汉茶叶分公司”）管辖，武汉茶叶分公司委托信阳地区供销社负责信阳地区的茶叶经销，信阳地区供销社向境内供销社下达收购任务。在计划经济时期，供销社在产茶乡设茶叶收购站，聘请熟悉业务的老茶农为专职收购验茶员。信阳大部分茶叶由国家收购，少量由茶贩经营。

1955 年 6 月，国务院规定将茶叶列入国家二类物资管理，实行统购统销政策，禁止私商贩卖、贩运，并取缔茶商贩，取消茶叶自由市场买卖，茶叶一律由收购站统一收购、统一管理，按国家计划组织收购、加工、调拨、销售。苏州、信阳的生产队和茶农只能将茶叶卖给当地茶叶收购站（供销社），并进行严格的质量评级。当年的收购流程是：排队编号—开单—

---

[1] 有学者认为，1908 年，信阳县衙设劝业员一职。

按号取样—审评—司称—归堆—提单领款。

艾煊的《碧螺春汛》有一段供销社收购洞庭碧螺春的记述：

> ……在公社收购站里，检验和评定等级的几位专家，都是顶顶严格、顶顶有经验的“挑剔”能手。从前验茶，只抓一把在掌心里看一看、闻一闻，今年却要拈一撮新叶摆在杯子里泡一泡，色、香、味、形，四条都要符合国家规定的标准。
>
> 不管怎么样严格的检验，金子总归还是金子。茶叶的质量，是随着节令的推移而变化的，质量标准每天都不同。但，阿元叔总归每天都能做得出当天质量顶好的碧螺春。公社收购站里，每天收进的几十斤几百斤上等的碧螺春中，阿元叔一径在等级上领先。[1]

1958年11月，茶叶被列为一类物资，全部由县供销社按计划统一购销、集中管理，茶农有5%—10%的自留茶。茶叶收购由各公社采购供应站经营。像信阳茶区，当年全区商业部门收购茶叶24.5万公斤。1959年以后，茶叶经营业务交县商业供销部门。1961年，茶叶经营业务仍归属县供销社。1963—1969年，茶叶经营业务归属县外贸局，各基层供销社负责代购业务。1970年，茶叶经营业务归属县商业局；是年，全区商业部门收购茶叶42.5万公斤。1974年，外贸局恢复，茶叶归属外贸局经营，基层供销社代办购销业务。1977年，商品茶叶生产大幅度增加，茶叶经营业务改由县供销社管理。1980年，全区商业部门收购茶叶72.4万公斤。

1984年，国务院批转商业部《关于调整茶叶购销政策和改革流通体制意见的报告》，决定把茶叶由一、二类物资降为三类物资，在销茶过程中继续实行派购，内销茶和出口茶彻底放开，开放茶叶市场，不再统一收购，实行多渠道经营。

洞庭碧螺春的出现虽说比较早，但在明清及民国时期的产量并不高。

[1] 艾煊.碧螺春汛[M].南京：江苏人民出版社，1963：7.

中华人民共和国成立后，由于国家宏观调控和一系列政策的实施，洞庭碧螺春茶叶生产水平也开始不断提高，种植面积进一步扩大，产量明显增加，1958 年洞庭碧螺春产量达到 1.75 万公斤。后来产量一度停滞不前，一直在 1.5 万公斤左右徘徊。

1980 年，洞庭东、西山共有茶园 5 030 亩，其中，果茶间作面积达 4 066 亩；总产量为 16.5 万公斤，其中，洞庭碧螺春为 1.5 万公斤。那时，由于政策所限，调动不起茶农的积极性，茶农都不愿多采。这就是洞庭碧螺春产量一度上不去的原因所在。2010 年，洞庭山茶树种植面积达 27 500 亩，洞庭碧螺春总产量为 16.2 万公斤，洞庭碧螺春产值为 17 458 万元。至 2021 年，洞庭山茶树种植面积达 36 800 亩，洞庭碧螺春总产量为 13.0 万公斤，洞庭碧螺春产值为 19 951 万元。

茶叶销售

茶行、茶商、茶市在茶叶销售中发挥着重要作用，其中，最为主要的是茶商。古代，茶商分为行商和坐商。行商，即外出经营的流动茶商，从产地采购茶叶，按章纳税，而后运往他处销售。坐商，即在城镇开店经营的茶商，一般为个体商人。

唐代，城市出现了固定的市肆，商业不单是贩运，而是与生产有机结合，并向生产者投资。茶商在城市开店铺或煎茶贩卖，并出现中间商人，叫“邸店”，即茶栈，代客堆放、售卖茶叶，抽取佣金。此外，还出现经营批发的茶行。农村出现了草市和圩市，犹如当今的集市贸易。

元明清时期，信阳茶叶生产衰落，主要集中在本地销售。进入民国时期，信阳、固始、商城等县城出现专门买卖茶叶的茶庄。信阳县最早的茶庄是寿康茶庄，由易大五经营。1913 年，祥记茶庄成立，由戴象山经营。该茶庄主要销售外地茶，本山生产的毛尖只附带卖一点儿。1915 年，和记茶庄成立，由许靖轩经营。该茶庄主要销售本山毛尖，附带经营其他茶。1919 年，恒记茶庄成立，专门经营毛尖。后来，还成立唐记茶庄、怡忆茶庄等。中华人民共和国成立后，茶庄通过公私合营，退出了历史舞台。

中华人民共和国成立后，茶叶贸易分别由地区外贸茶叶公司、供销社等机构经营，属集体管理、基层代购的经营模式，茶叶销售一直处于供不应求的状态。以信阳茶区为例，1950 年，武汉茶叶分公司委托信阳地区供销社负责境内茶叶经销。从 1952 年开始，实行茶叶统购统销，取消茶叶自由市场。《信阳县志》记载说，中华人民共和国成立后，信阳县茶叶销往外省渐多，计划经济时期又开始出口外销。国家委托河南省业务部门下达收购计划，制定价格，其销售统一由信阳县（市）调往信阳地区，再调往省级地区销售，重点保证京、津、沪和中央有关部门特需消费。

茶叶统购统销时期，洞庭碧螺春或信阳毛尖是不易购买的。黄苗子在《碧螺春梦》中说：

> 在 20 世纪 80 年代，碧螺春在苏州茶叶店里，售价每两就以百元计。但那天听主人说，真正好的碧螺春，茶叶店里买不着，多是洞庭东、西山的茶农自己留着在家里尝，偶尔送一点给至好亲友作为庄重的馈送。碧螺春是江南人喜爱的名茶，已故名画家张光宇的夫人如今还健在，已年近九十了，住在北京，每逢有亲朋南来北往，总是托买碧螺春。[1]

1984 年，茶叶改为三类商品，开放茶叶市场，国家不再安排计划收购，实行多形式、多渠道议购议销，茶叶经营主体日益多元化，国家、集体、个体平等参与茶叶市场竞争，出现代购、代销、联产联购、联销等形式。其主要销售渠道为各基层供销社、茶叶果品公司、茶叶经销公司、个体经营户和茶叶专业合作社等。从 20 世纪 90 年代开始，基层供销社、茶叶果

[1] 陈赋 . 吃茶去！［M］. 沈阳：辽宁教育出版社，2011：279.

品公司、茶叶经销公司等通过企业改制，大多演变为个人经营。

进入21世纪，互联网得到快速普及与发展，对茶叶的销售产生了越来越重要的影响。茶叶和茶企、茶合作社以网络的方式进入大众视野。洞庭碧螺春、信阳毛尖作为绿茶中的极品，越来越受到人们的喜爱，常被用作亲友之间的高级赠品和国际交往中的贵重礼物。如今，洞庭碧螺春、信阳毛尖不用担心销路，茶厂和茶商的生意越来越红火，订货单源源不断，畅销国内各大城市，远销美国、德国、比利时、新加坡等国家。

茶叶市场

清末至民国年间，信阳茶区主要是销售信阳当地茶叶，茶社生产的茶叶卖给茶庄，由茶庄负责销售，其他个人开山种植的茶叶，量很小，大多是自己销售。当时，尚没有形成茶叶市场。中华人民共和国成立前，信阳茶叶交易最为活跃的代表大体有这么几类：一是茶庄老板，一般交易额较大，大批买进，他们都是生意高手，既有谋略，也守信誉。二是外地流动茶商，即茶客，他们售茶的流通渠道顺畅，与外地茶商关系密切。三是茶栈主，他们接待外地茶商食宿，收取住宿费，还为茶商提供收购茶叶的门面和储存茶叶的库房。四是茶贩，他们是小本经营，人员数百，自买自卖，十分辛苦。他们深入偏僻的茶山，先以低廉的价格从茶农那里收购茶叶；再肩挑背扛运下山，或用骡马驮下山，稍加制作，以提高茶叶等级；然后运到茶市上售卖。五是茶滚子，这是比茶贩子还要低一级的微末茶商，他们资金很少，必须随买随卖，瞬间获利，就像驴打滚一样不断翻滚以求生存，因此当地人形象地称之为“茶滚子”。六是牙子客，或称“中人”。他们不直接参与买卖，而是作为中介活跃在购销者之间，紧密连接买卖双方，从中撮合交易，赚取微薄的利润。他们验茶的经验丰富，只消眼看、鼻嗅便大概知道茶叶的好坏。七是拣茶工，多为集镇妇女。一个熟练的拣茶工，每日可拣茶50斤左右。茶老板正是靠人工拣择，使茶提高等级，卖个好价钱。此外，茶市还有运茶工、开茶馆的、收税的等。

20世纪80年代，茶叶经营放开后，每当茶叶上市时，一些产茶的集镇往往会形成茶市，这些茶市多为临时性的，地点多在靠近河流的地方，以集镇为中心，向四周偏僻的乡村辐射。茶市有着约定俗成的日子，通常是每日一集，当地人称“逢场”，逛集日称作“赶场”。茶农一大早背着装满茶叶的竹篓从四面八方赶来，平日里安静的小镇此时分外热闹，来自各地的茶商云集至此，讨价还价。午后，人潮渐退，小镇一下子就安静了。

从20世纪90年代开始，信阳茶区出现了专门买卖茶叶的市场，分为鲜叶市场和成品茶市场两类。鲜叶市场贸易是指茶农从山上采摘回来的鲜叶，自己不加工，直接卖给收购鲜叶的加工企业。采茶期间，每天下午4点以后，茶农把采摘回来的鲜叶拿到鲜叶交易市场上，收购鲜叶的加工企业对鲜叶进行分级，以级论价，随行就市。茶农当天采摘的鲜叶当天必须售出，否则第二天就会变质。收购鲜叶的加工企业对收购的鲜叶也要当天加工完，制成毛茶贮存。信阳市浉河区董家河镇有高岭、大塘角、石畈、清塘、河口、黄龙寺、白马山7个鲜叶交易市场，年交易鲜叶达200万公斤以上。另外，信阳市浉河区谭家河乡、浉河港镇、东双河镇、柳林乡茶叶市场，年交易鲜叶达700万公斤左右。新县还有个人合伙收购鲜叶，交加工费请加工作坊加工。

成品茶市场贸易分为两类：一类是毛茶交易，另一类是精茶交易。毛茶交易在产茶乡镇的干茶贸易市场进行。茶农每天夜晚加工出来的没有经过拣剔的茶叶，在翌日凌晨拿到干茶交易市场上等着茶商前来收购。茶农都是在通道两侧摆放着两排装满茶叶的纸箱子，供人选购。茶商也是一大早来到市场上，对茶农加工的毛茶进行鉴定，凭经验与茶农当场看货，当面谈价，当时收购，当即付款。茶农不会等到隔日交易，因为隔一天的茶叶价格会下降。特别是清明前后和谷雨前后的茶叶，延后一天价钱就会下

跌很多。

茶商收购毛茶后，还需要进行两道加工工序。首先，组织员工对茶叶进行仔细拣剔，去除杂质；其次，对拣剔后的茶叶进行“拉烘”处理，以降低其水分含量。据不完全统计，仅信阳市浉河区西部的董家河、浉河港、谭家河、东双河和十三里桥5个乡镇，就有较大型茶叶市场14个、门店730余个，年交易干茶510余万公斤。其中，董家河镇有镇区土特产品交易大市场和黄龙寺茶叶交易市场2个大型干茶交易市场，有门店100余家，年交易量达180万公斤以上，董家河茶叶批发大市场年交易额达6亿多元。

浉河港镇有夏家冲、郝家冲、白庙、何家寨4个茶叶交易市场，门店300余家，年干茶交易量达100万公斤，年交易额近4亿元。在生产高峰期，日成交量约2万公斤。经过后续加工，毛茶变成精茶，其价格也随之大幅上涨。信阳市区内的成功花园茶叶交易市场、茶文化一条街茶叶市场、万家灯火茶叶市场3家茶叶市场及信阳国际茶城，经营的都是经过后续加工的精茶，高、中、低档都有，茶叶价格从每斤几十元到几千元不等，茶叶包装盒从每个十几元到每个几百元不等，可以满足不同消费者的个性化需要。这几个茶叶市场年销售干茶均可达10万公斤，年销售额都在1亿元以上，是外地消费者购买信阳毛尖的主要场所。本地人大多在茶叶生产季节，托亲朋好友或自己直接向茶农购买，交易后请茶农再进行一次“拉烘”，分成合适的小包

人们购买洞庭碧螺春（金庭镇科协供图）

装后，拿回家保存。这样购回的茶叶价格便宜，质量较好。

旧时，洞庭碧螺春因产量不高，无专门销售市场，新茶出来之后，大多是托人销往苏、沪两地。中华人民共和国成立后，集体生产时，隔夜炒茶，一锅一摊（约 2 斤 5 两），依次叠置于盘内，清晨挑至街上茶叶收购站，先过秤，后“开汤”，根据茶的外形定出价格，因是计划收购，不允许自己销售，也没有形成茶叶市场。

茶山联产承包后，茶叶均由茶农自行销售。在此背景下，当地开始出现洞庭碧螺春临时茶叶交易市场。因茶叶集中在洞庭东、西山，临时茶叶市场也就在这一带，不过交易量不算大。

苏州市茶叶市场（张晓闻摄）

茶叶价格

唐宋时期，信阳茶区所产茶叶的销售归山场管辖，茶叶价格相对较低，茶农种茶几乎无利可图。在淮南地区，茶商采购茶农的茶叶为每斤 25 文，

采购官府专卖的茶叶为每斤 31 文。宋崇宁四年（1105 年）推行茶引制度，分长引和短引。前者用于长途贩运，价格是每 120 斤 100 贯；后者用于当地销售，价格是每 125 斤 20 贯。从等价物上来说，每斤茶可以买十几斤甚至几十斤米。

元、明、清时期，信阳茶叶价格跌落，市场不景气。民国初期，茶叶价格开始有所回升。史料记载，车云山茶社优质细毛尖批发给县城内茶庄，每斤茶叶价格为 2.8 银圆，零售价为 4—4.8 银圆，茶山零售价为 3 银圆。当时，1 银圆可兑换 40 斤米，每斤上等毛尖可换 120—160 斤米，中等毛尖可换 70 斤左右的米，回青茶可换 35 斤左右的米，大片可换 13 斤左右的米。1929 年，茶庄在万寿山茶社购茶每斤价格为 1.5 银圆左右，零售价为 3.2 银圆，最高可达 4.8 银圆。1937 年后，茶叶价格下跌，零售价为每斤 2 银圆。信阳解放前夕，每斤茶可换 20 斤米。

中华人民共和国成立后，信阳毛尖购销价由河南省物价局、河南省供销社、河南省外贸局联合制定，报中国茶叶总公司备案批准后，地区、县（市）、乡供销社严格执行。从总体而言，茶叶价格呈逐年上涨趋势，在统购统销时期，价格由省内相关部门制定后下发执行，共经历 5 次小幅度调整，相对稳定。以特级信阳毛尖为例，1964—1971 年，收购价为每斤 3.38 元；1972—1978 年，收购价为每斤 4.64 元；1979—1983 年 6 月 30 日，收购价为每斤 8.44 元，批发价为每斤 9.96 元；1984 年 7 月 1 日—12 月 31 日，收购价为每斤 5.80 元，批发价为每斤 8.96 元；1985 年，收购价为每斤 6.60 元，批发价为每斤 16.13 元。

1985 年，茶叶市场价格放开后，茶叶价格历经由小幅提升到大幅度上涨的过程。由于多渠道经营，企业、茶农自己定价，不同企业及个体茶商、不同级别、不同地点，销售价格差别较大。1985 年，信阳毛尖特级零售价为每斤 17.7 元，2012 年达 1 000 元以上。信阳毛尖中的精品当属明前茶，明前茶的采摘集中在清明节前，受虫害侵扰少，芽叶细嫩，色翠香幽，味醇形美，是茶中佳品。但清明前气温普遍较低，茶叶发芽数量有限，生长速度较慢，能达到采摘标准的产量很少，所以有“明前茶，贵如金”之说。明前茶是最早采摘的，因为数量非常少，价格也比较昂贵。1999 年，在第八届中国信阳茶叶节精品信阳毛尖拍卖会上，“龙潭”牌信阳毛尖明前茶曾以 500 克 19 800 元成交。清明过后采摘的茶叶价格会慢慢回落。谷雨过后，茶叶价格又进一步回落。以 2012 年为例，信阳毛尖每斤小单芽的市场价格为 1 000 多元，小一芽一叶的每斤为 500 多元，大一芽一叶的每斤则需 300 多元。信阳毛尖生长在不同山头，价格也会相差很大。真正的大山茶，每斤收购价从 800 到 3 000 元不等，销售价为 2 000 元至上万元的都很寻常，而小山茶和田改茶每斤的最低价格仅 100 多元。

自清代以来，洞庭碧螺春因产量低，品质佳，茶叶价格一直不菲。在计划经济时期，全国名茶洞庭碧螺春的收购价格受到国家政策的严格管控，相对于其品质和市场价值而言，可能显得较为低廉。在洞庭西山的苏州江南茶文化博物馆中，展示有几张 1972 年洞庭碧螺春外调茶叶的票据。票据显示，1972 年三级洞庭碧螺春外调价格为每斤 9.58 元，四级碧螺春外调价格为每斤 8.67 元。

茶叶市场放开后，特别是苏州实行洞庭碧螺春原产地保护政策，洞庭碧螺春有了“护身符”，其价格也越来越高。2003 年，被称为“天下第一锅”的洞庭碧螺春，公开拍出 500 克 22 万元的“天价”。后来，大批上市的洞庭碧螺春价格也比往年同期要高，平均每斤洞庭碧螺春售价在 600 元到 1 200 元之间，并且非常好卖。

月庭浮香

饮茶与品茗环境

江苏苏州
河南信阳

日常饮茶环境，诸如家庭客厅、办公场所及户外休憩之地，强调便捷实用，空间简洁明快，空气流通，光线充盈，温度宜人，茶具则偏好实用耐久的陶瓷与玻璃制品。

佳茗品饮之境则重雅致与意境营造，常设于茶室、庭院及山水之间，布局讲究留白与禅意之美，辅以木质茶台、素雅茶席、精致插花、袅袅

香炉及书画点缀，光线柔和似纸灯烛光，茶具多为紫砂、建盏等传统佳器，令人沉浸于感官与精神的双重享受。

中国茶人向来讲究“品茶”，陆羽作《茶经》，即谈的是品茶。品茶是欣赏茶的味道，水的佳劣，茶具的好坏，以为消遣时光的风雅之举。

茶
TEA

茶叶冲泡

不同的茶叶品种决定了不同的冲泡技法。洞庭碧螺春、信阳毛尖都属于绿茶，就茶叶冲泡而言，要想充分展现茶叶的特点，就是要充分展现它的色、香、味、形。这个讲究，主要体现在以下 4 个方面。

茶叶用量

冲泡洞庭碧螺春、信阳毛尖，每次茶叶用多少，并没有统一标准，主要根据茶叶质量、茶具大小，以及饮茶者习惯而定。水多茶少，滋味淡薄；茶多水少，茶汤苦涩不爽。因此，细嫩的茶叶用量要多，较粗的茶叶用量可少些。喜喝浓茶的，茶叶可适当多放一点儿；想喝淡茶的，可以适量少放一些茶叶。一般而言，中老年人比年轻人饮茶要浓，男性比女性饮茶要浓。如果饮茶者是老茶客或体力劳动者，可适量加大茶叶量；如果饮茶者是新茶客或脑力劳动者，可以适量少放一些茶叶。标准用茶量是 1 克茶叶搭配 50 毫升的水，这个比例最能反映茶汤的品质。冲泡时间为 4—5 分钟。

泡茶水温

泡洞庭碧螺春、信阳毛尖茶的水温也很有讲究。泡茶烧水，要大火急沸，不要文火慢煮。沏茶的水温一般是将水煮沸后放置至 85 ℃，沏头道最为适宜。雨前茶太嫩，水温不宜太高。如特级一等的洞庭碧螺春为全芽，嫩度高，水温须保持在 70 ℃，且宜用“上投法”冲泡，即先加水后加茶；三级以叶片为主，可能还略带茶梗，水温须保持在 90 ℃。沏信阳毛尖后期的春茶及夏茶、秋茶，水温可再高些。

玻璃壶冲泡洞庭碧螺春（张驰摄）

明代张源所著《茶录》一书在谈及投茶时这样说道：

> 投茶有序，毋失其宜。先茶后汤曰下投。汤半下茶，复以汤满，曰中投。先汤后茶曰上投。春秋中投，夏上投，冬下投。[1]

这段话的意思是，在泡茶的时候，投茶是有顺序的，即所谓的下投、中投、上投。若是洞庭碧螺春、信阳毛尖之珍品，由于芽叶鲜嫩，条索纤细，满身披毫，宜采用“上投法”。冲泡时先温杯，再将杯中注水七分满，然后将干茶投入杯中，待茶慢慢下沉，轻轻摇晃后即可饮用。

冲泡时间

冲泡时间可根据各人口味调整，待茶叶吸水充分舒展、茶叶内含物质浸出，汤色清绿即可饮用，通常为1—3分钟。但忌长时间浸泡，否则苦涩味重。若冲法得宜，则茶汤碧绿，茶味清香，味鲜清甜。当喝到杯中尚余1/3左右茶汤时，再续加热水，这样可使前后茶汤浓度比较均匀。另外，冲泡时间还与茶叶老嫩和茶的形态有关。一般来说，凡原料较细嫩、茶叶松散的，冲泡时间可相对缩短；反之，原料较粗老、茶叶紧实的，冲泡时间应适当延长。

---

[1] 陈文华．中国茶文化典籍选读［M］. 南昌：江西教育出版社，2007：144.

冲泡次数

绿茶第一次冲泡时，茶中的可溶性物质能浸出约 50%；第二次冲泡时，能浸出约 30%；第三次冲泡时，能浸出约 10%；第四次冲泡时，能浸出约 2%—3%。茶中的可溶性物质的浸出率也与水温有关，若以 100 ℃水冲泡浸出 100% 为比例，则 80 ℃水冲泡可浸出 80%，60 ℃水冲泡可浸出 45%。高档洞庭碧螺春、信阳毛尖一般可冲泡 3—4 次。

居家喝茶或外出喝茶为求方便，有个投机取巧的办法。先以大杯将茶叶泡成浓汤（味苦），饮用时，以一小杯倒点浓茶汤，再冲兑白开水，将其稀释成浓淡令人满意的茶汤。以浓茶汤兑水稀释之茶，可使 8—10 杯茶汤保持大体同等浓度，勾兑出个人喜爱的口感。

绿茶与水

茶叶的饮用价值是通过水的溶解来实现的，水质的优劣直接影响茶汤的质量。中国人历来讲究泡茶用水，徐焞在《茗谭》中说：

> 名茶难得，名泉尤不易寻，有茶而不瀹以名泉，犹无茶也。[1]

张大复在《梅花草堂笔谈》卷二中也说：

> 茶性必发于水。八分之茶，遇水十分，茶亦十分矣。八分之水，试茶十分，茶只八分耳。[2]

那么，什么样的水宜于泡茶呢？陆羽《茶经》是这样说的：

> 其水，用山水上，江水中，井水下。[3]

---

[1] 陈文华 . 中国茶文化典籍选读 [M] . 南昌：江西教育出版社，2007：177.
[2] 张大复 . 梅花草堂笔谈 [M] . 李子綦，点校 . 杭州：浙江人民美术出版社，2016：57.
[3] 陆羽 . 茶经 [M] . 沈冬梅，评注 . 北京：中华书局，2015：80.

他认为山水最好，其次江水，井水最差。山中慢慢流出的泉水，经过深厚土层的过滤、日光的曝晒，是含有充足新鲜空气的活水，当然是好的。江水中混有大量的杂质，与泉水相比，则差了许多。井水不见天日，性阴冷，又无法接触流通空气，水中杂质不能氧化，故盛井水的缸底，常存有一层沉淀。因此，井水又不如江水。

钱椿年所写的《茶谱》也说：

凡水泉，不甘能损茶味之严，故古人择水，最为切要。山水上，江水次，井水下。山水、乳泉漫流者为上，瀑涌湍激勿食，食久令人有颈疾。江水取去人远者，井水取汲多者，如蟹黄混浊、咸苦者，皆勿用。[1]

陆羽品评天下的水，认为庐山康王谷谷帘泉之水位居第一，桐庐严陵滩之水位居第十九，及至雪水（不可太冷）位居第二十。《煎茶水记》作者张又新及他的前辈刘伯刍认为，较宜茶的水，凡七等：扬子江南零水排名第一，淮水排名第七。可见，水质直接影响茶质。佳茗配好水，方才完美。“龙井茶，虎跑水”，并称杭州“双绝”，也是历来称赞茶水相宜的俗语，但不易普及大众。

洞庭碧螺春、信阳毛尖对水质的要求很高。明人李日华在《紫桃轩杂缀》卷一中说：

虎丘气芳而味薄，乍入盎，菁英浮动，鼻端拂拂，如兰初坼，经喉吻亦快然，然必惠麓水，甘醇足佐其寡薄。[2]

这是说，只有虎丘茶配惠山泉，才称得上是茶水相宜。

车前子在《吃茶的心境》一文中说：

---

[1] 郑培凯，朱自振．中国茶书·明：上［M］．上海：上海大学出版社，2022：10.

[2] 李日华．紫桃轩杂缀［M］．薛维源，点校．南京：凤凰出版社，2010：258.

“碧螺春”之嫩，一个最好的证明就是隔夜开水也能泡开它，杯内注上水后，茶叶一放，照样是沉鱼落雁，是不会浮在面上的。但开水一隔夜就老了，就死了…… 刚烧开的水是活水，沸腾的时间一长，虽然没有隔夜开水那么老，但也是风烛残年了。泡茶的水，自然很重要，尤其是“碧螺春”这二八妙龄，不配个翩翩少年是如何了得。[1]

北方的水质不好。北方人喜喝花茶，不喜喝绿茶，有一个重要原因，就是绿茶的那种滋味泡不出来。像信阳人出差到省城郑州，泡信阳毛尖，则可看出差别：有条件的人，车上载几桶信阳的纯净水备用；没条件的人，就买矿泉水烧开泡茶。2000 年以后，市面上还出现了信阳毛尖专用水专卖店。

苏州的花茶在北京很有名气。花茶始于南宋，发展于明清，在 1915 年的巴拿马太平洋万国博览会上，还获得过优等奖。苏州的花茶以特制的绿茶和天然的香花茉莉、珠兰、玳玳、白兰、栀子等拌和窨制而成，它们叶色柔嫩，茶汤明澈，清冽爽口，茶味花香相得益彰，超凡脱俗。早期远销东北和西北。清代福格的《听雨丛谈》卷八记载有北京人嗜好花茶的习惯：

今京师人又喜以兰蕙、茉莉、玫瑰熏袭成芬者，渐亦遍于海内。惟吴越专尚新茶，不嗜花熏，因是出产之地，易得嫩叶耳。[2]

其实北京人喜欢品饮花茶的主要原因，是当地的水质不好，多为苦涩的硬水，冲泡出的绿茶香低味淡，品质欠佳。而花茶不仅能够掩盖不良的水质，并且它那冲泡出来的浓郁茶香和浓烈滋味，更符合北方人豪爽、醇厚的个性，故有“南喝红茶，中喝绿茶，北喝花茶”之说。

[1] 马明博 . 品出五湖烟月味 [M] . 天津：百花文艺出版社，2003：105.
[2] 福格 . 听雨丛谈 [M] . 汪北平，校点 . 北京：中华书局，1959：151.

苏州佳泉

山野是茶树的天堂，旷远是茶人的意境，苏州的湖光山色是文人雅士煮茶品茗首选的佳妙之处，更是隐逸之士所向往的归隐之所。正如苏州民间歌谣所唱“山好好，水好好，开门一笑无烦恼”[1]，兴致来时，就地掬一瓢山泉，烹茶品茗。

苏州自古就有佳泉。唐代进士张又新在《煎茶水记》中记刘伯刍“称较水之与茶宜者”，以“苏州虎丘寺石泉水第三”；又记陆羽论水，以“苏州虎丘寺石泉水第五”。[2] 这泉水来自“陆羽石井”，石井阔丈余，在虎丘剑池之旁，上有辘轳，然湮塞已久。至南宋绍兴三年（1133 年）僧如璧重又疏浚，泉水又汩汩流出。四旁皆石壁，鳞皱天成，下连石底，渐渐狭窄，泉出石脉中，据说甘冷胜于剑池。郡守沈揆曾建屋覆之，又另在井房修筑亭子，以此作为烹茶宴客之所。明正德年间，长洲知县高第重疏沮洳，构品泉亭、汲清亭于其侧，请王鏊撰《复第三泉记》，另请人于品泉亭上石壁刻“第三泉”三个字，可见虎丘寺石泉水是苏州人最推崇的泡茶之水。

苏州其他佳泉，王稼句在《姑苏食话》中说得甚详，摘录如下：

> 天平山白云泉，自古有名。唐宝历元年（825），白居易任苏州刺史，往游天平山，于山腰发现一泓清泉自石罅涓涓流出，挂峭壁穿石隙，直流下山，白居易题《白云泉》诗一首：“天平山上白云泉，云自无心水自闲。何必奔冲山下去，更添波浪向人间。”至北宋景祐元年（1034），范仲淹出知苏州，得陈纯臣《荐白云泉书》……范仲淹有感于陈纯臣对家乡名胜有挚爱，欣然作《天平山白云泉》……至南宋，白云泉已名声大著，范成大《吴

[1] 徐海荣 . 中国茶事大典 [M] . 北京：华夏出版社，2000：929.

[2] 陈文华 . 中国茶文化典籍选读 [M] . 南昌 : 江西教育出版社，2007：32–34.

郡志》称之为“吴中第一水”。

西山水月禅院旧时产水月茶，院在缥缈峰下，苏舜钦有《苏州洞庭山水月禅院记》，称“旁有澄泉，洁清甘凉，极旱为枯，不类他水”，人称水月泉，李弥大改题无碍泉，以烹水月茶最宜。

东山名泉也多，水质澄碧甘洌，为品茶家赞赏。翠峰天衣禅院有悟道泉，相传天衣义怀禅师汲水折担于此，于是悟道，故以得名。吴宽《谢吴承翰送悟道泉》诗曰：“试茶忆在廿年前，碧瓮移来味宛然。踏雪故穿东涧屐，迎风遥附太湖船。题诗寥落怜诸友，悟道分明见老禅。自愧无能为水记，遍将名品与人传。”[1]

除上述佳泉外，环洞庭东、西山还有名泉数十，如水月泉、悟道泉、石版泉、石井泉、鹿饮泉、惠泉、军坑泉、乌沙泉、黄公泉、华山泉、海眼泉、柳毅泉、灵源泉、青白泉等，不一而足。

信阳佳泉

信阳地处大别山区，千峰竞秀，山山都有山泉溪水，水清泉洁。在当地有一定名气的碧潭不下百处，如黑龙潭、白龙潭、仙女潭、九龙潭等。被陆羽誉为天下第九泉的淮河源距信阳不远，河水从今信阳市浉河区吴家店镇、游河镇穿境而过。浉河的水也很好，《重修信阳县志·舆地志二》说浉河的水“水质涟漪，充饮料最为甘洌。昔苏东坡常以浉水瀹茗，评为天下第四十六泉”[2]。

[1] 王稼句．姑苏食话［M］．苏州：苏州大学出版社，2004：335-336.
[2] 方廷汉，谢随安．重修信阳县志［M］．汉口：洪兴印书馆，1936：卷三 12.

茶岛秋色（吴晓军摄）

白龙潭、黑龙潭同发源于猫儿岭，素有豫南第一泉之称。白龙潭瀑布位于峡谷深处，两侧悬崖陡壁，犹如刀削，涌泉从上飞泻而下，悬流50余米。瀑布崖中间有巨石突出，瀑布喷击其上，飞洒细若珠玑，呈圆伞状跌落潭中，终日作雷吼声。潭水深黑无底，若是大雨过后，山洪倾泻，百川之水，交汇龙潭，瀑布崖前浊浪滚滚，一泻数里，夺谷口而出，下流至阙家河，行十余里入浉河。

黑龙潭与白龙潭相隔一山，处于两山夹持之中，瀑布跌落在一潭后，回旋翻滚，奔泻而出，直下二潭，然后顺潭溢出，缓缓滑落三潭。泉流急速，溶氧量很高，被视为泡茶用水的首选。

震雷山的北麓在古代建有圣泉寺。寺前有泉水自石流出，长年不断，四季澄清，其味甘洌，虽大旱也不竭，人称“圣泉”，圣泉寺也因此得名。当年，僧人用此水泡震雷山茶，色味俱绝。震雷山南麓峰顶的雷峰寺，寺前有一山泉，涌水极盛，水汽升腾，是寺院用水水源，被称作信阳八景之一——“雷沼喷云”。圣泉是山腰之泉，雷沼泉是山顶之泉，故雷沼泉

之水更胜一筹。

浉河区谭家河乡的胜泉寺，寺前清泉自石缝溢出，水质甘甜，大旱不竭，可灌溉田园，得名胜泉。民国时期的森森茶社就建在这里。当地人用此泉水泡茶，最是水茶相宜，饮之令人心清神怡，宛品仙露。

雨水与雪水

雨水与雪水也可用来烹茶。

雨水被称为“天落水”，古人则称“天泉”，屠隆《考槃余事》卷四记载：

> 天泉。秋水为上，梅水次之。秋水白而洌，梅水白而甘。甘则茶味稍夺，洌则茶味独全，故秋水较差胜之。春、冬二水，春胜于冬，皆以和风甘雨，得天地之正施者为妙。惟夏月暴雨不宜，或因风雷所致，实天之流怒也。[1]

不过，在苏州却是以梅水烹茶为上品。

芒种之后，江南进入梅雨季节，俗谚有“黄梅天，十八变”之说。天气阴晴易变，往往多雨，古人有“黄梅时节家家雨”之语。旧时，苏州人家都蓄贮黄梅时的雨水，称之“梅水”，作烹茶之用。

清人袁景澜《吴郡岁华纪丽》卷五记道：

> 梅天多雨，檐溜如涛，其水味甘醇，名曰天泉。居人多备缸瓮蓄贮，经年不变，周一岁烹茶之用，不逊慧泉，名曰梅水。耽水癖者，每以竹筒接檐溜，蓄大缸中，有桃花、黄梅、伏水、雪水之别。风雨则覆盖，晴则露之，使受风露日月星辰之气，其甘滑清洌，胜于山泉，嗜茶者所珍也。[2]

---

[1] 屠隆．考槃余事［M］. 秦跃宇，点校．南京：凤凰出版社，2017：105.

[2] 袁景阑．吴郡岁华纪丽［M］. 甘兰经，吴琴，校点．南京：江苏古籍出版社，1998：187.

从这段记述来看，苏州人喝茶，用水是真的讲究。嗜茶者讲究水，梅水确乎为嗜茶者所珍藏。

雪水，也是可以烹茶的，且古已有之。白居易诗有“融雪煎香茗”之句，辛弃疾词亦有“细写茶经煮香雪”之句。

文震亨《长物志》卷三记载：

> 雪为五谷之精，取以煎茶，最为幽况，然新者有土气，稍陈乃佳。[1]

雪水是软水，用来泡茶，汤色鲜亮，香味俱佳。饮过之后，似有太和之气弥留于齿颊之间。古人用雪水配佳茗，是极为风雅的事。像明末清初的信阳人王星璧，就写过这样一首诗：

> 煮雪携茶具，冲风却酒帘。
> 尚应供自足，更合谢朱炎。[2]

谢在杭说：“惟雪水冬月藏之，入夏用乃绝佳。”夏天用雪水泡茶，只不过是一句话，不及《红楼梦》第四十一回的尽兴一笔：

> 妙玉冷笑道：“你这么个人，竟是大俗人，连水也尝不出来。这是五年前我在玄墓蟠香寺住着，收的梅花上的雪，共得了那鬼脸青的花瓷瓮一瓮，总舍不得吃，埋在地下，今年夏天才开了。我只吃过一回，这是第二回了。你怎么尝不出来？隔年蠲的雨水那有这样轻浮，如何吃得？”[3]

从妙玉所谈关于如何选择用水、如何掌握烹煮时的火候，以及非用名器不饮等高论来看，她的茶似乎略同于现代人所说的“工夫茶”。

有个叫季卿的人把泡茶用水分为 20 种，雪水排在第二十。妙玉这烹

---

[1] 文震亨 . 长物志 [M]. 李瑞豪，评注 . 北京：中华书局，2017：79.
[2] 李伟 . 信阳毛尖 [M]. 郑州：中原农民出版社，2005：248.
[3] 曹雪芹，高鹗 . 红楼梦 [M]. 北京：人民文学出版社，1996：555.

茶用水是5年前收的梅花上的雪，贮在罐里埋在地下，夏天取用。宝玉饮后，觉得清凉无比。这就使人产生疑窦：烹茶用水，如陆羽、欧阳修所说，水贵活、贵清，且只有流水才不易浑浊，那么多年贮存的雪水，如何保持清洁呢？又，第二十三回，贾宝玉的《冬夜即事》诗说："却喜侍儿知试茗，扫将新雪及时烹。"如此看来，用新雪泡茶可能恰当些。饮茶雅事，也须讲究卫生。

自来水与纯净水

民国时期，信阳泡茶用的是浉河的水。浉河的水清澈见底，洁净甘甜，是泡茶的理想用水。20世纪50年代至60年代，浉河的水从城边流过时，依然清澈见底。20世纪80年代以后，随着城市扩容和周围环境的污染，浉河的水已经不能泡茶了，城里人泡茶都使用从南湾湖输送而来的自来水。苏州人泡茶大多采用胥江之水。胥江自太湖而来，也算是清澄甘冽。后来有了自来水，才改为自来水泡茶。

利用自来水现接、现煮、现泡茶叶，茶水的味道自然不如山区茶乡的泉水、溪水、河水泡的茶好。不过信阳的自来水来自南湾湖，水质依然很好，冲泡信阳毛尖还是适宜的。据信阳农林学院茶学院郭桂义教授对瓶装纯净水、信阳市桶装纯净水、瓶装天然饮用水、信阳市自来水、信阳市浅井水5种水质对信阳毛尖茶冲泡品质影响的研究，信阳市桶装纯净水冲泡出的茶汤质量最好，信阳市自来水稍次，其他地区生产的瓶装纯净水次之，瓶装天然饮用水再次，而信阳市浅井水泡出的茶汤质量最差。自来水饮用前先静置一昼夜最好。其他地区饮用信阳毛尖茶应以纯净水冲泡为宜。

茶 具

茶具主要是指茶杯、茶碗、茶壶、茶盏、茶碟、托盘等饮茶用具。陆羽在《茶经》中，将饮茶器具统称为“茶器”，并将其分为 8 大类 24 种，共 29 件。《茶经》记载：

穿，江东、淮南剖竹为之[1]。

唐代，“穿”作为江南、淮南一带重要的茶具入选《茶经》，从一个侧面说明当时包括苏州、信阳在内的地区茶叶生产规模之大和流通范围之广。

明代许次纾《茶疏》曰：

茶滋于水，水藉乎器，汤成于火，四者相须，缺一则废。[2]

强调了茶、水、器、火四者的密切关系。茶具既是实用品，也是观赏品。茶具的优劣，对茶汤的质量和饮用者的心情都会产生明显的影响。贾母带了刘姥姥与众人到了栊翠庵中，提出要吃茶。妙玉亲自捧了一个海棠花式雕漆填金云龙献寿的小茶盘，里面放一个成窑五彩泥金小盖盅，奉与贾母。妙玉给贾母专用的成窑五彩泥金小盖盅，给众人用的一色官窑脱胎填白盖碗，还有拉了宝钗、黛玉吃体己茶时所用的茶器，都是为茶人所重视的，难怪作者要花力气来细工描写。

当代茶具不外乎陶、砂、瓷、透（玻璃）4 种形态。陶，即陶器。这是中国最古老的茶具，今天用起来，古朴典雅，返璞归真，别有韵味。砂，即紫砂泥做成的陶器。著名的宜兴紫砂壶起源于明代，兴盛于清代，既有一定透气性，也有较好的保温性，外形各异，大方

[1] 陆羽．茶经［M］．沈冬梅，评注．北京：中华书局，2015：30.

[2] 许次纾．茶疏［M］．北京：中华书局，1985：6.

典雅，兼具实用与美观的功能。瓷，即瓷器。高档瓷器“白如玉，明如镜，薄如纸，声如磬”。透，即玻璃等透明茶具。用其泡茶，可观赏杯中的茶汤和茶芽，特别是看到茶芽直立、起舞，更是赏心悦目，心旷神怡。苏州、信阳两地较为常用的茶具都差不多，主要有土陶茶具、陶瓷茶具（青瓷茶具、白瓷茶具）、竹木茶具、玻璃茶具、漆器茶具、金属茶具等。

陶瓷茶具（王泽霖摄）

玻璃茶具（王青摄）

以往冲泡洞庭碧螺春、信阳毛尖多用宜兴紫砂陶壶，因为它能吸收茶汁，保持茶叶的色香。而今，这两种碧叶多用玻璃杯冲泡，因为透明的玻璃杯不仅能够保持茶叶的色香，还能让人观赏到茶叶在水中舒展、交融的全过程。用玻璃杯品尝绿茶，不仅给人味蕾的享受，还给人视觉美的享受。冲泡珍品绿茶，不能用带盖的杯或壶，因沏时不能捂、盖，否则汤、叶会变黄。

品　赏

饮茶重在品，品茶意在得其情趣。作家雷铎曾说：

> 春时品茶，世界绿染，执壶赏春，春风拂面，春色入心；夏日品茶，荷蕖争放，临水榭，赏清芳，盛夏之中，有“莲华世界”在；金秋品茶，黄英竞放，杯中有芳芬世界，心里有澄澈乾坤；冬时赏茶，有雪赏雪，无雪想雪，倘是“踏雪寻梅”，自然更有诗意，倘无，清室拥暖炉，看水蒸云雾，壶藏乾坤，三杯入口，浑然忘我。[1]

洞庭碧螺春、信阳毛尖是珍贵、高雅的饮料，其色、香、味、形均有独特个性，饮茶既是精神上的享受，也是一种审美和具有艺术性的行为，还是一种修身养性的方法。

炒茶人不仅最会炒茶，也最会喝茶、品茶，他们喝第一杯茶时的兴奋心情，可想而知；捧着炒好的新茶，像捧着刚刚生下来的婴儿一样，怎么也看不够。待炒茶人欣赏完了，心满意足了，这才将新茶装到牛皮纸袋里，放入石灰缸中，从年头喝到年尾。洞庭碧螺春的产量并不大，即便在苏州，能常年喝到洞庭碧螺春的也是少数人，多数苏州人早早地便开始盼着下一年的春天早点到来。

品赏洞庭碧螺春、信阳毛尖，主要是观、闻和入口 3 个方面。

---

[1] 陈平原，凌之岚. 茶人茶话[M]. 北京：生活·读书·新知三联书店，2023：209-210.

观。沏开的茶，等茶叶慢慢舒展开以后，观其颜色。

历来，人们多以女子喻茶，有人就曾以西湖龙井与洞庭碧螺春相比较。龙井茶扁平阔长，不经修饰，淡妆素抹，具有少妇之天然风韵；洞庭碧螺春碧色悦目，细条蜷曲，娇嫩易折，正如怀春少女之含情脉脉。如果再加上信阳毛尖，信阳毛尖直中带曲，敦朴温厚，就像一个温情脉脉、懂得人情世故的中年女性，也是别有一番风情。

闻。优质洞庭碧螺春、信阳毛尖沏开后清香宜人，品饮时清香扑鼻；劣质洞庭碧螺春、信阳毛尖香味较淡或没有茶香味。

入口。沏开茶，略等 2 分钟茶汤凉至适口后，品尝茶汤滋味，宜小口品啜，缓慢吞咽。《红楼梦》里，妙玉请黛玉、宝钗、宝玉品茶，调笑宝玉说："岂不闻'一杯为品，二杯即是解渴的蠢物，三杯便是饮牛饮骡了'。你吃这一海便成什么？"[1] 可知，会品茗也是不容易的。饮茶要谛应在这只限一杯的品，从咂摸滋味中品出一种气氛。这茶味不在唇吻，不在鼻嗅，而在于心。这是一种捕捉不到的东西，而这捕捉不到的东西，又是从实际中来的。若要捕捉这捕捉不到的东西，需要有富裕的时间和悠闲的心境。

像洞庭碧螺春，善饮者讲究"三开"。头开茶水色淡、幽香、鲜嫩，入口微苦，入喉甘甜而不涩，越喝越甜；二开茶汤正浓，翠绿、芬芳、味醇，饮后舌根回甘，余味无穷；饮至三开，仍然碧清、香郁、回甘，但茶味已淡。洞庭碧螺春的醇厚似欠持久，三开即淡，不若西湖龙井耐泡。但善品者认为，洞庭碧螺春之佳就胜在稍瞬即止上。若能掌握"三开"时机（第二开最佳），浅斟慢酌，细品涩中带甘的果香味，眼观澄碧的色泽，自然具有无尽趣味。袁景澜在《吴郡岁华纪丽》卷三中谈到品茗洞庭碧螺春时赞道：

---

[1] 曹雪芹，高鹗．红楼梦［M］．北京：人民文学出版社，1996：555.

> 茶之佳者，入汤柔白如玉，露味甘芳，香藏味中，空濛深永，啜之愈出。其致乃在有无之外，色香味三者俱淡，初入口，泪如也，有间甘入喉，有间静入心脾，有间清入骨，纯乎淡也。夫淡者，道也。品茶至此，清如孤竹，和如柳下，并入圣矣。而世顾以色浓香冽为佳者，真耳食之见矣。是必泉甘器洁，窗明几净，高斋胜侣，风日清美，焚妙香，试松火，乃能领略其隽味耳，而岂世俗市井之饮茶者所得解其趣哉？[1]

在袁景澜的心中，品洞庭碧螺春，既是怀想，也是遥瞻；是三分饮，七分品。如此，一杯洞庭碧螺春那若有若无的花香果味，才可达到灵与肉兼美的效应，宛如江南雨巷里遇见丁香般女子在伞下有意无意的那种回眸。

茶是一种人生，不同的人品同一种茶，能品出不同的意韵。而每个人对待茶的态度，如同对待爱情般别样，有的始终如一，有的喜新厌旧，也有的见好都爱。

痴情专一的忆明珠在《茶之梦》中称：

> 我不喜欢红茶，无论怎样名贵的红茶，“玉碗盛来琥珀光”——我嫌它太像酽酽的酒了。……还拒绝花茶，因为它的香是外加的，是别的花的香。就像一个被脂粉搽香了的女人，香是香的，香得刺鼻，却无一点女人自身的气息了。
>
> 我只饮用绿茶，一因它的绿，绿是茶的本色；二因它的苦，苦是茶的真味。闻一多诗云：“我的粮食是一壶苦茶。”我断定他这壶苦茶必是绿茶。是绿茶沏出的一壶苦；同时又是苦茶沏出的一壶绿。这茶却又是清淡的，是清淡的绿与清淡的苦的混合。[2]

---

[1] 袁景澜 . 吴郡岁华纪丽［M］. 甘兰经，吴琴，校点 . 南京：江苏古籍出版社，1998：128.
[2] 忆明珠 . 不肯红的花［M］. 北京：中国旅游出版社，2005：73.

鲁迅讽刺过："有好茶喝，会喝好茶，是一种'清福'。不过要享受这'清福'，首先就须有工夫，其次是练习出来的特别的感觉。"[1] 虽然在鲁迅先生的文字中，微有贬义，但也确实如此。喝茶求其平和而又平淡，这大概就是明人文震亨在《长物志》里所说的"第烹煮有法，必贞夫韵士，乃能究心耳"[2] 的茶品了。

品茗环境及场所

自古以来，比较讲究品茶艺术的人崇尚高雅的品茗环境。

品茗环境，不仅包括景、物，而且还包括人、事。宋代品茶有一条"三不点"的法则，即对品茶环境的具体要求。欧阳修《尝新茶呈圣俞》诗说：

> 泉甘器洁天色好，坐中拣择客亦嘉。[3]

新茶、甘泉、洁器、好天气，再有二三佳客，构成饮茶的最佳组合。如果茶不新、泉不甘、器不洁、天气不好，或茶伴缺乏教养、举止粗俗，在以上种种不宜的情况下，是不能点茶品赏的。

明清时期，人们对品茶环境的要求更严格、更细致。明代徐渭在《刻徐文长先生秘集》卷十一中说：

> 茶……宜精舍，宜云林，宜磁瓶，宜竹灶，宜幽人雅士，宜衲子倦朋，宜永昼清谭，宜寒宵兀坐，宜松月下，宜花鸟间，宜清流白石，宜绿藓苍苔，宜素手汲泉，宜红妆扫雪，宜船头吹火，宜竹里飘烟。[4]

---

[1] 鲁迅．鲁迅散文［M］．杭州：浙江文艺出版社，1999：314.
[2] 文震亨．长物志［M］．李瑞豪，评注．北京：中华书局，2017：219.
[3] 欧阳修．欧阳修诗文集校笺［M］．洪本健，校笺．上海：上海古籍出版社，2009：201.
[4] 徐渭．刻徐文长先生秘集［M］．刻本．1622（天启二年）：卷十一26.

徐渭列举了种种品茶的环境，从中可以看到明代人们更趋高雅的品茗意趣。

明末，冯可宾的《岕茶笺》提出宜于品茶的十三个条件：一“无事”，也就是无俗事缠身，有品茶的工夫；二“佳客”，即有趣味高尚、懂得欣赏茶之三味的茶客；三“幽坐”，内心要宁静，环境氛围要幽雅；四“吟诗”，以诗助茶兴，以茶发诗思；五“挥翰”，濡毫染翰，泼墨挥洒，以茶相辅，更益清兴；六“徜徉”，小园香径信步徘徊，时啜香茗，心恬神爽；七“睡起”，酣梦初起，以茶醒脑；八“宿酲”，宿醉未消，以茶破之；九“清供”，用清新鲜果品佐茶；十“精舍”，茶室要精致典雅；十一“会心”，以全部心神品味茶中三味；十二“赏鉴”，细细把玩，慢啜慢品，体会茶之“色”“香”“味”；十三“文僮”，有文静伶俐的茶童，以供茶役。此外，冯可宾还提出品茶时的“七禁忌”，也就是不利于饮茶的七个方面：一“不如法”，烹点不得法；二“恶具”，茶具质劣不洁；三“主客不韵”，主人、客人没有修养，毫无情韵；四“冠裳苛礼”，官场往来和不得已的应酬使人拘束；五“荤肴杂陈”，水陆荤腥与茶杂陈，夺茶之清；六“忙冗”，忙于俗务，没有时间细细品赏；七“壁间案头多恶趣”，室内布置俗不可耐，难以产生饮茶兴致。[1] 可见，饮茶环境不仅仅指客观环境，还包括主观心境。此类论述在明清两代的茶书中还有许多。

明代学者、茶人许次纾认为在下列情形下则不宜饮茶：作字、观剧、发书柬、大雨雪、长筵大席、翻阅卷帙、人事忙迫等。他还指出饮茶时“不宜近”下列氛围：阴室、厨房、市喧、小儿啼、野性人（不受世俗约束之人）、童奴相哄、酷热斋舍。

在品茶环境中，人是其中不可或缺的因素。明清茶人又往往爱将茶品与人品并列，认为品茶者的修养是决定品茶趣韵的关键。明代茶人陆树声在《茶寮记》中提及人品与茶品的关系：

[1] 陈文华 . 中国茶文化典籍选读 [M] . 南昌：江西教育出版社，2007：201.

煎茶非漫浪，要须其人与茶品相得，故其法每传于高流隐逸。[1]

又说饮茶的“茶候”应该是“凉台静室，明窗曲几，僧寮道院，松风竹月，晏坐行吟，清谭把卷”，饮茶的“茶侣”应该是“翰卿墨客，缁流羽士，逸老散人或轩冕之徒，超轶世味”。[2] 在陆树声看来，茶是清高之物，唯有文人雅士与超凡脱俗的逸士高僧，在松风竹月、僧寮道院之中品茗赏饮，才算是与茶品相融相得，才能品尝到真茶的趣味。

古代信阳人也很重视饮茶环境。信阳明代诗人周继文在《重游龙泉寺》诗中写道：

宝地重临好避哗，霏霏零雨暗烟霞。
余寒雏雉鸣深竹，新水游鱼趁落花。
踪迹漫劳渔父问，留连须费远公茶。
年来万念如灰灭，不信禅林不是家。[3]

他在诗中描绘了在茶香景幽的龙泉寺品茶时的心境。晚明的文人喜欢登山游水，出外喝茶。

可见，古代的善饮茗者都很讲究品茶环境，或是水潭边，或是寺庙内，或是树林里。

明清文人喜欢在幽静的小室品茶，往往自筑茶室、茶寮，隐于其中细煎慢品。明代苏州长洲县人文震亨在《长物志》卷一中说：

构一斗室相傍山斋，内设茶具。教一童专主茶役，以供长日清谈，寒宵兀坐。幽人首务，不可少废者。[4]

---

[1] 陆树声 . 茶寮记 [M] . 北京：中华书局，1985：3.
[2] 陆树声 . 茶寮记 [M] . 北京：中华书局，1985：4–5.
[3] 李伟 . 信阳毛尖 [M] . 郑州：中原农民出版社，2005：248.
[4] 文震亨 . 长物志 [M] . 李瑞豪，评注 . 北京：中华书局，2017：19.

一方丈精舍，依山傍水而筑，室内悉备茶具，一童子专注烧火烹茗，端茶待水。这样，主人便可以在这里“长日清谈，寒宵兀坐”了。可见，这种清静幽雅的茶室是文儒雅士聚会活动的理想场所。

东壹茶坊（张驰摄）

《重修信阳县志》载，信阳城南有座丘园，在明朝时为著名的隐士之居，赞其“不尚华丽而贵俭约”，园中设一小屋专注烹茶，茶社旁还有一精美小屋专供佛像。[1] 此小屋雅致幽静，是文人的聚集之所，体现了茶性的“冲淡闲洁，韵高致静”。丘园已不是平常的起居之处，而是文人心中的圣地、思想寄托之处。

当代，随着生活节奏的加快，人们对品茗环境的要求也在与时俱进，除了偶尔郊游山水，更乐于去的地方是在闹市之中专设的环境优雅又具备现代生活气息的各类茶馆、茶坊、茶室、茶楼。苏州作家林慧洁在其所写的《十二姑苏园林茶》一文中说，苏州园林以其独特的温婉与雅致，诉说着千年的风雅与故事。而在这片古典园林的深处，茶室便成了文人墨客、雅士商贾、寻常百姓寻一方静谧，品一壶好茶，悟一段人生的绝佳去处。

苏州人和苏州园林都讲究应时应景，园林在流淌的时光中展现着四季之美，茶室也在季节交替间变换着茶香。《十二姑苏园林茶》列出了

[1] 方廷汉，谢随安 . 重修信阳县志 [M] . 汉口：洪兴印书馆，1936：卷四 5–6.

苏州一年十二个月最佳的品茗场所及所品之茶：孟春的茶室在虎丘的冷香阁，茶品为茉莉花茶；仲春的茶室在虎丘的云在茶香，茶品为虎丘白云茶；季春的茶室在网师园的露华馆，茶品为信阳毛尖；孟夏的茶室在艺圃的延光阁，茶品为洞庭碧螺春；仲夏的茶室在沧浪亭的藕花水榭，茶品为荷花茶；季夏的茶室在北半园的半园茶室，茶品为君山银针；孟秋的茶室在留园的冠云楼，茶品为桂花红茶；仲秋的茶室在怡园的元野茶室，茶品为洞庭山小红桔；季秋的茶室在耦园的双照楼，茶品为东方美人；孟冬的茶室在狮子林的暗香疏影楼，茶品为老白茶；仲冬的茶室在五峰园的五峰山房，茶品为三杯香；季冬的茶室在枫桥的闻钟阁，茶品为陈年熟普。

这 12 个品茶场所，各有雅致和情调，所饮之茶品更是妙不可言，令人神往，若能喝上一杯，实为雅事。

怡园的元野茶室内景之一（林慧洁摄）

留园的冠云楼茶室内景（林慧洁摄）

艺圃的延光阁茶室窗边（林慧洁摄）

怡园的元野茶室内景之二（林慧洁摄）

孟春的茶室在虎丘的冷香阁，茶品为茉莉花茶。冷香阁茶室位于拥翠山庄北面，1919 年，吴中名士为方便在虎丘赏梅，在拥翠山庄北面种植上百棵红绿梅树，建起冷香阁。在此阁品茗有两绝：一是环境，除了室内陈设古色古香，室外更是“蝉噪林逾静，鸟鸣山更幽”；二是泉水，虎丘泉水是上好的泡茶之水。文人墨客无不以到虎丘品泉烹茶为雅事。

茉莉花茶和虎丘的渊源颇深。相传，北宋朱勔为宋徽宗搜求花石纲，激起民愤，被宋钦宗杀死后，其后人在苏州虎丘附近以种花为生，逐渐吸引许多当地居民加入。到明清时期，虎丘已成为我国著名的四大香花产区之一。由虎丘“三花”（茉莉、白兰、玳玳）窨（熏）制的花茶大受市场欢迎，以香气浓郁、滋味鲜爽的茉莉花茶最为出名。

初春时节，暗香浮动，来冷香阁赏梅，鸟语花香。用天下第三泉的水泡茶，只需简单的玻璃杯或白瓷盖碗，采用下投法，环绕低注，茶香、花香交融激荡。先嗅茉莉花馥郁芬芳的香气，“天下第一香”萦绕鼻尖，使人沉醉；再品茶汤鲜爽的滋味。所谓品茗，也就是在苦涩中寻觅甘甜的回味，一如人生。

季春在网师园的露华馆品信阳毛尖，也很相宜。最早被列入《世界遗产名录》苏州名园之一的网师园，占地只有半公顷，但其结构紧凑，小中见大，主次分明又富于变化，园内有园，景外有景，精巧幽深之至。被誉为“小园极则”。园中茶室露华馆在园子西南部。进了网师园的大门，沿着七拐八绕的回廊，穿过几个庭院就到了。这里的牡丹芍药圃种了300多株20多个品种的牡丹和芍药。每到春季，姹紫嫣红。茶室名字就取自李太白咏洛阳牡丹的诗句“云想衣裳花想容，春风拂槛露华浓”。

茶室前门外有牡丹芍药园，后门外有小庭院。无论内外，都可选一个心仪的位置，泡上一杯和牡丹花同样产自河南的信阳毛尖。一杯入喉，顿感消虑涤烦，姑苏的静美与中原的繁华同在，相得益彰。

孟夏在艺圃的延光阁品洞庭碧螺春，别有情趣。艺圃入口隐藏在深深的小巷之中。这是一座以精致园景和人文情怀而著称的小园子。第二任园主文震孟是文徵明的曾孙，他的弟弟文震亨是《长物志》的作者。延光阁茶室位于园子中部，由临湖31米长的水榭和东、西厢房组合而成，是苏州体量最大的水榭。在延光阁靠窗而坐，远可欣赏水池对面的假山、乳鱼亭；中可观被风吹皱的水面，粼粼然皱碧铺纹，令人神清气净；近处一低头，池水中“鱼戏莲叶东，鱼戏莲叶西”的景象活泼泼地出现在人们眼前。

延光阁是地道苏州人最爱的茶馆。孟夏时节，泡上一杯苏州特产的洞庭碧螺春，在闹市中享受宁静，口品至上佳茗，眼观无边美景。此种悠闲安逸，非言语可以形容。

仲夏在沧浪亭的藕花水榭品荷花茶，也是别出心裁。沧浪亭是苏州最古老的园林。宋代诗人苏舜钦买下废园重修，因感于“沧浪之水清兮，可以濯我缨。沧浪之水浊兮，可以濯我足”[1]，题名沧浪亭。

沧浪亭里的茶室名为藕花水榭，只听名字就能感受到夏日的清凉。它位于一个别致的小院之中，茶室的匾额“藕花水榭”是张之洞的弟弟张之万在同治年间所题。藕花水榭的一面是整面雅致幽静的漏窗，窗格间能看见外面沧浪亭街的街景。

曾住沧浪亭附近的清代文学家沈复在他的《浮生六记》卷二中，详细记录了妻子芸娘制作荷花茶的方法：

> 夏月荷花初开时，晚含而晓放。芸用小纱囊撮茶叶少许，置花心。明早取出，烹天泉水泡之，香韵尤绝。[2]

荷花茶香气淡雅，做好取出后，用青花瓷、琉璃等材质的清爽明净的精美茶具来泡，将荷花、荷叶置于茶席之间，品杯中清幽、荷香、茶香，感受荷花的“出淤泥而不染，濯清涟而不妖”，为雅人至爱。

季秋在耦园的双照楼品东方美人，亦很惬意。苏州城东有耦园，因在住宅的东、西两侧各建有一园，“耦”与“偶”相通，故名。耦园是清光绪年间的园主沈秉成携妻子严永华归隐所居，他们在此度过8年的伉俪生活，借园林之水“枕波双隐”，诗酒唱和，真可谓名副其实的“耦园住佳偶，城曲筑诗城”。

茶室双照楼原是耦园主人沈秉成夫妇的书房，“双照”有双层含义，一则代表夫妻双双明道；二则因茶室位于耦园东花园主厅二楼，小楼呈四方形，三面设可打开的花窗，日月光照皆可入楼而得名。耦园里有一种开得特别早的山茶花，名曰“美人茶”。该树外形高大，花色粉红，成为园林中秋去冬来的标志。

---

[1] 李定广．中国诗词名篇赏析：上册［M］．上海：东方出版中心，2018：4.
[2] 沈复．浮生六记［M］．俞平伯，核点．北京：人民文学出版社，1980：24.

东方美人是来自台湾的乌龙茶，因其茶芽白毫显著，又被称为“白毫乌龙”。其绝佳的口感和香气，特别适合女士饮用。秋末，登上双照楼，一边沐浴着秋冬的暖阳，一边品饮东方美人茶，闲谈人间爱情故事，别有一番风情。

季冬在枫桥的闻钟阁品陈年熟普，也颇有一番滋味。苏州城西面的枫桥景区，有以寒山古寺、江枫古桥、铁铃古关、枫桥古镇和古运河组成“五古”，更有唐代张继的一首《枫桥夜泊》，成为中外游人向往之地。景区内有家闻钟阁茶室，临水，在枫桥边、寒山寺旁。茶室利用园林的“借景”手法，将周遭美景统统“借”入茶客眼中，妙不可言。

季冬时节，选用有年份的普洱熟茶，用粗陶茶具闷着。喝茶时，佐以梅花糕、海棠糕、桂花糕、猪油年糕、芝麻酥糖等精致细腻的苏式糕点，也可以按新流行的复古风围炉，烤上红薯、栗子、花生等干果。亲朋好友临窗而坐，说古论今，任时间慢慢流逝。偶尔听到一声寒山寺已敲了1 000多年的钟声，正所谓“闻钟声，烦恼清，智慧长，菩提生”。

江苏苏州
河南信阳

茗扬天下

洞庭碧螺春、信阳毛尖获奖与茶文化节

洞庭碧螺春与信阳毛尖，同为中国十大名茶，犹如茶中双璧，铸就了吴中“中国名茶之乡”与信阳“中国茶都”两张耀眼名片。这对绿茶姊妹花，承载着千年的茶艺精髓，先后获国家级非物质文化遗产殊荣，并以东方佳茗之姿，入选人类非物质文化遗产名录。

自 1992 年信阳茶文化节初绽芳华，至 2003 年苏州洞庭碧螺春茶文化节序曲响起，以千年茶脉相连的两地，三十载辛勤耕耘，推动产业升级；二十载传承不辍，搭建起对外开放的桥梁。茶香袅袅中，这两朵并蒂绽放的绿茶奇葩，以沁人心脾的芬芳，向世界诉说着东方茶文化的独特韵味。

茶
TEA

国际奖

南洋劝业会优等奖

民国时期，洞庭碧螺春、信阳毛尖曾参加多个国际性展会和评比活动。1910 年，洞庭碧螺春在南洋劝业会上获得优等奖。这是洞庭碧螺春首次登临国际性展会。南洋劝业会既是我国举办的第一个国际性博览会，也是我国历史上首次以官方名义主办的国际性博览会。展会于 1910 年 6 月 5 日在南京开幕，历时半年之久，中外参观者达 30 多万人次。南洋劝业会借鉴英国万国博览会、意大利米兰世界博览会等展会的办展经验，吸引国内 22 个省和 14 个国家与地区来南京设馆展览。欧美和东南亚有不少国家前来参展，展品达百万件，成交总额达数千万银圆，时人称之为“我中国五千年未有之盛举”。参展南洋劝业会并获得优等奖，彰显了洞庭碧螺春的优质，为洞庭碧螺春拓展国际市场创造了条件。

巴拿马太平洋万国博览会金质奖章

1915 年，洞庭碧螺春、信阳毛尖作为中国茶叶的代表，在美国旧金山市举办的巴拿马太平洋万国博览会上一并夺得金质奖章。

为庆祝巴拿马运河开航和纪念人类发现太平洋 400 年，1915 年 2 月 20 日—12 月 4 日，美国政府在西海岸的旧金山市举办“1915 年巴拿马太平洋万国博览会”（也称“巴拿马太平洋国际博览会”，简称“巴拿马赛会”），来自五大洲 30 多个国家和地区的政府或出品人参赛，参展品达 20 多万件，观众人数达 1 900 万人次。

吴縣

吳縣各區商業狀况調查表

（第十九區）

商店總數			
業別	1 買賣業	約三十五家	約二十五萬元
	2 賃貸業	約〇家	
	3 供給電氣煤氣或自來水業	約〇家	
	4 典質業	約〇家	
	5 銀行業兌換金錢業或貸金業	約〇家	
	6 作業或勞務之承攬業	約〇家	
	7 設場屋以集客之業	約〇家	
	8 運送業	約〇家	
	9 承攬運送業	約〇家	
	10 牙行業	約十家	約十二萬元
	11 居間業	約〇家	
	12 代理業	約〇家	

全年營業價值元數

近年盛衰情形及其原因：近年各業凋疲一由農產歉收於農民經濟甚形困難二由太湖盜匪充斥不能安居樂業營業之不振此最大原因也

有無團體組織：西山輔仁商業公所現擬指導改組

商業經濟概況：[illegible]

著名商業商號	何稱商品	所在地	全年營業元數	曾否受政府獎勵
	西山縹渺山莊之洞庭碧螺春爲最馳名之綠茶	產自本區包山之巔得山川雲霧之氣色香味均佳近年改良焙製裝罐分發滬渎間發售	六萬元	前南洋勸業會優等獎前巴拿馬賽會褒金質獎章

1930年吴县各区商业状况调查表（西山碧螺春曾获巴拿马太平洋万国博览会金质奖章）

1914年6月，中华民国政府成立“筹备巴拿马赛会事务局”，办公地点设在北京市长安街旧翰林院，并派人员分三路（北路赴直隶、山东、奉天、吉林，中路赴河南、湖北、江西、安徽，南路赴江苏、浙江、福建、广东）奔赴各省审查参赛物品，以确保展品质量。

洞庭碧螺春在唐宋时期就颇负盛名。苏州的物产较早走出国门，京杭大运河将吴地的丝绸、茶叶、手工艺品沿着京杭大运河源源不断地送向全国、送向世界。元代意大利商人、旅行家马可·波罗来到苏州，对苏州的物产颇感兴趣，并盛赞苏州很像他的家乡威尼斯。郑和从太仓浏河出发七下西洋进行对外交往，苏州特产因此受益。这表明洞庭碧螺春应该是最早走向世界的苏州物产之一，且为中外商家所青睐。在首届巴拿马太平洋万国博览会上获金质奖章的洞庭碧螺春，就是由裕生华茶公司经销的。这家公司于清光绪三十年（1904年）在上海成立，专营茶叶出口贸易，主要经销洞庭碧螺春、西湖龙井等中国名优绿茶。

在信阳茶区，信阳县国民党参政院议员、信阳茶界知名人士陈善同，在原清政府两浙、两淮及苏属地域缉私统领，旧茶业公所成员蔡祖

贤的支持下，到信阳各茶社收集毛尖、贡针、白毫、已熏龙井、未熏龙井、珠兰、雀舌等茶样，用瓶装好，由信阳地方道署衙门实业厅所属的商会转交省出品协会。1914 年 6 月 15 日—25 日，筹备巴拿马太平洋万国博览会河南出品协会在省议会旧址前对征集的 100 余种、1 000 余件参赛品及其他定制产品进行展示，并由国民政府农商部指派的专员择优参加太平洋万国博览会，信阳毛尖（当时还不叫信阳毛尖）被选中。9 月 6 日，筹备巴拿马太平洋万国博览会河南出品协会把已包装妥善的信阳毛尖等 350 余种展品由开封经京汉铁路运至武汉，又从武汉换装轮船，沿江而下，于 9 月 22 日运抵上海。1915 年 1 月，展品陆续被运往会场。

这次博览会，中国茶叶击败印度茶叶，夺得 7 枚大奖章，重塑中国茶叶形象。据相关资料记载，本次博览会后，中国商品出口大幅度增加。巴拿马太平洋万国博览会举办当年，仅中国对美国出口茶叶就达 1 800 万美元，展现了中国茶叶在国际市场上的竞争力和影响力。洞庭碧螺春、信阳毛尖在巴拿马太平洋万国博览会上斩获金质奖章，为中国茶叶赢得了国际声誉。

昆明世界园艺博览会金奖

1995 年 12 月初，国际展览局第 117 届会员大会一致通过 1999 年世界园艺博览会移至昆明举办的决议。1999 年 5 月 1 日，昆明世界园艺博览会开幕，有 69 个国家和 26 个国际组织参会。其间，进行了茶叶评比，由河南省代表团选送的“五云山”牌信阳毛尖揽获金质奖。

世界绿茶大会金奖

2007年11月，首届世界绿茶大会在日本静冈市举行，来自中国、日本、韩国、印度、斯里兰卡、美国、越南等29个国家和地区选送的数百个绿茶品种参会。中国茶叶流通协会通过中国区选样会活动，对各地参赛品进行严格的评选后，筛选出最优秀的绿茶去日本角逐大会设置的20个最高金奖。在评选中，包括信阳茶区的信阳毛尖在内的中国绿茶夺得6个最高金奖、10个金奖和5个银奖。其中，夺得最高金奖的“龙潭”牌信阳毛尖系中国名牌农产品。

国家奖

全国名茶评比

1928年，国民政府工商部举办中华国货展览会，洞庭碧螺春获得一等奖。

1959年，洞庭碧螺春、信阳毛尖参加由全国十大名茶评选会举办的评选活动，一同入选全国十大名茶。

此后一段时间，由于各地举办茶叶评奖活动较少，洞庭碧螺春、信阳毛尖基本没有机会参加评奖。

1978年中共十一届三中全会后，农村经济体制改革激发了茶农种茶的积极性，茶业经济发展迎来了一个新时代，茶叶评奖活动应运而兴。20世纪80年代，农业部、商业部、国家技术监督局开始举办全国名茶评比活动。苏州、信阳茶界积极参与其中，精心准备，踊跃参赛。

1985年6月，国家质量奖审定委员会在南昌市茶叶良种繁殖场开展国家优质产品奖审定工作，信阳县龙潭茶叶总场初次选送“龙潭”牌特级信阳毛尖参加审定。该审定委员会经过综合审定，给了101.70分的高

分，但该茶最终还是以 0.46 分之差屈居西湖龙井之后，获得国家银质奖。1990 年 6 月，信阳县龙潭茶叶总场再次选送“龙潭”牌特级信阳毛尖参加在广州市的复审评定。选送前，信阳县委、县政府成立创优工作领导小组及质量管理办公室，加强协调指导；严格执行特级毛尖鲜叶采制标准，并按国家优质标准精心炒制，最后从信阳县龙潭茶叶总场车云山分场精选出 10 件共 100 千克茶样样品参评。1990 年，“龙潭”牌特级信阳毛尖和西湖龙井同获国家金质奖，这是绿茶国家级评奖中首次出现双金奖。在全国 100 多种绿茶中，荣获国家金质奖的唯有西湖龙井和信阳毛尖。

在《信阳论茶》一书中，曾任国家茶叶专家评委会委员、原信阳县茶叶科技人员黄执优在 1998 年 4 月 17 日写了一篇文章《勿忘信阳毛尖创国优的艰难历程》，现摘录如下：

> 参加国优茶叶评比，条件要求很严。国家在 1984 年明文规定：一、产品必须先已获得省优、部优称号和证书，经省经委审批推荐申报；二、企业已推行全面质量管理，并具有生产优质茶必要的设备；三、企业执行优于各级技术标准的内控标准，各项质量指标已达到或超过国内或国际同类产品的先进水平；四、企业卫生条件符合国家食品卫生法的规定，产品各项卫生指标，要达到国际标准；五、产品具有相当批量，年产值一般不少于 100 万元，并占有一定市场，消费者反映良好；六、有工商行政管理部门的注册商标；七、滞销和亏损产品或亏损企业的产品，不能评为国优产品；等等。
>
> 1984 年冬，省经委根据以上条件，认定推荐信阳县龙潭茶叶总场出产的“龙潭牌”信阳毛尖茶申报参评国优。
>
> 国优评审，由国家聘任专业技术水平高、实践经验丰富的科研、大学、农业、商业等系统的茶叶专家组成国家专家评委，严格按照标准，进行封闭式、密码编号的评审……1985 年在南昌评

> 国优时，“龙潭牌”信阳毛尖仅以0.46分之差，低于“西湖龙井”，获国家银质奖。此后，在上级大力支持下，信阳县各级领导、科技人员和茶区广大干群，认真总结经验教训，加倍努力，艰苦奋战，立志“保银创金”。结果不负众望，1990年在广州举行的国优名茶评审中，“龙潭牌”信阳毛尖（特级）以总分第一的优异成绩，艳压群芳，荣获国家金质奖。[1]

这一年的颁奖大会于10月20日在北京人民大会堂举行，信阳县茶果公司总经理、龙潭茶叶总场场长上台领取了奖牌和证书。证书落款为国家质量奖审定委员会，加盖中华人民共和国经济委员会公章。奖牌中间镶嵌优质奖章，奖章为镀金铜质，底衬为红色绒布，字迹均为金黄色，奖牌落款为国家质量奖审定委员会。这是信阳毛尖第一次荣获国家金奖。信阳县召开庆祝大会，并广泛宣传，表彰创优工作先进单位和有功人员。1991年5月15日，信阳县委、县政府在北京人民大会堂举行信阳毛尖创国家金质奖新闻发布会，彭冲、严济慈、雷洁琼、宋健、陈俊生等到会祝贺。全国人大常委会副委员长彭冲、周谷城、严济慈、雷洁琼，国务委员宋健、陈俊生，以及全国人大常委会民族委员会副主任爱新觉罗·溥杰为信阳毛尖荣获国家金奖题词祝贺。彭冲题词：“发展商品经济，促进信阳繁荣。”周谷城题词：“雨阳时若，品物咸亨。”严济慈题词：“振兴老区，脱贫致富。”雷洁琼题词：“淮南茶区，信阳第一。”宋健题词：“依靠科学技术，发展商品经济。”陈俊生题词：“搞好多种经营，发展老区经济。”爱新觉罗·溥杰题词：“淮南茶信阳第一。”

自1985年荣获国家银质奖后，“龙潭”牌信阳毛尖又于同年参加了在北京举行的首届亚太地区国际博览会；1986年，再次获商业部全国名茶称号；1987年参加新加坡优质食品展；1988年获中国首届食品博览会金奖、中国优质保健食品博览会金鹤杯奖、河南省乡镇企业优质

---

[1] 黄执优．信阳茶论［M］. 信阳市老新闻工作者协会，2017：154–155.

产品金杯奖；1989 年，参加中国茶文化展示周活动，均得好评；1990 年，参加信阳地区、河南省农业厅、国家商业部和国家级评优，全部夺魁；1991 年 4 月，在首届杭州国际茶文化节上荣获“中国茶文化名茶”称号。

洞庭碧螺春在国内评奖中，也是屡获殊荣。1994 年，由中国茶叶学会组织的“中茶杯”评比活动拉开帷幕，该奖项被誉为“中国茶界奥斯卡”，是中国茶叶学会主办的全国茶行业中最具权威的奖项。在历届“中茶杯”评比活动中，洞庭碧螺春屡屡获奖，其中，2005 年获第六届“中茶杯”评比活动一等奖。此外，洞庭碧螺春还先后参加“华茗杯”“中绿杯”全国名优茶评比活动和“陆羽杯”江苏省名特茶评比活动，都取得了好成绩。2010 年 8 月，在中国茶叶学会组织举办的首届“国饮杯”全国茶叶评比活动中，洞庭碧螺春共获得 3 个特等奖、7 个一等奖，特等奖数量占全国特等奖总数的十分之一。据统计，在历届全国和省名优茶评比活动中，洞庭碧螺春共斩获 8 个特等奖和 16 个一等奖。[1]

洞庭碧螺春、信阳毛尖一同被列为中国十大名茶
（中国洞庭山碧螺春茶博馆供样图）

[1] 严介龙 . 洞庭山碧螺春 [M] . 苏州：苏州大学出版社，2023：100.

全国十大名茶

1915 年巴拿马太平洋万国博览会后，民间开始将洞庭碧螺春、信阳毛尖、西湖龙井、君山银针、黄山毛峰、武夷岩茶、祁门红茶、都匀毛尖、六安瓜片、安溪铁观音列为中国十大名茶。

中华人民共和国成立后，为推动茶产业发展、提升茶叶品质、弘扬茶文化，自 1956 年至今共举办过 5 次中国十大名茶评比活动，参评者无数，洞庭碧螺春每次均入选并名列前茅，其中 1999 年位居中国十大名茶之首，其余 4 次均位列第二名。

1958 年，信阳毛尖参加由中国十大名茶评比会所举办的全国十大名茶评比活动。1959 年，全国十大名茶名单中有西湖龙井、洞庭碧螺春、黄山毛峰、庐山云雾、六安瓜片、君山银针、信阳毛尖、武夷岩茶、安溪铁观音、祁门红茶。这是中华人民共和国成立后信阳毛尖第一次参加全国十大名茶评选。

此后，尽管国内外媒体根据自定的评选标准，评选出中国十大名茶，使其有多种说法，但洞庭碧螺春、信阳毛尖均榜上有名。如 1984 年 3 月 21 日，《经济日报》刊出的全国十大名茶就包括洞庭碧螺春、信阳毛尖；2001 年 3 月 26 日，美国联合通讯社和《纽约时报》联合公布中国十大名茶：西湖龙井、黄山毛峰、洞庭碧螺春、蒙顶甘露、信阳毛尖、都匀毛尖、庐山云雾、六安瓜片、安溪铁观音、银毫茉莉花茶；2002 年 1 月 18 日，香港《文汇报》公布中国十大名茶：西湖龙井、洞庭碧螺春、黄山毛峰、君山银针、信阳毛尖、祁门红茶、六安瓜片、都匀毛尖、武夷岩茶、安溪铁观音。

品牌保护

商标注册

在1982年《中华人民共和国商标法》颁布实施前，苏州、信阳所产茶叶都没有商标。1983年后，随着茶叶市场的放开，茶叶生产出现产大于销的局面，两地部分茶企开始考虑注册商标，以稳定的品牌打开市场，促进销售。

2009年4月，“洞庭（山）碧螺春”原产地证明商标被国家工商行政管理总局商标局（今国家工商行政管理总局商标局）认定为中国驰名商标。这也是全国第三家茶行业中国驰名商标。“洞庭（山）碧螺春”地理标志证明商标获驰名商标的认定，是中国十大名茶第二件、全国茶叶类第三件地理标志驰名商标，是江苏省首批、苏州市首件地理标志驰名商标，也是苏州市首件获此殊荣的农产品商标。

2019年，洞庭（山）碧螺春入选中国农业品牌目录“农产品区域公用品牌”；至2022年年底，共有注册商标185件，拥有1个中国驰名商标、1个中国名牌农产品、5个江苏省著名商标、7个江苏省名牌产品、28个苏州市名牌产品，涌现出“三万昌”“碧螺”“庭山”“天王坞”“御封”“咏萌”“吴侬”等一批有影响力和知名度的茶叶品牌。2023年，洞庭（山）碧螺春以53.05亿元的品牌价值位居中国茶叶区域公用品牌价值十强中的第六位。

1984年9月，信阳县龙潭茶叶总场申报的“龙潭”商标经工商行政管理部门注册登记，成为信阳地区第一个关于茶叶的注册商标。20世纪90年代，茶叶注册的商标仍为数不多，有“五云山”“文新”“傲胜”等。进入21世纪后，注册的商标陆续增多。与此同时，河南信阳五云茶叶（集团）有限公司、信阳市文新茶叶有限责任公司等企业顺应市场发展的趋势，加强商标品牌推广，不断提升企业综合实力，“龙潭”牌和“文新”牌分别于2008年、2010年被国家工商行政管理总局（今国家市场监督管理总局）认定为中国驰名商标。像浉河区，截至2022年，已注册茶叶商标82个，拥有知名茶叶品牌15个，其中中国驰名商标3个、省级著名商标15个。2014年，信阳毛尖品牌的价值达到52.15亿元。之后，信阳毛尖品牌价值连续多年位居全国前三。2022年，信阳市位居茶业百强地级市第五位。

原产地认证保护

民国时期，信阳县八大茶社所产茶叶大多由县城唐记、怡记、和记等茶庄负责销售，这些茶庄往往会将茶叶置于木盒中，放于茶庄或茶馆柜台上，木盒子的正面印有或刻上茶叶的名称（如“车云龙井”）和产地（如“车云山”）等，对茶所属茶社，以及品质特征等做了简要的描述。

据说，西山包山寺的僧人在包装洞庭碧螺春时特别具有商业头脑，他们将清代苏州状元洪钧写的《碧螺春茶铭》刻在木章上，然后印在包装茶叶的红纸上。中华人民共和国成立初期，苏、沪等地还能见到这种所谓的“商标”，这恐怕就是原产地保护的最早雏形。

洞庭碧螺春原产地范围包括太湖洞庭山一带的东山镇和金庭镇。为维护历史名茶的形象，保护生产者及消费者的合法权益，1998年3月，苏州市为洞庭碧螺春申请并获准注册“洞庭（山）碧螺春”地理标志证明商标；2001年9月，向国家质量监督检验检疫总局（今国家市场监督管理总局）提交《关于苏州洞庭（山）碧螺春茶申请列为原产地域产品保护的请示》，并于2002年12月9日得到正式批准。2003年2月10日，国家质量监督检验检疫总局正式发布GB18957—2003《原产地域产品　洞庭（山）碧螺春茶》，并于2003年4月1日起正式实施。2018年7月31日，国家质量监督检验检疫总局与国家标准化管理委员会正式发布GB/T 18957—2008《地理标志产品　洞庭（山）碧螺春茶》，并于2008年11

月1日起正式实施。2020年，江苏吴中碧螺春茶果复合系统入选中国重要农业文化遗产名录；2021年，洞庭碧螺春入选《中欧地理标志协定》名单……这一系列认证给苏州市吴中区的领导和群众以很大鼓舞，他们趁热打铁，采用一系列高科技防伪手段：2003年年初，引进二维码防伪保真系统，通过对洞庭碧螺春生产、销售过程的身份确认和数据跟踪，实现用互联网方式接受消费者查询；2004年2月，又与浙江大学联合开发信息管理应用软件，把原产地东、西山1.7万户茶农100多吨洞庭碧螺春的信息全部输入IC卡，实现洞庭碧螺春销售的数字化管理；2005年，增加语音查询和即时数据跟踪功能，将茶叶销售标识进行了三合一整合……通过一系列举措，使假冒的洞庭碧螺春再也无处藏身，进一步维护了消费者权益，也在很大程度上保护了原产地的权益，为苏州茶叶事业再度辉煌注入了新的活力。自从实行原产地保护政策，茶农的积极性大大提高，他们更加勤劳，不仅多采茶，在茶叶加工前，还会严格挑拣，剔除杂质，并在最后包装时贴上“茶农标识”。自从有了“护身符”，洞庭碧螺春便身价百倍，不用担心销路，茶厂和茶商的生意也越来越红火，订货单源源不断。“洞庭（山）碧螺春”商标被保护之后，苏州洞庭东、西山已经规划建立“洞庭碧螺春”观光度假区，将进一步开发旅游业。

信阳毛尖原产地范围包括浉河区、平桥区、罗山县、新县、光山县、潢川县、商城县、固始县、息县所辖的行政区域内的产茶乡镇和茶场，生产茶叶的原料、制作工艺和产品质量必须符合信阳毛尖标准。茶叶种植者须办理信阳毛尖原产地标记保护茶园证书，茶叶加工企业和营销单位须办理信阳毛尖原产地标记保护产品证明书。

2003年，信阳市政府要求各县区政府及市直有关部门成立相关组织，协助信阳市茶叶协会和信阳市茶叶办公室，为茶农颁发信阳毛尖原产地标记保护茶园证书和信阳毛尖原产地标记保护产品证明书，只有持此证书的生产经营者才可使用原产地产品专用标记。此后，信阳市统筹茶产业和茶科技，开展茶叶可追溯体系建设，以大数据技术为支撑，建立信阳毛尖诚信体系，与前沿数码公司——甲骨文（中国）软件系统有限公司合作开发建立茶叶质量可追溯体系与数字化农业平台，通过架设茶园生态数据监测设备，完善田间作业、原料来源、工艺流程、产品检测记录和销售档案，建立全过程管理数据和分析服务模型；通过包装标识制度，运用可追溯系统平台和溯源二维码实现对茶叶种植、销售环节的全链条可追溯。茶叶质量安全可追溯体系覆盖信阳市文新茶叶有限责任公司、河南豫信茶产业有限责任公司、信阳嘉木饮茶业有限公司等6家企业，共有8家企业通过质量管理体系认证，在浉河区八大名茶山头开展建设“山水浉河、云赏毛尖”；茶叶溯源体系也在2023年春茶生产前正式上线。浉河区政府还与信阳师范大学合作共建茶叶质量检测中心，先后有10家企业建成茶叶质量安全检测实验室，实现原产地农产品保护。

茶文化活动

苏州洞庭碧螺春茶文化旅游节

苏州举办茶文化节，是在21世纪初。它一开始就把洞庭碧螺春与苏州的旅游结合起来，称为“茶文化旅游节”。

洞庭碧螺春蕴含着浓厚的历史文化，还有着优美的生长环境，它不仅是苏州市的知名产品，还是苏州市吴中区的名片。自2002年以来，吴中区以茶为媒，以节造势，先后通过举办炒茶能手擂台赛、“碧螺姑娘”评选、碧螺春拍卖会和“中国苏州洞庭（山）碧螺春茶文化旅游节”等活动，推动茶经济与旅游产业联动发展，尤其一年一度的茶文化节已经成为全区发展茶产业、弘扬茶文化和推动环太湖旅游经济的重要载体。2003年3月6日，首届中国苏州洞庭（山）碧螺春茶文化旅游节暨“碧螺姑娘”大型评选活动在太湖之滨拉开序幕，吸引众多海内外游客。名茶评选活动气氛格外热

烈，啦啦队员冒雨挥舞茶枝，为参赛选手们鼓劲加油。

在开幕式上，苏州的姑娘们在蒙蒙细雨中载歌载舞，通过茶歌联唱、茶道演示、音乐歌舞、评弹说唱、时装表演等多种形式，向人们展示了洞庭碧螺春的独特魅力。这其中，炒茶能手擂台赛最是引人注目，10 位炒茶高手个个胸有成竹，身手不凡，对高温杀青、热揉成型、搓团显毫、文火干燥 4 个炒茶步骤驾轻就熟，游刃有余。台上炒得热火朝天、大汗淋漓；台下看得津津有味、垂涎欲滴。片刻间，已是茶香四溢，沁人心脾，上演着又一段“碧螺春百里醉”的佳话。洞庭碧螺春原产地的人文风情与历史悠久的洞庭碧螺春茶文化巧妙结合，进一步延伸了洞庭碧螺春的文化产业链，并成功打响了洞庭（山）碧螺春的品牌。

2007 年 3 月，苏州市吴中区联合中央电视台举办《同一首歌》“走进苏州吴中 · 相约碧螺春之乡”晚会，依托《同一首歌》舞台，进一步将洞庭碧螺春推向海内外，向世界展示了“山水苏州·人文吴中”的特色魅力。

2021 年 3 月 28 日，苏州吴中太湖文化旅游节暨洞庭山碧螺春茶文化节首次在上海大世界举行开幕式。开幕式以洞庭碧螺春为媒，贯穿活动始末。台上台下双线并行，融合展现吴中生态人文。台下设置“魅力景区”“优质茶企”“苏作文创”“江南雅宴”四大主题展位，台上开幕仪式以“君到姑苏见碧螺”为引，完成洞庭碧螺春的推介，并且达成与经销商的战略合作。在饶富江南韵味的《甪直水乡行》的文艺表演后，开幕式重头戏——吴中文旅资源推介、第二届吴中好物节、苏州吴中文旅热力图、2021 年度线路发布仪式正式启动。“四时江南，悠游吴中”10 条主题线路在视频展播中悉数亮相。最后承接太湖旅游节开幕仪式，以 LED 茶树幼苗浇灌成长的形式进行启动，共同开启吴中之约的新篇章。开幕式之后，还开启为期 1 年的主题系列活动。旅游节活动以春、夏、秋、冬四季为主线，涵盖文化、美食、娱乐等多种要素，塑造“大文化旅游产业”形态，打造包括“春行吴中”“夏至吴中”“秋游吴中”“冬隐吴中”

在内的四大特色文体旅活动，让当地市民与外地游客获得身临其境的深度感官体验。

2023年，苏州吴中洞庭山碧螺春茶文化节改名为“中国苏州太湖洞庭山碧螺春茶文化节”。2023年3月18日，首届中国苏州太湖洞庭山碧螺春茶文化节在中国（吴中）太湖洞庭山碧螺春茶文化园开幕。活动现场发布了《洞庭山碧螺春茶产业振兴三年行动计划》，苏州吴中洞庭山碧螺春茶产业研究院也一并揭牌。

2024年3月16日，绿茶品牌大会暨第二届苏州太湖洞庭山碧螺春茶文化节在千年运河畔开幕。这次大会重点围绕“强绿茶品牌，促产业发展；兴文化赋能，品洞庭好茶”主题，邀请来自全国各地500余位政府部门和行业有关领导、专家学者、重点企业代表、经销商相聚苏州，走进吴中；会上还发布了绿茶产区品牌强度调查结果。吴中区洞庭碧螺春以773分位列全国绿茶产区品牌强度第三位。

信阳茶文化节

信阳毛尖是“中国十大名茶”之一，作为信阳特产，具备以茶立节条件。20世纪90年代初，信阳民间一些有识之士提出举办信阳茶叶节的构想，原信阳地区水利局干部王星元于1991年2月最先书面提出举办信阳茶叶节的建议。原信阳地区党委、行政公署经过反复研究论证，采纳此建议，做出举办信阳茶叶节的重大决策。自1992年至2024年，信阳市连续举办32届茶叶节（茶文化节）。

首届信阳茶叶节于1992年5月15日在信阳文化中心广场（今信阳市浉河区文化中心广场）隆重举行。革命年代在大别山区战斗过的老将军，中央和省级领导同志，著名茶叶专家、文化名人，国际友人和港澳台同胞及国内嘉宾出席开幕式。时任地区文联副主席、作家陈峻峰撰拟茶叶节长联：

江淮八百里物华天宝绿水青山奉献信阳毛尖一枝独秀

豫楚五千年人杰地灵红日丹心喜看英雄儿女万世风流

长联悬挂于主席台两侧，烘托茶叶节气氛，增添茶叶节文化底蕴。当时的地委书记宣布首届信阳茶叶节开幕，代表10个县市的10声礼炮随着军乐声鸣响，漫天彩球腾空飞舞，2 000只信鸽竞相飞翔。其后，宏大的文艺表演拉开帷幕。公安干警驾驶10辆摩托车为前导，流光溢彩的节徽车徐徐前行，100名大学生高擎着红旗如红霞飘来，10个县市的文艺演出方队在彩车的引导下依次通过主席台，30辆彩车缓缓随行，近2 000名演员翩翩起舞，他们把信阳的名优特产、老区人民的风采、茶乡人民的深情，尽情展现给五湖四海的宾朋。

当晚在文化中心剧场举办茶叶节专题文艺晚会，许多著名歌唱家和演员应邀登台演出。各县市精心制作了60多种大型彩灯，有的表达国优名茶的主题，有的抒发信阳人民的情怀，有的展现名优特新产品，有的寓意豫南大门洞开。彩灯万紫千红，交相辉映，巧夺天工，千姿百态，分别在7个节庆规划区域展演，使中外来宾和万千游人叹为观止，流连忘返。

茶叶节期间，信阳还举办了“兴申杯”信阳茶叶质量评比活动，全国著名茶叶专家于杰、陆松侯与河南省茶叶专家钱远昭、黄执优、黄道培等参与评审。茶叶节经贸活动成果丰硕。名优特新产品展厅、外地产品展厅、科技成果展厅、茶叶展厅参观者络绎不绝，洽谈会、订货会在各宾馆、驻地相继举行，市区设立的本地产品零售一条街、茶叶一条街、菜市食品一条街、物资交流一条街交易活跃，人气旺盛，原定5天的茶叶节延长到8天，茶叶节总成交额达10亿元。

信阳茶叶节的成功举办，取得了鼓舞人心的物质成果，带来了宝贵的精神财富。它焕发出的信阳精神和积累的丰富经验，使信阳人进一步解放了思想、更新了观念，进一步扩大了信阳地区开放度，使人们看到了信阳振兴的希望之光；同时，也大大提高了信阳毛尖的美誉度、知名度。2024年，信阳毛尖品牌价值紧随西湖龙井、普洱，连续15年位居全国茶叶第三，品牌收益位居全国第一。

第二届信阳茶叶节更名为中国信阳茶叶节；第十届升格为省级节会；第十二届更名为中国茶都·信阳茶文化节；第十六届增加全国名优茶（茶包装）博览会；第十七届增加第二届全国名优茶博览会；第十八届更名为中国茶都·信阳国际茶文化节；第十九届增加中国（信阳）国际茶业博览会，“信阳红”首次在节会上亮相；第二十届更名为信阳国际茶文化节；第二十三届主办单位变更为中国茶叶流通协会和信阳市政府，信阳市茶产业办公室、信阳市茶叶协会、信阳市茶叶流通协会为承办单位；第二十四届更名为信阳茶文化节，至今未再更名。

第十届中国信阳茶叶节开幕盛况（黄泽远摄）

30年来，信阳茶文化节经历多次名称的变更、场地的变换、内容的拓展和文化内涵的扩大，专业性、开放性、国际性、市场性不断提升，逐渐成长为具有豫南风情和中原特色的专业茶节会，为茶界交流合作提供了高端平台，形成了茶界的一个重要节会品牌。

国际交往

茶作为中国的国粹在中外交往中发挥了积极作用，洞庭碧螺春、信阳毛尖在国际交往中同样扮演着重要的角色，成为中外友好交往的桥梁和纽带，留下了不少佳话。

1954 年 4 月，日内瓦会议召开。中国政府派出以周恩来总理为团长的代表团出席会议，这是中华人民共和国成立后第一次以大国身份参加重要国际会议。为此，外交部和相关方面做了大量准备，并决定携带 2 斤“明前”洞庭碧螺春赴会。为此，东山西坞村、西山梅益村等地茶农在接到任务后，精心采制洞庭碧螺春，按时送抵北京。会议期间，周恩来总理在会议驻地会见澳大利亚外长凯西。落座后，工作人员用带去的洞庭碧螺春为客人沏茶。凯西外长接过茶杯，但见茶汤碧绿清澈，清香袭人，凯西外长连连称赞。在友好融洽的气氛中，双方围绕日内瓦会议议程和相关议题坦诚交换看法。在日内瓦会议休会期间，周恩来总理取出洞庭碧螺春，用先倒水、后放茶的冲泡法招待与会记者，并向各国朋友宣传中国的茶文化。

1972 年 2 月，美国总统尼克松访华，中国、美国在上海签署《上海公报》，从此结束了两国 20 多年的隔绝状态，开启了中美关系正常化进程。会谈期间，周恩来总理专门请美国国家安全事务助理亨利·基辛格品饮洞庭碧螺春。临行前，周总理还特意把洞庭碧螺春作为国礼赠送给基辛格，令客人倍感中国总理的细心与温暖，从而增进了双方友谊。洞庭碧螺春作为国礼，将与这段外交佳话一起长存于中美关系史。

改革开放以来，我国对外交往日益频繁。作为改革开放排头兵的苏州，成为我国对外交往的重要窗口。用洞庭碧螺春招待来宾或在重要活动场合进行碧螺春茶艺表演，成为苏州人的待客之道和文化礼节，从而增进了双方的了解和友谊，展示了苏州人的热情与好客，推动了苏州经济与国际接轨。在江苏省园艺博览会、“中国苏州江南文化艺术·国际旅游节”及在境外举办的一些经济文化推介活动中，洞庭碧螺春及其茶艺频频亮相，苏州以洞庭碧螺春为媒介，拉近了与客人的距离。苏州是国际旅游城市，每到洞庭碧螺春汛期，境外好多旅游代表团都会到苏州洞庭山采茶、制茶，在特有的生活体验中充分感受洞庭碧螺春茶文化的精彩与多姿。洞庭碧螺春成为名副其实的中外经济和文化交流合作的友好使者。

苏州还以洞庭碧螺春制作技艺被列入人类非物质文化遗产代表作名录为契机，推进“茶和天下”国际交流活动的开展。2023 年 7 月 11 日，由文化和旅游部主办，中国对外文化交流协会、江苏省文化和旅游厅、巴黎中国文化中心等承办的“茶和天下·苏韵雅集”活动在位于巴黎的联合国教科文组织总部拉开帷幕。联合国教科文组织副总干事曲星，执行局主席塔玛拉·希亚玛希维利，联合国教科文组织《保护非物质文化遗产公约》秘书长蒂姆·柯蒂斯，中国常驻联合国教科文组织大使杨进，以及希腊、法国、波兰、缅甸、加纳、俄罗斯、日本、埃及、孟加拉国、捷克、巴基斯坦、巴勒斯坦等国常驻联合国教科文组织代表，联合国教科文组织国际职员，法国文化旅游业界代表等 200 多人出席活动。活动由“茶·源”“茶·韵”“茶·宴”“茶·礼”“茶·会”“茶·旅”6 个部分组成，是一场融合了品茗、闻香、赏器、听曲、观展等活动的可视、可触、可赏、可品的“文雅之集会”。其中，来自非物质文化遗产洞庭碧螺春制作技艺代表性传承人代表的茶艺展示，让嘉宾们近距离感受到了洞庭碧螺春独特的制茶技艺和高雅品质。活动在传达祈福天下和合之美好愿景的同时，扩大了洞庭碧螺春的国际影响力。

同样，每年都有大批来自国内各主要茶叶产销地及美国、日本、德国、英国、俄罗斯、加拿大、新加坡、马来西亚、泰国、菲律宾、印尼、匈牙利、

波兰、荷兰、澳大利亚等国家的客商、茶界专家、游客莅临信阳，与信阳茶结下不解之缘。

2010 年 5 月，中国鸡公山“茶与世界”高峰论坛在信阳隆重开幕。国际茶业委员会主席迈克尔·巴斯顿、国际旅游营销协会主席阿尔弗雷德·杰斐逊、联合国粮农组织驻华代表维多利亚·塞奇托莱科女士等来自全球35个国家的茶学界、茶文化界等的专家学者及部分国际组织人员、驻华使节和企业界人士 200 多人参加开幕式。国际知名茶叶专家分别围绕 21 世纪的茶产业、世界茶文化、世界茶业可持续发展的奥秘、全球茶叶可持续发展体系建设、中国茶叶在欧洲市场的发展概况等主题，在开幕式上发表演讲。该论坛吸引国内外 70 多家具有广泛影响力的新闻媒体纷纷报道。这一国际性论坛的举办，让信阳的茶香飘满世界。

江苏苏州
河南信阳

民间有约

苏州与信阳民间茶俗

苏州的茶事，是一种“无所为”的悠然自得。你尽可以从早晨泡一壶清茶，要几件点心，从从容容地坐上几小时。换言之，品茶已成为苏州人生活中不可或缺的一部分。晨起泡一壶洞庭碧螺春，配四碟精巧茶点，桂花糖藕、松仁粽子糖、玫瑰瓜子皆用青瓷小盏盛放。老茶客聚于园林水榭，手持三才盖碗，观茶芽沉浮如昆曲水袖，吴侬软语混着茶烟漫过花窗。那种冲淡、闲适、松弛的姿态，无疑与苏州人整体的性格特征息息相关。

信阳茶俗，主要表现在茶乡的民间饮茶上。晨雾未散时，山区家家火塘煨着陶壶，滚水冲入粗瓷茶碗，墨绿蜷曲的毛尖遇热舒展，芽头挑起晶莹露珠。见客先上茶，这是信阳人一般的家庭礼俗，一套敬茶程序，很有仪式感。茶盘常配花生、南瓜子，粗瓷碟里盛着乡野本味；来客敬茶讲究礼貌，让客人感到舒适、愉快。信阳茶俗浸润千年山水，盏中尽显南北交融的温厚气韵。茶烟袅袅间，人情冷暖，尽在这一盏茶中缓缓流淌。

茶
TEA

种采风俗

茶民俗是民间风俗的一种，是当地传统文化的积淀，也是当地人心态的折射。茶民俗以茶事活动为中心贯穿于人们的生活，并在传统的基础上不断演变。流传于民间的种茶、迎茶、采茶、拣茶、炒茶、卖茶、饮茶、品茶等习俗，内容丰富，各具风采，成为人们文化生活的一部分。

种　茶

洞庭东、西山茶农在生产劳动中，形成了自己的种茶风俗，体现着人们对洞庭碧螺春怀有的特殊情感。

旧时，洞庭东、西山茶农种茶，下种前均先祭祀茶神，供鱼肉糕团，焚香跪拜祈求吉祥。茶籽秋末下种，分塘播种后，用小石块封盖。相传，这是为了避免山神在黑夜里前来戏弄美丽的茶姑娘，使茶籽、胚芽坏死，故茶农用石块挡邪。其实，从科学的角度来讲，洞庭东、西山秋末气候干燥，胚芽发育需要大量水分，故用碎石盖塘，有利于孕育茶芽。

迎　茶

迎茶，即茶季前一个月，洞庭东、西山茶农家家编织或修理茶篓（当地称“勾篮”）；整修茶灶，购置茶锅，用小石块擦净锈锅；用刀划割棕皮，赶扎横形棕掸帚；备松针柴或干枇杷叶，以便炒茶时掌握火候；办炒茶培训班，交流、传授相关技艺。

采　茶

在古代，每年春季茶叶开采之前，茶农要先祭茶神，通过祭祀活动表达茶农祈求风调雨顺、茶叶丰收、国泰民安的美好愿望。大历五年（770年），唐代宗下诏在长兴顾渚建立中国历史上第一座官办贡茶院。贡茶院有茶厂

30间，役工3万人，工匠千余人，岁造紫笋茶。每年贡期花千金之费，生产万串以上。朝廷让常州、湖州刺史亲自过问贡茶事宜，还派出专门督贡的观察史。苏州刺史也一起参加茶叶开采的喊山祭仪式。每年惊蛰过后，就会择日相聚在啄木岭的境会亭上，举行规模盛大的开山采摘仪式。当朝霞从太湖湖面泛起万道霞光之时，山上、山下彩旗招展，沿途张灯结彩，一派喜庆。朝廷督贡的观察史主持仪式，先是祭山、祭水、祭茶神，接着官员和3万采茶工、1 000多制茶工便齐声高呼“茶发芽”。洪亮的呼喊声回荡在山谷之中，瞬间形成“碧泉涌沙，灿若金星”的景象。祭祀仪式毕，朝廷督贡官员便和常州、湖州、苏州三地刺史为庆贺开山采摘茶成功，在太湖中乘坐十几艘画舫，饮酒作乐，吟诗作对。

在信阳固始县祁门山紫阳洞，神龛上供有茶仙子安石像。子安是神话传说中的人物，姓苏名耽，字子安，生活在西汉末年，是汉代道家著名羽士，隐居于今商城县大苏山北麓。子安文武双全，与其母种茶救民，其母为百姓治瘟疫劳累过度而死。乡民感念其母子，将其居住地取名为子安镇，宅前河流称“子安河”。后来，子安镇改名为苏仙石镇，供奉子安的案上常年香火袅袅。据传，陆羽曾下榻紫阳洞，白天观察茶树，采制茶叶，晚间作诗品茶，探讨茶事。《茶经》问世后，固始茶农为了纪念陆羽对淮南茶区的贡献，在紫阳洞内茶仙子安像旁增设他的神位，每年清明节采茶时都要敬茶祭祀。民间至今保留有清明采新茶、试新火的习俗。

自2009年开始，浉河区每年春茶开采前，都会选择一个著名的茶村，举行隆重的春茶开采仪式。届时省、市、区、乡镇领导及茶农数百人参加活动。各地信阳茶爱好者也前往茶乡欣赏美景，体验采茶乐趣。仪式现场进行茶艺表演和文艺演出。开采仪式结束后，领导和茶农一起拿起竹篓上山采摘信阳毛尖。接着还要组织炒茶大赛，来自全区产茶乡镇的顶级信阳毛尖制茶能手，现场展示精湛的传统手工炒制工艺，当场决出名次。

炒　茶

洞庭碧螺春、信阳毛尖均为上午采，下午拣，晚上炒。清晨，全家上山，连小孩也会被带至茶山。早饭后，男人们下山干其他较重的农活，孩子们上学，茶山上剩下的大多为女性。

茶采回来后，先要拣茶。拣茶是既费工又费时的农活，几万个嫩芽须一一过手。亲眷邻舍均会主动上门帮忙，数人围着台，一边说笑聊天，一边拣茶。上了年纪的大婶戴上老花镜，喜欢端一长盘，放上茶青，携一小矮凳，坐在门口，一边拣茶一边望野景。

饮茶风俗

钱歌川《中国人与茶》一文说，喝茶的风气，在唐朝最为盛行，人人喝茶，家家喝茶，在贸易繁盛地带或通行大道上设有茶座，自不待言，即令乡间墟集草市，也都有茶座的开设。唐人封演在《封氏闻见记》卷六中说：

> 自邹、齐、沧、棣，渐至京邑。城市多开店铺煎茶卖之，不问道俗，投钱取饮……古人亦饮茶耳，但不如今人溺之甚，穷日尽夜，殆成风俗。[1]

到了宋代，一些人喜好喝茶到了痴迷的地步。赵佶当皇帝时，放着多少急事不办，专门写了本研究茶的专著《大观茶论》。从产地、种植、采摘，到制造与喝法都写得很专业，称得上是全世界自古至今唯一的有皇帝衔的茶叶专家。后人说他当皇上要是也这么在行，不至于当了敌国的俘虏。

明代时，喝茶已经大众化了。明代唐伯虎的《除夕口占》云：

---

[1] 封演．封氏闻见记校注［M］．赵贞信，校注．北京：中华书局，2005：51–52.

柴米油盐酱醋茶，般般都在别人家。

岁暮清闲无一事，竹堂寺里看梅花。[1]

明代有部小说叫《金瓶梅》，写喝茶的地方极多：有一人独品，二人对饮，还有许多人聚在一起的茶宴、茶会。无论什么地方，客来必敬茶，形成风尚，可见茶在当时确实深深地融入了千家万户的日常生活。

社会发展到当代，喝茶更是生活中的寻常事。在苏州，长时间的文化熏陶使吴地人形成了精致高雅的生活观念与生活方式——“苏式生活”。洞庭碧螺春之色、香、味，以其特有的温馨与亲近，契合了人们的生活理想和对美的生活的感知与祈盼。一年一度春季茶汛，成了苏州人的美好企盼，甚至成了挥之不去的执念。在信阳，无论男女老幼，朝野雅俗，几乎人人皆有嗜茶之好。信阳人嗜好饮茶，一向认为“以茶可雅心”“以茶可行道”，把饮茶当作生活中的大事。

苏州与信阳两地皆有浓郁的茶风、茶俗，略举几种如下。

民间饮茶

在洞庭山一带，饮茶历来是人们生活不可或缺的一部分，当地百姓形成了喝早茶、午茶、夜茶的习惯，还有喝发茶、寿茶、迎茶、受茶、状茶、神茶（吉利茶）、神仙茶（又名“逍遥茶”）、锅贴茶（养生茶）等习俗。在泡茶时，人们讲究使用山里的泉水来冲泡，这样能使茶汤更具韵味，让人获得更多的品茗享受。与之相应，出现了诸多具有吴地特色的茶具、茶桌、茶馆等茶活动载体和茶文化现象。洞庭碧螺春相关的茶俗，成为吴地民俗文化的一个重要组成部分。

而在信阳，人们嗜茶远超烟酒，甚至可以没有烟酒也不能断茶。旧时，贫民日常饮大叶片粗茶，这种茶不跑气，无需密封，茶水略涩微甜，泡

[1] 杨国安 . 本草养生 [M]. 深圳：深圳报业集团出版社，2008：46.

数日不走味；茶叶用量少，不馊水，故有“粗茶细喝、细茶粗喝”之说，一般摆茶摊者多用此茶。农民则采号称“满天飞”的乔木叶茶[1]（也称“大呈板”），只在节庆时饮点细茶（毛尖茶）。富有人家则常年饮用细茶。

在信阳大别山区，几乎每家的堂屋靠墙边都设有一个火塘，火塘上吊着一个水壶，这可以看作大别山人家昔日的“暖水瓶”。每年秋凉后，火塘就开始生起火，一个大树根燃烧着，吊壶灌满水，吊在火苗上，用洗净的茶盅冲茶品饮。

中华人民共和国成立后，大叶片逐渐被信阳毛尖取代。城乡居民对茶叶的需求量大增，饮茶更加普遍，并且也不再限于成年男子。农村人均年消耗茶叶从 0.1 千克上升到 1.82 千克。新茶上市后，一般城镇居民家庭都要存茶数斤至十几斤不等，茶饮成为生活必需品。无论居家、上班甚至是赴宴做客，茶杯不离左右，成为信阳人生活的一大特色。

茶在信阳是平民化的。普通的信阳人家早起洗漱之后，就会泡上一杯汤色清新的信阳毛尖作为新一天的开始。宁可食无肉，不可坐无茶。当地人不可一日无茶，出门水杯随身，坐在办公室里的人也是茶不离手，或啜或呷，屏息静气，细细品味。体力工作者随身携带的大水杯里冲泡的是酽酽的大片信阳毛尖，抓起水杯呼噜声响，饮者口唇湿润，额间神情舒展。最富景观的是老汉们，春夏季节，大街小巷，住房门前，常有老者捧着泥壶或大号茶杯，摇着蒲扇，于树下或聊天，或观棋局，甚是悠然。每到夏季，市区内的青年男女喜到浉河公园及浉河两岸路边摆放的竹椅茶摊上，乘凉纳夏，一边喝茶，一边谈天说地或谈情说爱，成为夏夜一道风景线。

信阳人喜茶，连食品中也加茶作为辅料，做出来的菜肴既有茶的清香，

[1] 乔木叶茶出自落叶乔木，端阳节采叶，叶尖粗型，系一种经制作、发酵做成的红茶，现极为少见。

又能增加食欲，成为家庭招待贵客的美食。茶叶蛋就是信阳有名的食品。常见的茶味食品还有绿茶龙珠饺、茶叶粥、鸡茶饭、茶叶炒蛋、清蒸茶鲫鱼、信阳毛尖虾仁等。

与信阳人如出一辙，苏州人也将茶与美食联系起来，有碧螺虾仁、碧螺鱼片、碧螺跑蛋、碧螺银鱼、碧螺白玉、太极碧螺羹等；还可将它与苏州传统点心相结合，制成碧螺冻糕、碧螺春卷、碧螺小笼包等。苏帮菜里有一道名为碧螺虾仁的名菜，具有浓郁的苏州地方特色，颇受苏州人喜爱。白壳虾壳薄肉多，易挤虾仁，且肉质细嫩；洞庭碧螺春茶叶瓣纤柔，茶味甘醇。每年洞庭碧螺春上市时，碧螺虾仁会被作为时令佳品端上餐桌。在油锅半热时，将一撮洞庭碧螺春放入油锅，洞庭碧螺春受热，叶片舒展开来，色泽金黄，茶香四溢，烹调后以清熘虾仁装盘，再取洞庭碧螺春鲜叶点缀，做盘边围饰，绿白相映成趣，别具清香风味，使人垂涎。

有趣的是，洞庭东、西两山本地茶农除品饮洞庭碧螺春新茶之外，还饮自制的神仙茶、锅巴茶、状元茶、迎新茶、阿婆茶、熏青豆茶、风杨茶，他们不但饮早茶、午茶，还饮夜茶。

神仙茶，即携一锅至茶山，依山避风搭一石灶，舀一锅山泉水，捡干柴将水煮沸，再采一大把茶青，抛入沸水中，满锅碧绿，清香四溢，上口甚佳，此时此刻，感觉与神仙无异。

锅巴茶，是把茶青连炒几锅后，一些碎末与叶汁在锅底形成的一层茶膏。待茶叶全部炒好，将其用刀铲起，用净纸包好。品饮时，把水煮沸，掺入茶锅巴，上口浓香四溢，神清气爽。

状元茶，适龄儿童上学前，当日清晨泡一碗新茶，连喝三口或饮尽，然后背起书包上学去，意为将来能连中三元。

迎新茶，又称“坐茶”，女方父母头趟上亲家门时，被请至新房，每人泡一杯碧螺春捧至手上，再食冰糖桂圆、莲心汤以示吉祥。

阿婆茶，这是苏州乡下一种独特的饮茶习俗，主要流行于女性之间。在农闲时节，村中的妇女们聚在一起，一边品茶，一边聊家常、做针线活，享受着悠闲的时光。阿婆们在品茶时通常会有茶点相配，这些茶点随着四季的变化而有所不同，但都是自家做的。常见的茶点包括橘红糕、瓜子、酥豆、蜜饯等。这些茶点不仅美味可口，还具有一定的营养价值，为阿婆茶增添了几分温馨与甜蜜。几小时后饮罢，约定下次的相聚之地。此俗顺利沿袭下来，现在连中青年也钟情此俗，年轻人一边喝茶一边聊天，享受工作之余的闲暇时光。

熏青豆茶，是苏州地区另一种独特的饮茶方式，其特点在于茶碗里茶叶较少而其他的佐料丰富多样。常见的佐料包括熏豆、胡萝卜干、橘皮、桂花、白芝麻等，讲究的人家还会加入震泽黑豆腐干、浙江的天目笋尖或福建的青橄榄等食材。冲泡熏青豆茶时，各种佐料的香气与茶叶的清香相互融合，形成一种独特的韵味。品尝时，可以先尝一口茶汤，感受其清香爽口，再尝一口佐料，感受其咸香诱人，最后将茶汤与佐料一同咀嚼，品味其丰富的口感和风味。

风枵茶，是苏州所辖吴江地区特有的一种饮茶方式，在七都、桃源一带尤为流行。传说，这种茶曾招待过帝王，因此也被称为“待帝茶”。在吴江地区，风枵茶常被用于一些特殊的场合，如女婿第一次上门，以及结婚、生子等重要场合，此时主人会精心准备风枵茶以示待客之道，这寓意着生活的甜蜜和美好。同时，风枵茶也被视为一种健康的饮品，当地女性在坐月子时也会饮用风枵茶。风枵茶的主要原料是糯米饭糍干茶，其制作过程独特而精细。糯米饭经过晾晒、烘干等工序，被制成糍干茶，冲泡时口感香甜醇厚，别有一番风味。此外，风枵茶还时常搭配其他一些食材如红枣、枸杞等一同冲泡，以增加其营养价值和口感层次。

客来敬茶

在日常生活中，苏州人招待友人通常都会沏上一杯上好的洞庭碧螺春，以示尊敬有礼；洞庭碧螺春因此成为人们增进友谊的感情纽带，展示出吴地的人性、人情之美。当洞庭碧螺春在杯中徐徐舒展，扑面而来的是春天的气息。一杯洞庭碧螺春照见了春的到来，让人领略到春光的明媚，感受到春风的和煦，享受与美好春天的相伴。

在信阳，客来敬茶的习俗流传已久。见客先上茶，这是信阳人一般的家庭礼俗。不管是生客还是熟客，只要到家门口，信阳人会立即迎上去，用微笑问候，并招呼客人走进屋内，面向门的左手为上。按辈分、职位排座后，主人送上温水让客人洗脸、洗手，寒暄入座，紧接着就要沏茶敬客。

以茶敬客，规矩颇多。信阳人最早先用茶壶（陶瓷壶、宜兴紫砂壶）泡茶，而后再倒入杯中饮用；20世纪80年代以后，敬茶是直接用茶杯冲饮，每位客人手握一只装有茶叶的透明玻璃茶杯。品质比较好的信阳毛尖，直接用茶杯冲饮，可以让客人欣赏到茶叶的品质，更加感受到主人的盛情，同时也能增加客人的饮茶欲望。客人在喝茶时，透过茶杯，可以鉴别茶叶的好坏，体会主人待客的诚意。茶具要洗涤干净，茶杯口沿不能有茶渍、茶垢。取茶不能用手直接去抓，而要用铜、竹制成的小量具，舀茶入杯。杯中放了茶叶，注入浅水，但并不饮用，而是倒去浮沫再注水，这叫洗茶。经过这番洗涤，茶叶方可饮用。茶杯是绝对不可盖上的，这既不同于北京的盖碗茶，也不同于闽南的工夫茶。

敬客的茶叶要好，沏茶的水要好，盛茶的茶具要精美，更重要的是以诚心待客，讲究礼貌，让客人感到舒适、愉快。如果来的客人较多，一溜十几个透明玻璃杯亮晶晶排开，一一放茶，又依次注浅水洗茶，再逐一斟七成满，一杯杯捧到客人手上。如有茶点，应放在客人的右前方，茶杯应摆在点心右边。上茶时，应以右手端茶，从客人的右方奉上，并面带微笑，

眼睛注视对方。敬茶的顺序，是先敬主座，再敬年长或职位高的人。主人双手端杯，分别唤客人尊称，并说“请用茶”。依次敬毕，主人在陪客人饮茶时，会不断地打量客人杯中茶水的存量，如果喝去一半，就要及时续茶，使茶汤浓度保持一致，水温适宜，不要太凉。如果主人请客人吃饭，饭后，主人会用客人饭前使用过的杯子，在倒掉残茶、开水涮洗后，重泡一杯新茶，请客人饮用。

在信阳，主人不倒茶则意味着逐客，到该辞行的时候了；客人阻止倒茶或续茶，则暗示着小坐片刻即走。信阳人敬茶，忌讳旧茶添新水、彼此茶杯混淆，客人们若先后到达，不可用先泡之茶待后到之客。客人走后，不管茶杯喝茶多少，都要倒尽并洗刷茶杯，绝不能将剩茶招待新客，否则就是失礼，会引起客人不满。

做客品茶

在信阳，宾主敬茶或接茶，必须都用双手，用单手则被视为不礼貌。双方都要热情诚挚。当主人说“请用茶”时，客人则起身说一声“谢谢”，并双手接过茶盏。先接茶者还要说句客气话“我先有偏了”，否则也会被视为不礼貌。饮茶应慢饮细啜，一边谈一边饮，不可狂饮暴喝，且要连声称赞：“好茶，好茶！”客人喝足，倒掉残茶，即示意不再饮用，否则主人还会续茶。

信阳乡间饮茶还有一个重要程序：洗手。客人入室落座，主人会殷勤地递上一块热毛巾说：“请您先洗洗！”洗完手后，客人重新落座。此时主人将茶沏好，一杯杯端上。若是家庭宴客，那就更要洗了，餐前一番洗，俗称“去尘”。茶是必定要先上餐桌的，饭前也是一定要饮茶的；餐后还有一番洗，曰“去油腻”。主人要把先前的茶水倒掉，重泡新茶，即使你餐前的那杯茶只是碰了碰唇，也要泼去换新的，否则就显示出了厚薄，也显得主家人小气。

以茶为礼

信阳人特别重感情，讲义气，好客尚礼，不仅客人登门要以茶相敬，而且亲朋好友之间的往来，也多以茶为礼。在信阳人眼里，茶是不媚不俗的天然礼品，简朴厚重、天然率真，而又饱含真情。信阳人把茶赠予德高望重的或最尊重的长辈，则不显土气寒酸、卑微不尊。逢年过节或日常走亲访友，茶是不可或缺的礼物。茶乡人把一包亲手采摘、精心制作的好茶送给亲友，虽然包装略显简陋，却传递出他们浓浓的情意。在与友人，特别是来自远方的好友，短暂欢聚之后，临别之时意犹未尽，主人便以当地产的茶叶相赠，这不仅是友情的展现，也是对友人深深的祝福。赴外地看望多年未见的好友或同窗、战友或同事，一包信阳毛尖必不可少。送茶表达的不仅是浓浓的故乡情，还有朴素的思念和永不褪色的友谊。

若是外地客人想购买一些茶叶带回去，到茶叶商店购买茶叶时，店主会拿出两三种价位相近的茶供客人品尝挑选。“开汤”是购茶必不可少的程序，所谓开汤，即现场品茶。店主会提醒客人仔细观察茶汤和闻香气，通过现场对比和讲解，让顾客买到称心如意的茶叶。

2000 年以后，以茶为礼又表现为邀约亲朋好友品新茗、游茶乡。每年谷雨前后、清明时节，直到“五一”“十一”节日期间，信阳茶乡游人如织，茶犹如织锦的金梭，往返穿行，运载着缕缕情丝和绵绵厚意。

以茶敬老

在洞庭山一带，老一辈做寿，晚辈前往祝寿时都要携带上好的茶叶送给长辈，谓之“寿茶”。

在信阳茶区，以茶孝敬父母早有传统，并已融入该茶区寻常百姓的日常生活。康熙《固始县志·人物志》记载，一名叫王梦卜的孝子在父亲死

后，“善事继母，施茶汤，葬枯骨”，这说明茶与仁孝礼仪不可分割。[1]现在的信阳百姓，只要家中有长辈，每日早上、下午给长辈送上一杯浓浓的信阳毛尖，是尊敬长辈的最基本礼仪之一。

以茶倡廉

陆羽《茶经》曰：

> 茶之为用，味至寒，为饮，最宜精行俭德之人。[2]

德为廉之本，近年苏州、信阳有关部门都开展了给为官者组织的品茶悟廉教育，把茶文化的精神内核与廉政教育结合起来，寓廉于茶，品茶悟廉，见茶思廉，将茶文化与廉文化有机融合，打造茶廉文化，体现出茶魂即廉魂、茶情即廉情、茶体即廉体的文化精髓，为茶风俗注入新的内涵。

以茶为媒

在苏州，茶叶融入人们生活的点点滴滴。在当地人定亲嫁娶的彩礼中，茶是不可或缺的东西，因洞庭碧螺春茶树很难移栽成活，故被用作婚礼用茶，取从一不二之义，代表着坚贞不移之意。范烟桥的《茗饮》说：

> 近年订婚，或款亲友以茶点，此则与受茶之谊相合。吴下旧俗订婚，乾宅必馈茶于坤宅。《天中记》云：“凡种茶树，必下子，移植则不生。故妇聘必以茶为礼，盖意取繁殖，而兼励贞洁也。”[3]

在洞庭山地区，旧时婚姻的礼仪总称“三茶六礼”。“三茶”就是订

[1] 杨汝楫．（康熙）固始县志［M］．刻本．1693（康熙三十二年）：卷七 17.
[2] 陆羽．茶经［M］．沈冬梅，评注．北京：中华书局，2015：14.
[3] 范烟桥．茶烟歇［M］．杭州：浙江人民美术出版社，2023：327.

婚时的“下茶”，结婚时的“定茶”，同房时的“合茶”。举行婚礼时，还要行“三道果茶”的仪式。第一杯为百果茶，意为百年好合；第二杯为莲子茶，取早生、连生贵子之意；第三杯为清茶，寓意夫妻二人相敬如宾，白头偕老。

祭祀风俗

乾隆《光州志》载，军队中祭火神，主祭官“升坐，茶二巡毕”，开始同陪祭官“迎神”、祭司火之神，“奠茶，焚化纸马，声炮”。学政考试前，各府于文庙祭祀，各官员齐集庙门外后，“茶二巡毕”，阴阳吏报声鼓，三鼓毕后，开始正式祭祀。[1]《重修信阳县志》记载，信阳古风，除夕祭祖要“并陈果实酒茗”，并“祀土地神、灶神、中溜神、门神、行神、井神”。[2]茶的地位与酒并论，成为敬神祭祖的必备物品，可见千百年的茶事活动已对当地风俗习惯产生了深刻影响。

信阳人在家中祭祀先人，茶也是祭品之一，茶与酒、烟、牲畜之肉一道上桌供奉先人。这真实地反映了信阳境内茶俗的多样性。

斗茶风俗

斗茶，即茶的优劣竞赛，又名斗茗、茗战。始于唐代，盛于宋代，是古代有钱、有闲人的一种雅玩，具有很强的竞争色彩，富有趣味性和挑战性。

每年清明期间，新茶初出，最适合参斗。古人斗茶，或十几人，或五六人，大都为一些名流雅士。店铺的老板及街坊亦争相围观。

---

[1] 高兆煌．（乾隆）光州志［M］. 刻本 .1770（乾隆三十五年）：卷三十八 14.

[2] 方廷汉，谢随安．重修信阳县志［M］. 汉口：洪兴印书馆，1936：卷十七 2.

中华人民共和国成立后，全国各产茶区召开的名茶评比会，其实就是斗茶的继续和发展。随着电视及互联网的出现，斗茶的形式也不断创新。

信阳茶区的现代斗茶，有浉河区每年举办的炒茶大赛和光山县“炒茶状元”（斗茶）评比等。平桥区、商城县也在2014年组织了信阳毛尖手工炒茶能手大赛。

从2009年开始，浉河区每年组织人工炒茶大赛，已连续组织10余届。每届大赛由8个产茶乡镇及茶企业的数十名选手参加，现场炒制，并由专家进行评比打分，评出个人金、银、铜奖，并分发奖杯和奖金。苏州则举办洞庭碧螺春炒茶能手擂台赛，并评选“十大炒茶能手”。

茶艺表演

苏州、信阳两地敬茶是传统礼仪，但茶艺表演则是从21世纪初才开始出现的。茶艺表演所用的器具一般包含十几种，有用于盛放茶具和接水的茶船、用来取干茶叶的茶则、用于擦拭茶水的茶巾，还有透明玻璃杯及闻香杯、品茗杯、随手泡、茶夹、茶漏、茶匙、茶针、茶罐和赏茶盘等。

茶艺表演一般分为3个步骤：先是鉴赏佳茗，将茶叶用茶则取出放置在茶盘上，让茶客鉴赏干茶；接着是温杯洁具；最后是冲泡。泡洞庭碧螺春是采用上投法。泡信阳毛尖则是先向杯中放3克左右的茶叶，注入少量80—85 ℃的热水，并将第一道茶水倒掉（此为洗茶），紧接着，茶艺师会在茶艺表演中将热水再次注入玻璃杯中，上下提拉注水，反复3次（雅称“凤凰三点头”），象征着对客人的3次鞠躬。待茶叶完全舒展开来，方可饮用。

茶艺师做茶艺表演（郑晋琴摄）

随着现代茶艺馆的不断增加，各个茶艺馆都开始举办茶艺表演。苏州、信阳的茶艺表演是其茶文化的一大特色，能够充分展示两片碧叶婀娜多姿的品质内涵和高雅灵秀的文化底蕴。茶服务业丰富多样的茶艺表演，成为苏州、信阳两地各自具有一定地方特色的大众文化。

下面介绍几种使用不同茶具的洞庭碧螺春、信阳毛尖茶艺表演。

信阳毛尖十道茶

信阳茶艺表演一般为十道茶。信阳茶人年鹤龄在其《茶具与信阳毛尖十道茶》中介绍说，信阳毛尖十道茶是通过挖掘信阳人的品茶习俗和传统品饮方式，结合信阳毛尖特点，辅以相应的茶具，融合茶道形成的，以追求“和、美、清、敬、怡、真、寂”的意境为宗旨，具有浓郁的茶乡风情。

信阳毛尖十道茶所用的器具：

茶船。方便接水。

壶组。选用一套玲珑剔透、造型优美、清雅秀逸的透明玻璃壶具，以契合信阳毛尖的直观性。其中，茶壶是用来冲泡茶叶的器具；茶海（又称“公道杯”）是用来盛放和分配茶水、均匀茶汤浓淡的公用器具，意为启发做人公正、随遇而安；闻香杯是用来闻香的器具，杯体细长，便于拢住茶香；品茗杯是用来品尝茶汤和观色；随手泡是用来盛放泡茶用水、实现保温或增温的器具，因为冲泡不同的茶对水温的要求是不一样的。

茶盒。用来盛放茶叶。

赏茶荷。盛放干茶，以示宾客观赏之用，以白色瓷质为宜。

茶巾。用来擦手或清洁器具。

净手盆。茶艺师净手之用。

茶具组台。用来盛放用具。其中，茶匙用来取干茶；茶夹用来夹洗杯子；茶漏用来放在茶壶口上，以免投茶时茶叶滑出；茶针用来疏通壶嘴；茶筒用来盛放用具。以上茶具放在茶盘里就是一套茶具组合。

信阳毛尖十道茶的程序：

第一道：鉴赏佳茗毛尖茶。茶艺师从茶盒中取出新茶，置放于赏茶荷中，因茶叶的直观性比较强，由司茶人引导来宾观赏干茶。

第二道：泡茶玉液龙潭水。茶艺师先净手，泡茶用水选自龙潭泉水，该水具有“清、甘、洁、活”之特色。俗话说：“老茶宜沏，嫩茶宜泡。”冲泡信阳毛尖，水温须保持在 80 ℃左右。

第三道：烫壶温杯洁器具。茶艺师用随手泡向茶壶中注水，然后将壶水倒入茶海，依次倒入闻香杯、品茗杯，再用茶夹夹住杯子，这一道程序也叫“清洁茶具”。茶是圣洁之物，泡茶人要有一颗圣洁之心，使饮茶者有一种心旷神怡的感受。

第四道：毛尖入宫吉祥意。茶艺师先提起随手泡，向茶壶中注入少量泉水，再从赏茶荷中取出信阳毛尖，用茶匙轻轻拨入壶内。采取“中投法”，不违背茶的圣洁物性，以祈求给人们带来更多的幸福。

第五道：重洗仙颜涤凡尘（又称“冲洗仙颜品唇香”）。信阳人喝茶，讲究头道水、二道茶，为了更加清洁卫生，要把这第一道茶水倒掉，又叫“洗茶”。

第六道：浸润毛尖露芳容。茶艺师提起随手泡，采用“回旋注水法”向壶中注少许水，浸润茶芽，称为“温润泡”。

第七道：回青沏茶表敬意。茶艺师提起随手泡将水注入壶内，上下提拉注入，反复三次，雅称“凤凰三点头”。之后，用壶盖轻轻拂去茶汤表面泡沫，称为“春风拂面”。

第八道：玉液回海待君品。茶艺师将壶中茶水迅速倒入茶海内，使茶汤分离，浓淡均匀。

第九道：平分秋色入茶盏。茶艺师将茶海里的茶水依次斟入闻香杯，斟茶七分满，留下三分情，此时缕缕清香已扑面而来。

第十道：敬奉宾客一杯茶。由司茶人为宾客献茶，茶艺师与宾客一同品茶，共享清香的茶水，观信阳毛尖玉容丽姿，闻信阳毛尖香气馥郁。茶艺师把闻香杯中的茶水旋转倒入品茗杯，以示花好月圆。收集茶香，先闻香，寻茶香之扑鼻，清香幽雅，心旷神怡。品茶可采用“三龙护鼎”式端杯手法，先观汤色之均匀、嫩绿、明亮，然后品滋味及润喉，分三口品下这杯好茶。先润唇——柔软含香，再润舌——鲜醇清香，最后润喉——甘甜鲜爽，真可谓“此香只应天上有，人间哪得几回闻”。

玻璃杯冲泡法

洞庭碧螺春、信阳毛尖最常见的冲泡方式是玻璃杯冲泡法。两种茶的

茶艺表演基本一样，都要经过备器、洗杯（温杯）、凉汤、赏茶、奉茶、品饮等步骤。

备器。茶具包括玻璃杯、“茶道六君子”（茶则、茶针、茶漏、茶夹、茶匙、茶筒）、水盂、茶叶罐、赏茶荷、茶巾、烧水壶。茶艺师转动手腕，使倒置的玻璃杯杯口朝上。

洗杯（温杯）。在茶杯中注入适量开水，清洁茶杯，随后将水倒出，即清洁茶具。用开水将茶杯烫洗一遍，能提高杯温，这在冬天尤为重要，有利于茶叶冲泡。

凉汤。泡洞庭碧螺春采用“上投法”，因而要将沸水注入玻璃杯至七分满，等待水温降至适泡温度。泡信阳毛尖一般是先放置茶叶再注水，因此不是将开水注入玻璃杯等待水温降低，而是等准备好的开水降至 85 ℃左右时，直接将其注入玻璃杯。

赏茶。倾斜旋转茶叶罐，用茶匙把茶叶拨入赏茶荷，欣赏干茶的成色、嫩度、匀度，嗅闻干茶的香气，充分品味茶叶的天然风韵。

投茶。将干茶拨入玻璃杯中。

观茶。采用玻璃杯泡饮细嫩的洞庭碧螺春、信阳毛尖，便于观察茶叶在水中缓慢舒展、游动、变幻的过程，即所谓的“绿茶舞”。在冲泡茶的过程中，品饮者可以观察洞庭碧螺春、信阳毛尖不一样的展姿、茶汤的变化、茶烟的弥散，以及最终茶与汤的呈现，以饱赏两片碧叶的天然风姿。

奉茶。冲泡后，司茶人为宾客敬茶，尽快将茶递给客人。茶叶浸泡在水中过久，容易失去应有的风味。

品饮。客人在饮茶前先观色、闻香，再细品茶。一般多以闻香为先导，再品茶啜味，以品赏茶之味。饮一小口，让茶汤在口腔内回荡，与味蕾充分接触，然后徐徐咽下，并用舌尖抵住齿根，同时吸气，回味茶的甘甜。

碗冲泡法

碗冲泡法，其前身为大唐点茶法，兴盛于宋代。用柴烧碗泡茶，优点是散热快，不易闷熟或闷馊茶叶。所以，碗冲泡法也特别适合绿茶。现在苏州地区的洞庭碧螺春尚有用大碗冲泡的习俗，为古代碗冲泡法之遗留风尚。碗冲泡法的另一个特点是极具视觉之美。茶叶在热水中慢慢舒展的样子，使碗冲泡法更具观赏性。而且茶叶在开放的碗中比在盖碗或者紫砂壶中能更好地展开，由此形成的茶汤会显得更加柔顺自然。王稼句《姑苏食话》中记录了一件趣事，说汪曾祺在东山雕花楼吃茶，该茶选用的是新采得的洞庭碧螺春。在品啜之际，他不由信服龚定庵所说的“茶以洞庭山碧螺春为天下第一”。然而，这洞庭碧螺春是泡在大碗里的，汪曾祺对此感到不可思议，似乎只有精致的细瓷茶具才能与这种娇细的茶相得益彰。后来见到陆文夫，汪曾祺便问其故。陆文夫说，洞庭碧螺春就是讲究用大碗喝，茶极细，器极粗，正是饮茶艺术的辩证法。汪曾祺听后，不由莞尔。信阳茶区过去没有玻璃杯时，一般家庭买不起瓷器，多是用陶碗泡茶。现在除了少数茶馆用碗泡茶，多为用杯泡茶。

备具。茶具可以是玻璃碗、瓷碗、陶碗，或大口的建盏，甚至铜、铁等金属碗，各种碗形器皆可，外加一个汤匙，合适数量的品杯、公杯（大多数情况下可省去）。汤匙、品杯、公杯，在一个人独饮时亦可省去。用碗泡好茶后，捧着大碗，作牛饮状，亦未尝不可。而如果有汤匙分茶，可直接分汤入品杯，公杯亦可省去。

温杯洁具。用沸水烫洗碗、汤匙、品杯等，保持器具干净。

凉汤、投茶。跟玻璃杯泡法一样。

分汤。待茶色起，是一人独酌品饮，还是多人借汤匙分杯品饮，

抑或用汤匙舀茶汤入公杯以使茶汤均匀无分别，那就要看具体的品茶场合了。

品饮。闻香品茶，跟玻璃杯泡法一样。

盖碗冲泡法

盖碗是最常用的泡茶工具之一，它最大的优点是适合冲泡任何种类的茶，因此在茶界素有“万能茶具”之称。洞庭碧螺春、信阳毛尖也有用盖碗冲泡的，但不常见。如果用盖碗泡绿茶，碗盖仅在出汤时使用。

盖碗冲泡法也是先备具，要有盖碗、品茗杯、茶匙、赏茶荷、茶巾、水盂、茶滤（选用）、烧水壶；然后温杯洁具，提高茶具温度；最后的凉汤、投茶、分茶出汤、奉茶、品饮都与玻璃杯冲泡法类似。

盖碗冲泡法（韩玉红摄）

茶壶冲泡法

洞庭碧螺春、信阳毛尖也可以用茶壶冲泡法。茶壶冲泡茶叶，一般选用中上等级以下的茶叶，这类茶叶中多纤维素，耐冲泡，茶味也浓。泡茶时，先洗净壶具，然后按来客数量每人取 3 克绿茶入壶，用 100 ℃初开沸水分 3 次冲泡至满，待 1—5 分钟（依各人口味调整出汤时间）即可分斟入杯品饮。饮茶人多时，用茶壶冲泡法较好，因多人饮茶不在欣赏茶趣，而在喝茶谈心；可佐食茶点，畅叙茶谊。

雅俗共赏

茶馆饮茶风俗

王稼句《姑苏食话》说，苏州人喜欢“孵茶馆”，这个“孵”字实在用得妙不可言，就像老母鸡孵蛋似的坐在那里不动身。茶馆青砖黛瓦间悬着褪色幌子，藤椅方桌沿河排开，老茶客捧着包浆润泽的紫砂壶，洞庭碧螺春的清气混着桂花糕甜香，被穿堂风揉进评弹声里。茶馆成了消磨时光的理想之地，日复一日，人们习惯于在固定的茶馆里度过悠闲的一天。

旧时信阳，青砖灰瓦的老茶馆内，竹帘滤进斜斜的日光，老茶桌

沁着深褐茶渍，铜吊子咕嘟着山泉水。老茶客们磕着南瓜子，或凝神于醒木惊堂，或执棋捉车擒马，信阳土话拌着毛尖茶雾在梁柱间浮沉。

茶馆啜茗既是浮生偷闲，更是接通世情的青藤。在传媒尚未普及的年代，姑苏与申城的茶楼不仅是品茗雅舍，更是信息旋涡的中心。茶烟袅袅处，市井传闻与阳春白雪在此水乳交融，织就一幅流动的《清明上河图》。

茶
TEA

早期茶馆变迁

茶叶作为开门立户“七件事”之一，渗透到人们生活的各个方面。随着社会交往的日益频繁，人们出门携带茶具毕竟不便，于是茶饮服务业应运而生，这就出现了形式不一的各类茶馆。

几乎所有城市里都有茶馆。一个地方形形色色的人物聚在一起，恐怕除到茶馆去做巡礼之外，再也没有别的适当的场所了。这种以饮茶活动为中心的经营性场所，唐宋时称“茶肆”“茶坊”“茶楼”“茶邸”，例如，《水浒传》中的王婆在清河县城紫石街就开设过茶坊。南宋时设在临安（今杭州）的茶坊，又称“茶肆”，比王婆的茶坊排场大多了。宋人吴自牧的《梦粱录》卷十六说：

> 今杭城茶肆亦如之，插四时花，挂名人画，装点门面。四时卖奇茶异汤。[1]

到了明代，这类场所始称“茶馆”，清代以后多称“茶馆”或“茶室”。

回顾饮茶的历史，可从南北朝时期算起。当时，随着佛教的广泛传播，饮茶首先在寺院里流行起来。唐代封演《封氏闻见记》卷六写道：

> 南人好饮之，北人初不多饮。开元中，泰山灵岩寺有降魔师大兴禅教，学禅务于不寐，又不夕食，皆许其饮茶。人自怀挟，到处煮饮，从此转相仿效，遂成风俗。[2]

世人称茶有“三德”：一是坐禅时通宵不眠，二是满腹时助以消化，三是可作戒欲之药，这些客观的效果直接反映在人的生理上；而“茶禅一味”“茶佛一味”则是茶和禅在精神上的相通，即都注重追求一种清远、冲和、幽静的境界。饮茶有助于参禅时的冥想和省悟，并体味出澄心静虑、

[1] 吴自牧.梦粱录[M].杭州：浙江人民出版社，1984：140.

[2] 封演.封氏闻见记校注[M].赵贞信，校注.北京：中华书局，2005：51.

超凡脱俗的意蕴。苏州的虎丘寺、华山寺、云泉寺、水月禅院等，信阳的报恩寺、董奉寺、乾明寺、祝佛寺、高大寺、清源寺等，这些都是历史上饮茶的佳处。士大夫入寺问茶，汲泉烹茗，以香火钱为茶资，茶叶的商品化或由此而起。以后竞相效仿，遂成市风。

苏州是历史名城，唐宋时期已出现茶馆，至明末清初，苏州茶馆已遍于里巷。乾隆、嘉庆以后，苏州的茶馆更多了，顾禄《桐桥倚棹录》卷十记虎丘山塘一带的茶馆时写道：

> 虎丘茶坊，多门临塘河，不下十余处。皆筑危楼杰阁，妆点书画，以迎游客，而以斟酌桥东情园为最。春秋花市及竞渡市，裙屐争集。湖光山色，逐人眉宇。木樨开时，香满楼中，尤令人流连不置。又虎丘山寺碑亭后一同馆，虽不甚修葺，而轩窗爽垲，凭栏远眺，吴城烟树，历历在目。费参诗云："过尽回栏即讲堂，老僧前揖话兴亡。行行小幔邀人坐，依旧茶坊共酒坊。"[1]

当时讲究的苏州茶馆，有以玻璃作为天幔的，上映星月，下庇风雨，男女之约，尽在其中。

信阳茶馆始于何时，因几经兴衰，已无从稽考。但信阳茶通过惠民河、汴河运往北宋都城汴京（今开封），促进了汴京茶市的繁荣，并通过汴京销往全国及东南亚，是有据可考的。宋代斗茶风气甚盛，《东京梦华录》记载，当时汴京朱雀门外以南，除了东、西两教坊，其余皆民居和茶坊。小商小贩提瓶卖茶，煎点汤茶，直至天明。这种风尚也势必影响到信阳茶区。

一般研究者认为，明代信阳城内已有茶馆。明代信阳替民告状的义士宋士杰，曾在北城门外开了一间小饭店谋生，他的饭店就相当于现在流行的茶餐厅，既提供饭食又供应茶饮。这种餐饮习惯传承下来，今天在信阳的所有饭店，客人进店后店家都会免费奉茶；客人也可以点茶，但需要另

[1] 顾禄．桐桥倚棹录［M］．上海：上海古籍出版社，1980：146.

外收费。客人在等待上菜的工夫就是喝茶聊天。宋士杰在饭店内替民书写状纸，就经常用茶水招待客人。

到了清末民初，信阳八大茶社兴起，这成为信阳茶馆再度复兴的标志。那时的茶馆多建在街镇和茶社所在的山头，茶号招牌随处可见。茶馆里，八仙方桌，竹椅条凳，古朴简洁，别有一番情趣。许多茶馆的大门上还书有“客至心常热，人走茶不凉”“浉河中心水，车云顶上茶”等对联，用以招徕茶客。

京汉铁路开通后，信阳成为东西南北交通的枢纽地带，逐渐成为豫南地区的物资集散地。这一时期，袁家骥[1]购置了信阳北门至羊山的大片土地。在辛亥革命后的几年间，他先后营建信阳袁家大楼、华新浴池、大舞台、信阳大旅社、光华电灯公司，这五座建筑均宏伟豪华。同时，袁家骥还开辟了两条商业街：大马路和横马路。沿街两侧是建筑造型各异的屋宇，外地商人与本地商人纷纷租房开店。后来，正阳袁家衰落，袁乃宽的次子到信阳将其兄长置办的巨大产业拍卖一空。信阳本地人徐绍周以低廉的价格购买了华新浴池和大舞台，并委托代理人进行经营管理。在此期间，沿街多有茶馆。后因战乱不止，茶馆生意消沉。

吃茶佳处

苏州吃茶佳处——吴苑

清末民初的吃茶佳处，在苏州首推吴苑。

吴苑创于 1912 年，在北局太监弄，五开门面，前后四进，后门直通珍珠弄，楼下有五个堂口，楼上有五开间大堂口，后面有小堂口。各个堂口各有特色，方厅以木雕挂落分隔前后；四面厅四周空敞，冬暖夏凉，人

[1] 当时农商部总长袁乃宽的长子、袁世凯的认宗侄孙，正阳县城关人。

坐厅中可望见庭园里的湖石花木；爱竹居以幽静著称，窗外竹影婆娑；话雨楼在楼上，布置雅洁，最宜读书对弈。吴苑里各个堂口，各据一方，雅俗不同，自成一体，能各得其所，茶客川流不息，四季盈门。

王稼句在《姑苏食话》中说，当时凡有客来苏州，主人都会邀请他们到吴苑去吃茶。但凡到吴苑吃茶的，大多也是冲着淡雅的洞庭碧螺春及精洁的茶食而去。对此，他在书中还举了几个例子：

> 1936年7月，朱自清来苏州，叶圣陶就邀他到吴苑吃茶，朱自清在日记里记道："在中国式茶馆吴苑约一小时，那里很热。"1943年4月，周作人一行到苏州，也曾去吴苑吃茶吃点心，周作人在《苏州的回忆》里写道："这里我特别感觉得有趣味的，乃是吴苑茶社所见的情形。茶食精洁，布置简易，没有洋派气味，固已很好，而吃茶的人那么多，有的像是祖母老太太，带领家人妇子，围着方桌，悠悠的享用，看了很有意思。"1944年2月，文载道、苏青等游苏州，汪正禾邀他们去吴苑，文载道在《苏台散策记》里写道："吴苑的吃茶情形，跟记忆中的过去，倒并未两样，除了人数的拥挤之外，茶客和茶客之间，也没有像上海那样的分成很严格的阶级。相反，倒是短衫同志占着多数。这也见得吃茶在苏州之如何'平民化'了。听说吴苑的点心售卖是有一定的时间，我们这一天去时大约九点钟光景吧，已经熙熙攘攘的不容易找出隙地了。幸而给鲁风先生找到二张长方桌，大家围拢来随便的〈地〉用点甜的、咸的、湿的、干的点心后，就乘'勃司'到了灵岩。"[1]

范烟桥在《茶坊哲学》中则说苏州的茶坊，特别是吴苑，还有一个特色，就是可以租看报纸和听到时事新闻：

[1] 王稼句．姑苏食话［M］．苏州：苏州大学出版社，2004：350.

苏州的茶坊，可以租看报纸，大报一份只需铜元四枚，小报一份只需铜元一枚，像现在报纸层出不穷，倘然多看几份，每月所费不赀，到了茶坊，费极少的钱，可以看不少的报纸，岂不便宜合算。

还有许多新闻，是报纸所不载的，我们可以从茶客中间听到。尤其是在时局起变化的时候，可以听到许多足供参考的消息，比看报更有益。单就吴苑讲，有当地的新闻记者，有各机关的职员，他们很高兴把得到的比较有价值的消息，公开给一般茶客的。[1]

时光荏苒，到了 2024 年再去太监弄寻吴苑，早已无迹可寻。

苏州其他吃茶好去处

在苏州吃茶，旧时除了吴苑，还有几家好去处，它们分别是三万昌、九如茶馆、长乐茶社等。

相传，三万昌创于乾隆年间，几度兴废，屡易其主。它坐落在玄妙观西脚门，后进直通大成坊，三开间门面，前后左右有四个堂口。

莲影《食在节州》写道：

儿时即闻有“喝茶三万昌，撒鸟（即小便）牛角浜”之童谣，一般播〈缙〉绅士夫，以及无业游民，其俱乐部皆集中元妙观〈玄妙观〉，好事之徒，乃设茶寮以牟利。初只三万昌一家，数十年后，接踵而兴者，乃有熙春台与雅聚两家，熙春台早经歇业，而雅聚亦改为品芳居矣。回溯三万昌开张之始，尚在洪杨以前。每当春秋佳日，午饭既罢，麇聚其间。有系马门前，凭栏纵目者；有笼禽檐下，据案谈心者。镇日喧阗，大有座常满而杯不空之概。[2]

[1] 陈平原，凌云岚．茶人茶话［M］．北京：生活·读书·新知三联书店，2023：157–158.

[2] 王稼句．南北风味［M］．北京：九州出版社，2022：264.

三万昌是延续至今日的老字号。除了观前街的老店，平江路等地也开出多家分店，可以说是愈发壮大了。

九如茶馆在临顿路悬桥巷口，堂口也兼营书场，还设有一间雅室，辟为茶客对弈之处。那间屋窗明几净，一边落地长窗外是个不小的庭院，一边矮窗外是一个夹弄天井，有几丛幽篁。

屋里中间是张大茶台，专供下围棋者坐，四周贴墙是几张小方桌，供下象棋者坐。棋道高手常于此一边吃茶，一边手谈，几乎天天相聚，日日酣战。如果上午一盘棋没下完，可以将茶壶盖反过来盖，下午再来，残局依然在那里，也不必再付茶资。

长乐茶社也颇有名气，金孟远《吴门新竹枝》咏道：

袖手旁观恬澹情，怕谈打劫感平生。
风晨雨夕隐长乐，棋子丁丁听一枰。[1]

小注为："北局长乐茶社，为棋家荟集之所，小集雅人，手谈数局，日长消遣，莫妙于此。"

20世纪60年代之后，苏州城里的传统茶馆，开始逐渐淡出人们的视线。主要原因是后来开茶馆无利可图，没人愿意经营。陆文夫《门前的茶馆》就说：

〈20世纪80年代〉一杯茶最多卖了五毛钱，茶叶一毛五，开水五分钱，还有三毛钱要让你在那里孵半天，孵一天，那还不够付房租和水电费。不能提高到五块钱吗？谁去？当茶价提高到三块钱的时候，许多老茶客就已经溜之大吉，只好眼睁睁地看着苏州的一大特色——茶馆的逐渐消失。[2]

再后来，苏州的茶馆只在公园里有，叫茶室。大众一点的，是大

[1] 苏州市文化局．姑苏竹枝词［M］．上海：百家出版社，2002：381.
[2] 陈平原，凌云岚．茶人茶话［M］．北京：生活·读书·新知三联书店，2023：192.

公园、北寺塔里的茶室，大公园茶室兼营早点；别致一点的，是园林里的茶室，如拙政园、沧浪亭、艺圃里的茶室。郑逸梅在《苏州的茶居》中写道：

> 还有公园的东斋、西亭，都是品茗的好所在。尤其是夏天，因为旷野的缘故，凉风习习，爽气扑人，浓绿荫遮，鸟声聒碎。坐在那儿领略一回，那是何等的舒适啊！东斋后面更临一池，涟漪中亭亭净植，开着素白的莲花。清香在有意无意间吹到鼻观，几是令人神怡脾醉。公园附近有双塔寺，浮图写影在夕照中，自起一种诗的情绪画的意境来。惜乎不宜于冬，不宜于风雨，所以总不及吴苑深处的四时皆春，晴雨无阻。[1]

东斋外景（张驰摄）

苏州传统的茶馆与现代的茶室虽有血缘联系，但毕竟不是一回事。在当地有关单位的主持和修缮下，很多保护建筑里的茶馆都还在营业，老味

[1] 彭国梁 . 茶之趣 [M] . 珠海：珠海出版社，2003：289.

仍在。苏州评弹也逐渐走入茶馆。东斋也还在，早茶价格每位 3 元，以当下物价水平来说，实属难得。艺圃等园林里的茶馆也在延续传统茶馆的风格，一杯清茶三两清风，几人围桌散散闲聊便是一日了。

信阳吃茶好去处

据《固始县茶叶志》载，清末民初，固始城东关一湾（古湾）、二街（北大街和南大街）、二巷（站马巷和良家巷）茶馆、茶座，以及评书、大鼓书非常盛行。那个年代，固始东关濒临史河，有水路码头，是金寨县山货、特产外运的水路必经之地，形成了固始东关市场繁荣、客商云集的热闹气氛。东关的茶馆有古蓼湾的常家茶馆，南大街的赵家茶馆、张家茶馆、曾老八茶馆，北大街的马家茶馆，站马巷浴池的马家茶馆，还有良家巷评书场的茶座，等等。

中华人民共和国成立后，信阳茶馆也是几经沉浮，一度难觅往日踪迹。20 世纪六七十年代，仅在火车站、汽车站旁的小旅店、市区澡堂内，专营开水的小门店中，或规模较大集市的路边小摊上，能看到用大叶片粗茶甚至陈茶冲兑的“大碗茶”。

20 世纪 80 年代，信阳茶馆再度兴起。随着经济的发展和时代的变迁，茶馆、茶座这种简单的喝茶品茶场所，已不能满足人们日益增长的物质文化生活的要求，代之而起的是遍布城乡的茶艺馆、茶室等。20 世纪 90 年代后期，大大小小的茶文化村、茶艺馆、茶馆、茶楼、茶座如雨后春笋一般，遍布繁华街区和旅游景点。这些新时代的茶馆，大都具有西方咖啡馆的浪漫气氛和舒适环境，内部装饰既具传统风格，又融入时代气息，成为中西合璧式的新型茶馆。据不完全统计，市区各类茶艺馆约有 200 家，其他各县也有各类茶艺馆 100 余家。

现在的信阳茶馆都是单间雅座，装修豪华，墙上点缀的书画，清幽淡雅、古色古香的门窗桌椅，雅致古朴的青石地面，若隐若现的纱帘帷幔，韵味

悠长的古琴弹奏，让人分外青睐。这里不仅有信阳毛尖、西湖龙井、洞庭碧螺春这样的绿茶珍品，还有红茶、乌龙茶、花茶等其他品类名茶供茶客随意品尝，瓜子、花生、点心等也是应有尽有。上茶续水的人也不是人们印象中旧社会茶馆里的那些肩搭毛巾、手提大铜壶的伙计，而是衣着漂亮的年轻姑娘。她们笑容可掬，动作娴熟，服务周到，给人一种舒适的感觉。

有的新派茶馆还设有餐饮，让信阳茶与信阳宴相辅相成。茶馆经常举办茶道表演、书画品评、诗词鉴赏、棋牌大赛等活动，让茶客在品茗时感悟茶道，陶情冶性。当然在这样的茶馆消费用度不菲，一杯信阳毛尖，最少也要二三十元。至于包间雅座，按小时收费，更让一般低收入者望而却步。因此，常来喝茶品茗的大多是些白领阶层和新潮青年。他们在这里以茶会友，谈业务、论人生、品时局、说爱情，或侃侃而谈，或窃窃私语，气氛温馨融洽。

信阳带有传统色彩的茶馆，是大家公认的一种中国式的文明场所。茶馆虽不浪漫，却很高雅。伴着悠扬的民乐名曲，训练有素的茶艺师款款走来，为茶客演绎茶艺。来茶馆消费的人们，大多显得文质彬彬、斯文有礼，不像一些酒馆里常有人划拳，吆五喝六，肆意喧哗，一片混乱。茶客或是一边喝茶一边谈业务，或是讨论问题，或是闲聊叙旧，或是纯粹品茗，一杯清茶，两三知己，浅啜细品，谈笑风生，眼观茶艺表演，耳闻丝竹和鸣，或是欣赏名人字画，无形中陶冶了性情，提高了修养。因此，茶馆成了人们的好去处。不过，信阳喜欢喝茶的老茶人是不会跑到闹市的茶馆里喝茶的。他们都在家里早早备好了一年要喝的茶叶，每天自己在家泡茶喝，或者用玻璃杯泡上茶水后去找二三老友，坐在树荫的石条凳上喝茶聊天，也是不亦乐乎。

如今，在信阳市区和县城，茶馆仍有不少，不过，有一些已经发展成了茶餐厅。

茶馆用水

好茶要有好水泡。过去，在苏州茶馆里，大多采用胥江之水。多数茶馆是雇挑夫到码头向水船买水。苏州最大的茶馆吴苑，长期雇用挑夫八人，他们一日两趟去胥门外挑水，身穿印有字号的蓝马甲，列队走街串巷，一路口吟号子，以此招徕茶客。后来有了自来水，才改用自来水泡茶。

民国时期，信阳茶馆不仅有自产的新茶，而且非常讲究泡茶用水。那时，信阳城里还没有自来水，许多茶馆虽然家里有井，却不用井水，而是专门花钱雇人去拉浉河水。井水涩，河水甜，河水沏茶出味儿。浉河发源于深山幽谷，河水净洁，清澈见底，绝无污染，是泡茶的琼浆。即使是这样的好水，茶馆在取用时，仍然讲究取水的时间、地点，没有半点儿马虎。茶馆老板大多雇人于拂晓之前，人声未动之时，赴浉河取水，许多茶工启明星未落即已起身，披着月色，踏着晨露出城，赶到浉河边，乘小船到河中心湍流处舀水，然后把水运回茶馆；茶社用山柴燃火滚沸，等待茶客的光顾。有的还在门前写上“浉河中心水，车云顶上茶”的对联，有的打出“真正河水”的招牌，以标榜茶水之纯正。小小茶馆如此注重质量和信誉，自然是顾客盈门，生意兴隆。20世纪五六十年代，浉河水从城边流过时，依然清澈见底。80年代以后，随着城市扩容和周围环境的污染，从城边流过的浉河水已经不能泡茶了，城里人泡茶都使用从南湾湖输送来的自来水。

茶馆风情

喝消夏茶

苏州名城，人间天堂。人们消闲自然离不开茶。旧时，一到夏天，天刚黄昏，普通市民便纷纷前往玄妙观（圆妙观）里吃风凉茶，这既是吃茶

的继续，也是乘风纳凉的开始。袁景澜《吴郡岁华纪丽》卷六“观场风凉茶”里这样写道：

> 吴城地狭民稠，衢巷逼窄。人家庭院，隘无余步，俗谓之寸金地，言不能展拓也。夏月炎歊最盛，酷日临照，如坐炊甑，汗雨流膏，气难喘息。出复无丛林旷野、深岩巨川，可以舒散招凉。惟有圆妙观广场，基址宏阔，清旷延风，境适居城之中，居民便于趋造。两旁复多茶肆，茗香泉洁，饴饧饼饵蜜饯诸果为添案物，名曰小吃，零星取尝，价值千钱。场中多支布为幔，分列星货地摊，食物、用物、小儿玩物、远方药物，靡不阛萃。更有医卜星相之流，胡虫奇妲之观，踘弋流枪之戏。若西洋镜、西洋画，皆足娱目也。若摊簧曲、隔壁象声、弹唱盲词、演说因果，皆足以娱耳也。于是机局织工、梨园脚色，避炎停业，来集最多。而小家男妇老稚，每苦陋巷湫隘，日斜辍业，亦必于此追凉，都集茶篷歇坐，谓之吃风凉茶。[1]

无疑，这是旧时姑苏城夏日一道最为独特的景致了。

在信阳市区，浉河自西而东穿过市区，每年 5 月至 10 月，浉河两岸绵延十几里的草坪或平地上，总会有人搭好一顶顶帐篷，在帐篷里外摆上一排排的桌椅，总有许多年轻人喜欢来这儿选个佳位，一边喝茶一边聊天，直到夜里十一二点，两岸仍是灯火通明，照映得一条浉河流光溢彩，极为美丽。

孵茶馆

吴地方言中将茶馆喝茶称为“孵茶馆”，资深老茶客能从早孵到晚。

[1] 袁景澜 . 吴郡岁华纪丽 [M]. 甘兰经，吴琴，校点 . 南京：江苏古籍出版社，1998：232.

一个“孵”字书写泡茶馆极为生动。苏州人有着孵茶馆的习惯。

旧时，苏州茶馆或许称不上是一种专门的行业。苏州的大街小巷布满了茶馆，由于成本不高，经营者靠着小本生意也过活得挺舒服，因而在当时社会谈论茶馆的生计、收入和盈利，并没有切实的意义和价值，苏式茶馆一直维持着低调、平稳的风格。不过，这些茶馆也是颇有特色、韵味的，大多是八仙桌，除了提供多种茶品，也供应一些早点、小吃，如生煎馒头、茶叶蛋、五香豆等。一般而言，几毛钱一杯茶，再来一盘瓜子，人们就心满意足了。

人们深谙茶的韵味，通过小桥流水慢悠悠地滋养，昆曲评弹婉转娴雅地映衬，表达一种真切的生活之感。每当清晨，天还蒙蒙亮的时候，茶馆里电灯已经大亮，有人就直奔热气腾腾的茶社。一时间，茶馆里人声鼎沸。喝过茶后，整个人神清气爽，似乎一天的生活才真正开始。苏州茶馆往往是市民百姓、三教九流聚集的场所，卖浆的、贩货的、吆喝的、玩物的、开店的应有尽有。这些人在这里大都呼朋聚友，谈生意，交流社会新闻，吃“讲茶”（当众评理，调解纠纷），尽兴之后才打道回府。而一些清闲没事的人则能在那里待上一整天，手持一壶，细细品啜，观望着来来往往的人，生活得有滋有味。

除了这些，传统的茶馆还很有市井气息。一是茶馆里有点心吃，既可以自己带进来，也可以让跑堂去买。配茶饮的点心，苏州称作“茶食”（信阳则叫作“茶点”）。王稼句《姑苏食话》也说，茶馆供应的茶食极多，因时节又有变化，像夏天有扁豆糕、绿豆糕、斗糕、清凉薄荷糕；当秋虫唧唧之时，除茶食以外，还有新鲜的南荡鸡头、桂花糖芋艿和又糯又香的铜锅菱。其他像生煎馒头、夹肉饼、朝板饼、香脆饼、蟹壳黄、蛋面衣及鲜肉粽、火腿粽、猪油豆沙粽等，则四季都有，随时可食。如果想换换口味，吃点咸味的，则可让茶馆的跑堂给你去买各种面食和卤菜，像熏脑子、熏蛋、五香鸭翅膀、五香茶叶蛋、五香豆腐干。进了茶馆，可以说是各种

吃食应有尽有。二是茶馆里卖瓜果香烟的小贩川流不息，他们随时随地挎着篮、顶着盘招徕生意。《姑苏食话》说，他们布衣短衫，干净利落，头顶藤匾，里面有一只只草编小蒲包，盛着各种各样的吃食，精细洁净，甜咸俱备，有出白果玉、嘉兴萝卜、甘草脆梅、西瓜子、南瓜子、香瓜子、慈姑片、五香豆、兰花豆、糖浆豆、腌金花菜、黄连头，还有甘草药梅爿、拷扁橄榄、拷扁支酸、山楂糕、陈皮梅、冰糖金橘、冰糖蜜橘等，甚至于话梅、桃爿、梅饼，真可谓是琳琅满目，色彩缤纷。这些茶食为人称道，都是小贩自制自销的，他们精选原料、精心制作，并讲究时新、适合节令、小量生产，因而各家都有独特的风味，有的还是几代祖传的名品。三是乞丐不断，时常在人群中挤来挤去。四是还有一种专拾香烟屁股的“小瘪三”，他们拎着铁罐，手拿竹夹子，在地上拾香烟屁股，拾了之后就去卖。而收买香烟屁股的人专门用纸来自制香烟，这种香烟被人称为“磕头牌香烟”，价格特别便宜。

那时的茶馆就是一个简简单单、平民化的喝茶场所。只要问上了些年纪的苏州人，他们对旧时的茶馆依然印象颇深：在记忆中，茶馆大部分林立于弄堂、园林、古建筑中，前去饮茶的也基本上是中老年人。时过境迁，如今这一道苏州茶馆的风景线也有了变化，焕发出新的生机。

旧时，信阳民间多在临街开设茶馆，备上桌椅，灶上烧三五壶开水，来者落座后，店家奉上茶盏，冲茶加盖，片刻后揭开盖子，蒸气冉冉而起，品曰：“此即某某山茶也。”茶馆品茗之余兼可待客会友，洽谈商务，调解纠纷。

在信阳，人们不像苏州人那样早上就到茶馆喝茶，人声熙攘，热闹喧天。信阳人去茶馆喝茶多在下午，茶客们利用在茶馆喝茶的机会，联络感情，增进友谊，或谈婚论嫁，或洽谈生意，或排解纠纷，或题诗作画，或棋盘博弈；也有人闭目养神，静听说书的锵锵声响，一边喝茶一边享受这忙碌后闲下来的舒服感。还有一些喝茶常客，利用茶馆品茶场合，互相论茶、斗茶。

茶馆的娱乐

传统的苏州和信阳两地茶馆有一个共同的地方，就是它往往与评弹书场、老虎灶结合在一起，喝茶的人一边喝茶，一边聊天，一边听书或看戏。

苏州茶馆有说书艺人演唱，由来已久，明人李玉《清忠谱》已有记载。评弹和茶馆有非常密切的关系，茶馆为评弹艺术的发展提供了平台，吃茶者比较空闲，几乎天天不缺席，而说书人也就能将长篇大书一天天说下去，这些固定的茶客也就是固定的听众了。瓶园子《苏州竹枝词》就咏道：

不拘寺观与茶坊，四蹴三从逐队忙。
弹动丝弦拍动木，霎时跻满说书场。[1]

清代苏州的茶馆书场有数十家，历史都比较悠久。道光年间，苏州的茶馆书场以太监弄老意和、宫巷聚来厅、萧家巷金谷、皮市街隆畅四家颇有名气，称为“四庭柱”，都为名家响档演出的一流茶馆，场内可容三四百位听客。

王稼句《姑苏食话》说，苏州茶馆一向不准女子进入。道光十九年（1839 年），苏州抚署特向茶馆业示禁，不准开设女子茶馆，然此风不能禁绝。咸丰年间，苏州有一家蕙园茶馆，以女子听书者为多，每夕总有三四十人。

当时，苏州女子喜欢上茶馆吃茶，其实都是为了听书。至光绪年间，谭钧培任苏州知府，禁止民家婢女和女仆进入茶馆，然风气沿袭已久，虽有禁令却并无效果。一日，谭钧培出门，正见一位女郎娉婷而前，将入茶馆，便上前问其姓名。对方如实相告，谭钧培大怒，说：“我已禁矣，何得复犯！”即令随从将女郎的绣鞋脱去，并说：“汝

---

[1] 赵明，等 . 江苏竹枝词集 [M] . 南京：江苏教育出版社，1999：524.

履行如此速，去履必更速也。”这个故事在坊巷间流传，正巧说明禁止女性听书并不容易。为了满足越来越多的女性听书需求，有的茶馆还特设女宾专席，如梅园即辟一角，间以木栏，有20余座。这也足以说明，封建社会末期，女性意识觉醒，她们逐渐打破桎梏，勇敢争取权益。

当时，吃茶与听书一共约费七八个铜板，茶馆和说书人按书筹分成拆账，业内人称为“拆签”。

据《固始县茶叶志》载，民国时期，在信阳茶馆中，县城北大街的马家茶馆最为热闹，前场后座，全天营业，可接待茶客上百人。马老板为招引茶客，经常请说大鼓书的“李瞎子”、说评书的丁其，以及唱三弦的安徽艺人表演，并请清时落榜的秀才讲学。良家巷的评书场是露天的，评书家丁其每天下午说《七剑八侠》。忙碌一上午的店员们，下午三三两两端着瓷茶壶、瓦茶壶听评书，书场里为茶客摆上小方桌，用大锡茶壶烧开水卖茶，这就形成了露天茶座。露天茶座几乎每天都是满座，有时上百人，年复一年，直到20世纪五六十年代，书场都被听书人拥满了。茶客一边听书，一边喝茶，也有的是专来品茶的。

20世纪20年代建成的信阳大舞台既是一个独立经营的剧院，也是信阳第一个现代化的剧场。在没有剧场、戏院之前，信阳的戏曲演出活动主要在临时架设的高台上或者祠庙的戏楼上举行，既没有座位，也不售票，观众来去自由。有条件的地方制作简易的长条凳，将木杆子分两头扎入地下，上面横一根长标杆，观众随意就座，设备简陋，座位也不多。民国初年，信阳的湖广会馆附近先后修建起几家茶楼，邀请小型戏班子在里面演戏或者弹唱，以助茶兴。随后，一些砖木结构的茶社租赁场地给戏班子使用，观众可以一边品茶，一边看戏或听曲艺，对观众只收茶资，不卖戏票。其规模虽然比简易的茶棚、茶社大一些，但都不是现代意义上的剧场。大舞台建成后，成为第一个名副其实的现代剧场。其建筑考究，设备上乘，

不仅有整齐的座位，而且分楼下、楼上两层，可容纳千余个座位。剧场大门的东侧设有售票房，观众购票后持票进场。进口处有人验票，并高呼："来客一位，里面请！"对于有身份的人，则先由茶丁引导入座，再由茶丁代为购票。在戏剧开始之前，茶丁会给有身份的人献清茶一杯，受茶者可以酌情给些小费。还有小贩沿着座位叫卖精致的糖果、小食品，观众可以随意选购。这些服务和叫卖在演出开始后便停止了。

随着茶文化的发展，信阳的茶与地方娱乐深度融合。潢川县南城的江南会馆本是戏院，但戏院中开设茶社，约200个座位，周围站票还可容纳更多人。观众入场后，茶社跑堂热情安座设茶，配以瓜子果品，按质收价，并收小费。炎炎夏日，茶社扔传毛巾，观客可以擦汗净面。

信阳市退休教师朱德馨在《茶馆与书场》一文中记述，20世纪50年代初，在信阳市原幸福茶叶市场和人民电影院之间，有许多茶馆和书场，皆是平民百姓休闲娱乐的好去处。茶馆多为沿街敞开的铺面，厅堂里有八仙桌、太师椅、长条凳，有的还在门外摆着躺椅。茶叶的等级不同，茶具也随之而异。用盖碗的是细茶，用瓷壶的是普通毛尖，大碗茶则是铁桶或瓦盆泡的大叶片。许多茶馆都兼卖糖果、香烟。来茶馆喝茶的大多是在家赋闲的老人。他们在这里谈天说地，可以了解到许多社会新闻。一些身着长衫、头戴瓜皮帽的老者成了茶馆的常客。他们一到，茶馆老板或跑堂的就会忙不迭地揩干净桌椅，沏上茶来。这些老者一落座就是大半天，或细斟慢饮，或看闲书，或与老友谈古论今，口若悬河。有些年轻人、外来客也会不时光顾，但不是那样从容、悠闲、慢慢地品啜，往往来去匆匆，喝完就走。至于那些干苦力的，会带上大饼、馒头来这儿喝大碗茶，一两分钱能喝个够。

那时候，这里最大的书场与众多茶馆仅一步之遥，是个名为"曲艺厅"的大棚。里面有个小小的舞台，台下是一排排长条矮凳，能坐一两百人。由一班老艺人组成的市曲艺队常年在此演出，有时也接待外地江湖艺人来

此献艺。演出内容有河南坠子、三弦书和大鼓书。台上既没有大幕，也无布景；乐器和道具都很简单，一两人就能凑成一台戏。台上说唱越精彩，台下越是鸦雀无声，观众屏声静气，与演员一样投入，只是在高潮时或险要处才爆发出一阵热烈的掌声、笑声或唏嘘声、感叹声。

曲艺厅外常有三四个专说评书的场点。说书人只在空场摆上一桌、一椅、一醒木，手持一把折扇。醒木一拍，几句开场白还没说完，人已从四面围来。这里不像曲艺厅得买票进场，不用花钱也能听书。但是，说书人常在说到最紧要的关键处时戛然而止，双手一揖，环顾行礼，说："有钱的捧个钱场，没钱的捧个人场。大爷大娘、兄弟姐妹们，您请了！"说完，便手托一顶草帽来到听众面前绕圈儿收钱。书迷们大多会慷慨解囊，往草帽里投上一角、两角。偶尔来凑趣的，或囊中羞涩的，会在这时偷偷溜走，等收完钱再慢慢蹭回来。就连一些学生也在放学后来这里听评书，有时听得入迷竟忘了回家吃饭，星期天更是几乎整天泡在书场中。说书人集说、学、逗、唱于一身，绘声绘色，惟妙惟肖，把古典文学作品演绎得丝丝入扣，动人心弦。听众听渴了，就先跑到附近茶馆喝几杯茶，然后继续听书。因此，茶馆和书场总是相依相成的。

随着时代的发展，年轻一代更习惯去装修风格高档典雅的茶馆。那里内设雅间包间，外有大厅雅座，不仅提供品茗，还是以餐点、会友、棋牌为主的高档喝茶场所。人们在那里可以闹中取静，将烦恼抛诸脑后，洗去城市带来的浮躁，尽情享受一段轻松自在的品茶时光。

茶馆的服务

陶风子《苏州快览》记道：

苏人尚清谈，多以茶室为促膝谈心之所，故茶馆之多，甲于他埠。其吸引茶客之方法，全侍招待周到，故茶役之殷勤和平，尤非他埠所能及。[1]

王稼句《吴门饮馔志》对苏州茶馆的服务，有一段详细的记述：

> 苏州茶馆的堂倌，全凭“周详”两字取悦茶客，老茶客的职业、家庭、习惯、性情、嗜好，甚至听书的曲目流派，无不悉记于心，投人所好，讨人欢喜，不仅嘴上敷衍功夫了得，且手脚勤快，真是全心全意为你服务。譬如老茶客一到，就引到老座位上，老茶客大半有固定的座位，万一这座位给人占了，他自有办法让占座的茶客愉快地换座，然后用客人专用的茶具泡好茶，再取出专为这位客人准备的香烟，哪位客人吸什么牌子的烟也绝不会弄错，并且为客人点上，在香烟尚未盛行的时代，则是一把水烟筒，装上一锅烟丝，再递上纸捻。[2]

信阳茶馆的服务，虽不如苏州一带细致周全，但在当地的服务业，也称得上是比较用心的。在繁华的市中心，众多茶馆临街而立，依河傍水的茶馆轩窗开阔，茶客冲茶小憩，扶窗看蓝天白云，俯首观浉河水韵，品茗弈棋，亦乐在其中。

---

[1] 王稼句 . 吴门饮馔志 [M] . 苏州：古吴轩出版社 , 2022：449.

[2] 王稼句 . 吴门饮馔志 [M] . 苏州：古吴轩出版社 , 2022：447–448.

江苏苏州
河南信阳

山歌水画

茶诗·茶歌·茶舞·茶画

茶文化历经千年的沉淀与洗礼，不仅广泛流传于市井巷陌，更深深植根于文人墨客的心田，绽放出独特而雅致的韵味。山人名士，不仅要吃好茶，还要写吃茶的诗，绘吃茶的画，民间采茶女则歌唱于云雾山间，舞蹈于溪水河畔。

苏州与信阳，两地茶文化源远流长，各自承载着厚重的历史积淀。苏州茶文化强调品茗的艺术，融合了诗词、曲艺、书画等艺术形式，而信阳茶文化则以茶为媒介，在生产和生活中形成了独特的民间茶歌和茶舞。这些茶文艺形态交融共生，分别在苏州、信阳织就了两幅灵动的地方人文画卷。

茶
TEA

茶 诗

饮茶历来为文人墨客之所爱，而用笔墨记录茶事、抒写雅兴亦为文人墨客之所长。读一首好的茶诗，如品尝一杯芬芳的名茶，使人心旷神怡，其乐无穷。

唐宋以来，不少诗人与洞庭碧螺春结下了不解之缘，留下了大量与茶相关的诗词。唐代“茶圣”陆羽，诗人皎然、皮日休、陆龟蒙等曾多次探访洞庭山，留下了不少咏茶佳作。其中，皮日休的《茶中杂咏》与陆龟蒙的《奉和袭美茶具十咏》互为应和，几成茶诗之绝唱，热烈地表达了诗人对春茶“清香满山月”之喜悦和对茶农“天赋识灵草”之赞美。

在《水月禅寺中兴记碑》上，有多首名人题咏水月寺的诗，其中有宋代文学家苏舜钦题诗：

水月开山大业年，朝廷敕额至今存。
万株松覆青云坞，千树梨开白云园。
无碍泉香夸绝品，小青茶熟占魁元。
当时饭圣高阳女，永作伽蓝护法门。[1]

这个水月茶，就是洞庭碧螺春的前身。

明代文人咏虎丘茶的诗词很多，如徐渭的《某伯子惠虎丘茗谢之》，诗云：

虎丘春茗妙烘蒸，七碗何愁不上升。
青箬旧封题谷雨，紫沙新罐买宜兴。
却从梅月横三弄，细搅松风炧一灯。
合向吴侬彤管说，好将书上玉壶冰。[2]

[1] 谢燮清，章无畏，汤泉.洞庭碧螺春[M].上海：上海文化出版社，2009：23.
[2] 徐文长.徐文长全集[M].上海：上海中央书店，1935：90.

诗人得到友人惠赠的虎丘茶，极为珍惜，用青箬包之，闲来独自秉烛细啜，在一曲《梅花三弄》中，沉醉于澄碧的芬芳里。

读着这些诗句，闭上眼睛，一幅幅生动惬意的品茗画面就会在心底浮现，让我们疲惫的身心得到放松。

《吴中四才子佳话》把唐寅、祝允明、文徵明、周文宾称为“吴中四才子”[1]，书中记载有这样一个故事。唐寅、祝允明、文徵明、周文宾一日结伴同游，至泰顺，酒足饭饱之后，昏昏欲睡。唐寅说：“久闻泰顺茶叶乃茶中上品，何不沏上四碗，借以提神。”顷刻间，香茶端上。祝允明说：“品茗岂可无诗？今以品茗为题，各吟一句，联成一绝。”他们所吟的联句如下：午后昏然人欲眠（唐寅），清茶一口正香甜（祝允明）。茶余或可添诗兴（文徵明），好向君前唱一篇（周文宾）。泰顺茶庄的老板对此联赞不绝口，祝允明建议将诗赠予老板，以换四包好茶。茶庄老板喜得合不拢嘴，忙令伙计取来四种好茶叶分送四人。这位茶庄老板也是善于经营之人，他便将当地名茶四味，包装成盒，谓之“四贤茶”，将“吴中四才子”这首联诗刻印传播，让他们四人一块儿来宣传，泰顺茶叶一下子就名扬四方了。

文徵明以嗜茶如命著称，曾说自己“吾生不饮酒，亦自得茗醉”，又说“门前尘土三千丈，不到熏炉茗碗旁”。文徵明的文集《甫田集》和《文氏五家集》中收录的与茶有关的诗多达好几十首。朋友来访，他离不开茶；与友一起野游，他更离不开茶，如《同王履约过道复东堂，时雨后牡丹狼藉，存叶底一花，感而赋诗，邀道复、履约同作》诗云：

推脱尘缘意绪佳，冲泥先到故人家。
春来未负樽前笑，雨后犹余叶底花。

---

[1] 历史上的“吴中四子”是指唐寅、祝允明、文徵明、徐祯卿，其中徐祯卿是明代文学家，他与信阳人何景明等人并列“前七子”，其诗风格清朗，但其人不通书画，性格也与另外三位不同。大概出于这个缘故，后来文人又杜撰了一位相貌秀美的周文宾来凑数。

矮纸凝霜供小草，浅瓯吹雪试新茶。

恁君莫话蹉跎事，绿树黄鹂有岁华。[1]

唐寅也是一生嗜茶，与茶结有不解之缘。一首《翠峰游》道出了他对家乡茶的深情与痴迷：

自与湖山有宿缘，倾囊刚可买吴船。

纶巾布服怀茶饼，卧煮东山悟道泉。[2]

有“江南第一风流才子”之称的唐寅，因受科举舞弊案连累，其进士头衔被罢黜，发往浙江任小吏。自恃清高的唐寅辞官回归乡里，潜心书画，游历名山大川，过起了浪迹山林、瀹茗闲居的隐士生活。他晚年更加放纵不羁，嗜茶如命。这首茶诗也从另一个侧面反映了他由仕途的失望，转为追求一种闲适归隐的自由生活之心境。

近现代，写洞庭碧螺春的诗更是数不胜数，为人所熟知的如周瘦鹃之诗《咏洞庭碧螺春三首》、田汉之诗《碧螺春》、贯澈之诗《咏碧螺春》等。

同样，信阳古代的文人墨客往往也通过饮茶来品味生活，借茶遣兴，以茶抒怀。咏赞信阳茶叶的诗赋，无不倾注着对信阳茶的深情和挚爱。信阳虽不像“天堂”苏州，留下许多的名人茶诗，但当地和外地诗人也留下了一些茶诗。

信阳地方文史研究者何军在《历代诗中信阳茶》一文中说，2022年，为庆祝信阳茶文化节举办30周年，信阳市政协组织编写《信阳茶事记忆》一书，遍搜史志，得茶诗29首。其中，宋代1首、元代3首、明代10首、清代15首；写信阳州茶18首、光州茶11首。其作者大多为信阳（信阳州或光州）籍或在信阳为官者。宋代爱国诗人王之道在任信阳知军时作《信阳和同官<喜雨>韵》，其中“漏邦寒俭酒味醨，且碚新茶共分乳”一句，是迄

[1] 文徵明．甫田集[M]．陆晓冬，点校．杭州：西泠印社出版社，2012：70.

[2] 谢燮清，章无畏，汤泉．洞庭碧螺春[M]．上海：上海文化出版社，2009：76.

今所知最早的、唯一的宋代信阳茶诗。

信阳茶诗词中描写茶乡风光的诗词最多，也最可观。浉河上游有闻名遐迩的黑龙潭、白龙潭、何家寨、集云山、云雾山、震雷山、双碑寨等，这些都是出产信阳茶的名山。信阳文人写下大量赞美家乡山水茶园的诗篇，例如，明代诗人周继文的《重游龙泉寺》就描绘了龙泉寺茶香景幽的佳境：

宝地重临好避哗，霏霏零雨暗烟霞。
余寒雏雉鸣深竹，新水游鱼趁落花。
踪迹漫劳渔父问，留连须费远公茶。
年来万事如灰灭，不信禅林不是家。

龙泉寺在信阳南李家寨，远公指晋代高僧慧远，诗人常用远公茶代指寺庙高僧所用茶。

有些茶诗不仅赞美茶乡风光，还赞美信阳茶的内在质量，抒发诗人的品茶情趣。贤山是信阳名山，“贤岭松风”是信阳八景之一。樊鹏是明代信阳人，曾任安州知州。他在《游贤山》诗中写道：

举酒啜佳茗，极赏暮言还。
山头松月凄，万古光区寰。[1]

樊鹏不仅赞美信阳茶叶是佳茗，还把喝茶与喝酒相提并论，以茶下酒，当作一件乐事。他把美酒比作香茶，待客以茶敬酒，让茶酒不分家，这正是信阳茶民俗的一个特点。

信阳还有不少茶诗谈到饮茶用具、品茶方法，以及选水问题。例如，前文说过的王星璧《龙潭冻瀑》诗，诗人在观赏冻瀑的时候，自携茶具，用雪水煎茶，并作诗咏叹了他在龙潭冻瀑前用雪水煎茶的感受。

[1] 沈荃，贾汉复 . 河南通志 [M] . 刻本 .1660（顺治十七年）：卷三十七 38.

到了清末，受戊戌变法维新思想影响，在蔡竹贤、甘以敬、陈善同、刘墨香、王选青等信阳开明人士的倡导和推动下，1903—1909年，先后成立元贞、宏济（车云）、裕申、广益、森森（万寿）、龙潭、广生、博厚八大茶社。刘墨香的后裔刘开造于20世纪80年代初曾著文回忆信阳茶山、茶社初创的情况，记录下了甘以敬、刘墨香、王子谟、周佩鱼、虞紫鸾等人在震雷山创办元贞茶社时，曾以“咏茶”为题，分别创作了5首古风体茶诗。这些茶诗是信阳茶诗中难得的专写茶事的诗作，从中可以窥见茶社初创的时代背景和心路历程，这也算是信阳茶史上的一段佳话。现摘录其一：

咏　茶

甘以敬

民以食为天，茶与饭相关。
开彼南亩地，劈之东隅山。
请来湘楚师，富我豫申园。
知礼非饥人，立信岂赖天。
荷锄暮色里，笑坏一群“仙”！[1]

茶　歌

茶歌大多是在茶农采茶、制茶的劳动过程中创作出来的。尽管山乡里年年都遇倒春寒，但终究是春天了，姑娘媳妇们在采茶时总像要与春天比赛似的，把最好看的花衣裳穿出来。故而一到采茶季节，茶坡上就特别好看。

叶辛在《茶思》中虽然描写的是贵州山区的采茶景象，但和信阳春茶采摘时的情形出奇一致：

[1] 何军. 信阳“八大茶社”创始人与咏茶诗[J]. 协商论坛，2023（3）：61.

只见一丛丛、一蓬蓬、簇簇碧绿生翠的茶树旁边，站着一个两个穿戴得花枝招展的姑娘、媳妇，她们边说笑边采茶……尤其是采茶采到高兴时，只要有一个人带了头，轻轻地哼唱起山歌，那么远远近近的茶坡上，就会受到感染似地〈的〉，你应我和地唱起来。哦，那行进的波浪般起伏的歌声，比起今天炒得很凶的歌星们的歌声来，完全是另一种滋味、另一番感受。[1]

信阳茶歌是当地田歌中的一种，从结构形式上看属于五句式的山歌。五句式的山歌形式，也称“五句山歌”（以七言五句为基本格式，五句为一段），又叫“赶五句”，对韵脚要求比较严，第四句是结句，第五句深化主题，形成一个高潮。

信阳茶歌大多为信阳人在茶山、田间等劳作时口头即兴创作，是原生态民歌。信阳山多、水美、茶好、人勤，紫山绕水，茶歌人人能唱。现在传唱的茶歌主要有三个方面的来源：一是将文人雅客的诗词作品加以改编，以茶歌的形式在民间演唱；二是文人和音乐人将民歌、民谣整理配曲在民间流传演唱；三是茶农、茶工在茶叶种植、生产、制作过程中进行创作。大部分茶歌由劳动人民口头创作而成，流传形式多为口口相传，具有广泛的群众基础。

茶农在种茶、采茶、制茶的过程中为了消除疲劳，提高兴致，吐露生活情感，自哼、自唱、自编了许多茶歌茶调。茶歌在内容上的主要特色就是茶歌本身所唱的：“我见茶姐就唱歌，叫声茶姐莫骂我，无生无旦不成戏，无姐无郎不成歌。”茶歌没有经过文人的加工和润色，真实地反映了信阳茶乡的风情民俗，保持了原汁原味的民俗文化。“十里不同风，百里不同俗。”信阳的茶歌是信阳味的。

过去的信阳，许多人通过茶歌来抒发情感，茶歌成了他们互诉衷肠的文化形式与途径。茶歌的内容有姑娘思念情郎的，如《想郎》：

[1] 叶辛 . 茶思 [J]. 食品与健康，1995（6）：24.

浑身想郎散了架，咬着茶叶咬牙骂。

人要死了有魂在，真魂已来我床底下。

想急了我跟魂说话。[1]

这首茶歌把妻子因长期见不到丈夫，对丈夫由爱生恨的心情表现得淋漓尽致，让人为之动容。

茶歌有大胆诉说爱意的，如光山的《妹问茶哥你想谁》茶歌：

打个呵欠哥皱眉，妹问茶哥你想谁。

想着张家我去讲，想着李家我做媒。

不嫌奴丑我在喂！[2]

茶乡这位自谦容貌不美的女子，隐藏着对她心上人的爱恋，带着烦恼的心情，帮助心上人东家说合，西家做媒，而最终掩盖不了自己的爱恋心情，大胆直白地表露自己“不嫌奴丑我在喂”的态度。

这些茶歌大部分为情歌，塑造了许多鲜明的艺术形象。采茶是在春季，春暖花开之时也正是春情荡漾的少男少女们谈情说爱的好时光，在这充满诗情画意的环境里，他们最喜欢唱茶歌。在信阳茶乡，人们往往用茶歌来歌唱生活，表达情感，这与采茶人的年龄有关。采茶人多为少女或少妇，采茶既单调又辛苦，当她们采茶累了，就停下来唱茶歌，既缓解了疲劳，又增加了乐趣。采茶的季节大地一片青葱，万物发芽，景色迷人，这激发了她们的歌唱热情和创作激情，进而创作出无数动人的茶歌，来表达她们对生活的热爱，对爱情的渴望，对美好生活的向往。茶歌有吸引异性、寻觅爱情的作用。茶农一般在晚上炒茶、制茶，青年男女在一起又劳动，又唱歌，又交谈，久而久之，双方互生爱慕，成为情侣。有些小伙子们凭借着这些动人的茶歌打动采茶妹，甚至连彩礼都不用，就能把采茶妹娶回家。

---

[1] 信阳市地方史志编纂委员会．信阳茶叶志［M］．郑州：中州古籍出版社，2018：511.

[2] 信阳市地方史志编纂委员会．信阳茶叶志［M］．郑州：中州古籍出版社，2018：511.

流行最广的茶歌有《手扶栏杆》《单虞美郎》《双虞美郎》《闯隔帘》等。当时流传着这样的俗语：茶山学会“虞美郎”，带走茶姑拜花堂；茶山学会“闯隔帘”，娶个茶姑不要钱。

信阳茶歌极具语言特色，口语、俗语的大量运用，使其更加生动活泼，具有强烈的生活气息。信阳茶歌易理解，易传唱，节奏强烈，使人回味无穷。例如，茶歌《手扶栏杆》中唱道：

荷花一开朵朵鲜呢，干哥爱我我爱艳，
干哥爱我生呢贵子嘢，我爱干哥真语言……[1]

这首茶歌有两小段，里面有许多的信阳方言，如“干哥”在信阳地区是自称的情哥哥。而且衬词的运用丰富了作品的内容，如“呢”“嘢”等语气衬词，贴近生活，大大丰富了歌曲的演唱形式。歌词大胆描述“干哥”和“干妹”打情骂俏，体现了信阳男女表达爱情直接、大胆的风格，有什么说什么，不扭捏，率直利落。

信阳茶歌不仅仅展现了生活在茶乡的青年男女打情骂俏的甜蜜，也透露着种茶、采茶、制茶人的辛劳。如《炒茶》歌：

炒茶之人好寒心，炭火烤来烟火熏。
熬到五更鸡子叫，头难抬来眼难睁。
双腿灌铅重千斤。[2]

过去手工炒茶时，大都是通宵达旦。茶叶摘回后炒不过来，就要发酵。信阳毛尖炒之前不能让叶子“发烧出汗”。所以，繁重的体力劳动、难熬的瞌睡，都需要用茶歌来调剂。《炒茶》歌生动地表现了这一特殊的劳动场景，描述了茶农在炒茶、制茶过程中的辛苦。炒茶时，茶农被炭火烤、被烟火熏，晚上还要熬夜，一直到清晨鸡叫才能休息。繁重的体力劳动使

[1] 信阳市地方史志编纂委员会 . 信阳茶叶志［M］. 郑州：中州古籍出版社，2018：512.
[2] 信阳市地方史志编纂委员会 . 信阳茶叶志［M］. 郑州：中州古籍出版社，2018：512.

得茶农双腿难以迈动，难熬的瞌睡让茶农身心疲惫。这首茶歌朗朗上口，具有强烈的生活气息和鲜明的地方色彩，是茶农生活的真实写照，反映了当时人们的生产生活现状。

苏州相较于信阳茶区，因产茶的洞庭东、西山面积不大，茶农也比较少，因而民间唱茶歌的现象没有信阳普遍。但也有不少带有民歌气息的茶歌。如民国时期，早年在沪经商的东山杨湾人徐豫，在《采茶歌》中写出了少妇采制洞庭碧螺春的艰辛，以及丈夫为了谋生远离家乡，喝不到她亲手炒制的新茶的无奈。

采茶南山下，携将新竹筐。
不用衣襟褫，恐有乳花香。
昨夜制新茶，挑灯独自嗟。
新茶滋味永，人已在天涯。[1]

茶　舞

信阳茶歌曲调广布各个产茶县区，南至大别山区北麓，北抵淮河两岸，代代有传人，且经久不衰。如潢川有《火绫子》，有《谢茶调》；罗山有《七匹茶叶》（灯歌），小调《茶山五更》（一）（二），《做茶五更》（又名《双摘茶调》），《打油茶》《茶妹子》（又名《采茶调》）；息县有《单采茶》；光山有《摘茶歌》；商城有山歌《采茶歌》。茶舞与茶歌往往密不可分，一部分茶歌属于山歌、小调，无需伴奏与伴舞；也有一些茶歌是歌舞并行的，如《十月花名》。在豫南民歌第一村——新县八里畈镇南冲村，茶舞较为流行。茶舞具有浓郁的地方特色，如光山的《采茶》舞，商城的《打油茶》舞等。茶舞作为一种典型的采茶舞蹈，表达了茶山姑娘们欢快的心情，也反映了茶农丰收后的喜悦。例如，反映茶农劳

[1] 薛利华，洞庭东山志编纂委员会.洞庭东山志[M].上海：上海人民出版社，1991：613.

动、爱情生活的，有《摘茶歌》《采茶歌》《单采茶》等。1984 年河南电视台《歌舞行》栏目播放了原信阳县编排的《采茶舞》和歌唱信阳毛尖的民歌，中央电视台还向全国转播了舞蹈《茶乡美》。《采茶舞》《茶乡欢歌》等曾在全国巡回演出。歌舞《茶乡儿女情》、音乐舞蹈《花挑舞》《花伞舞》《火绫子》《板凳龙》等，被评为非物质文化遗产，在国内外享有盛誉。李建明的《浉河魂》《茶妹子》和段海鹰的《茶乡丫丫》也曾在河南电视台播放。

每逢重大节日或春茶开采时，人们总是唱茶歌、跳茶舞。每年的茶文化节，歌舞都是重头戏。气势恢宏的大型开幕式歌舞，流光溢彩的文艺踩街和演员群英荟萃的歌舞晚会，让人目不暇接，流连忘返。人们唱茶歌、跳茶舞，男女老幼都登台献艺。1992 年首届茶叶节开幕式“茶乡风流”在信阳文化中心广场和东方红大道举行。10 县市各有一个 100 人的歌舞方阵，演出具有地域特色的 10 个歌舞节目，参演人员达 1 300 余人。演出方阵首尾相距 3 000 米，文艺踩街人员身着节日盛装，一边走一边表演。旱船舞、花挑舞、扇子舞（又称“豫南花扇”）、花伞舞、采茶舞、敬酒舞等，热闹非凡，沿途 10 余万人观看。此后，历届茶叶节（茶文化节）都会组织丰富多彩的文艺踩街活动。其中以首届、第三届、第八届、第十届、第十六届开幕式文艺演出及踩街最具特色，向中外来宾展示了信阳歌舞的魅力。

茶　画

苏州的文人墨客常常用笔墨丹青表现茶事，抒写对茶的钟爱。明正统四年（1449 年）翰林院修撰张益所撰《水月禅寺中兴记碑》，以及碑阴所刻白居易、苏舜钦原作于水月禅寺的两首七绝诗，就以碑刻形式留传至今，成为茶文化传播的经典。

明代中叶以后，山水画出现空前繁荣，涌现出许多才华横溢的名人文士，他们多才多艺，能诗善画，留下许多不朽的名作。在吴中画坛，以沈周、文徵明、唐寅和仇英的成就最为突出，被称为“明四家”。他们以含蓄内敛的笔墨，温文尔雅的画风享誉江南，成为明代画坛上的一支劲旅。他们对茶事活动及相关主题的创作更是乐此不疲，他们的艺术造诣和文人气息，给明代茶文化注入了一股崇尚自然山水、空灵清新的全新理念。

在“明四家”创作的山水画中，有不少是茶事活动相关题材，如沈周的《火龙烹茶》《会茗图》、文徵明的《惠山茶会图》《松下品茗图》《陆羽烹茶图》《茶具十咏图》《品茶图》《乔林煮茗图》《煎茶图》《茶事图》、唐寅的《卢仝煎茶图》《煎茶图》《烹茶图》《品茶图》《事茗图》、仇英的《人物故事图册》《玉洞仙源图》《烹茶洗砚图》《移竹图》《煮茶图》《赵孟頫写经换茶图》《试茶图》，这些都堪称茶画中的极品。他们的茶画主要描绘江南山水美景和时人怡然闲静的生活状态，茂林修竹、名泉怪石、小桥亭榭，以及山村泉流间飘逸清幽的品茗意境，无不使人心醉。画中有诗，诗中有画，在诗情画意中祈求心灵的宁静，反映出他们隐逸遁世后对茶的依恋与偏爱。

《惠山茶会图》为文徵明的茶画代表作品，现藏于故宫博物院。画中描述了明正德十三年（1518 年）的清明时节，文徵明与好友蔡羽、汤珍、王守、王宠等人，在无锡惠山竹炉山房品茶赋诗时的情景。惠山泉清醇甘冽，极宜烹茶，自从被陆羽评为“天下第二泉”后，声名不绝，历代名人皆为之倾心，常常结伴来此汲泉烹茶。《惠山茶会图》中，高大的松树和峥嵘的山石之间有一井亭，山房内有架好的竹炉，侍童们正忙着烹茶，布置茶具。画中人物神情各异，有的静坐，有的阅读，还有的双手作揖，正在迎接友人的到来。

文徵明的另一幅茶事图《品茶图》是他 61 岁时创作的较为成熟的作品。在明代，文人煮茶、饮茶不再追求纷繁复杂的程式，也不再需要为数众多的茶具，他们希望在大自然的环境中，远离尘世的喧嚣，摆脱俗务的烦恼，独自一人自斟自饮，或二三友人相与会茶。文徵明以文人特有的审美角度，具体而真实地描绘初春新茶采摘时友人来访，侍童为主客汲泉煮茗的情景。画中描绘了清新秀丽的大自然景色，悠闲而又幽静。从这幅画中，我们看到了精致、清雅、别具苏州风韵的饮茶方式。以茶会友，品茗人生，一杯香茶在手，一曲丝竹绕梁，这正是明代文人享受休闲生活的真实写照。

唐寅的茶画中，《事茗图》最为著名，该图现藏于故宫博物院。画面描绘的是江南茶乡的优美景致，青山如黛，巨石嶙峋，古松兀立，山峰隐逸于云雾之中，依稀可见飞湍流瀑。这些景色，或远或近，或显或隐，近者清晰，远者朦胧，依山傍水有茅舍数椽，舍内有人正在倚案读书，案头摆放着茶壶、茶盏，侧室一侍童正在扇火煮茶，屋外小溪的板桥上有一老者拄杖走来，身后跟着抱琴的侍童，想必是前来弹琴品茗的。琴助茶之高雅，茶添琴之幽逸，使茶境韵味悠长。画幅左边有自题五言诗一首，曰："日长何所事，茗碗自赍持。料得南窗下，清风满鬓丝。"据说，该图为陈事茗庭院茶事小景，此人为唐寅的儿女亲家王宠的友邻，唐寅在走亲家时，王宠常邀陈事茗陪同饮酒品茗，故唐寅与陈事茗交往甚多。唐寅以陈事茗的名号为题作此图，并将"事茗"二字嵌入题诗中，非常巧妙，主人翁与画的内容相得益彰。《事茗图》反映了明代文人隐逸遁世、以山水自娱、淡雅高洁的茶艺意境，引起了同道中人的共鸣，也成为皇室及名家的珍藏。画卷前后布满藏家之印，卷右有清乾隆皇帝御笔题诗："记得惠山精舍里，竹垆瀹茗绿杯持。解元文笔闲相仿，消渴何劳玉常香。"乾隆皇帝也是品茗大家，风流儒雅，江浙一带民间流传有不少乾隆与茶的故事。唐寅的另一幅《品茶图》同样画的是山中品茗意境：青山叠翠，茶树满山，小桥流水，数间茅屋点缀其间，屋内一老一少，老者悠闲地饮茶，侍童蹲在炉边扇火煮茶。画上有自题诗一首："买得青山只种茶，峰前峰后摘春芽。烹煎已得前人法，蟹眼松风娱自嘉。"

仇英的与茶有关的画作《人物故事图册》《玉洞仙源图》颇受人们喜爱，现藏于故宫博物院。他的另一幅茶画《赵孟頫写经换茶图》尤为珍贵，现藏于美国克利夫兰艺术博物馆。《人物故事图册》中的《竹院品古图》以竹林屏风内士人观画为主题，穿插侍女奉茶，童子或持古物侍立，或扇炉烹茶，或布置棋局，作者通过这些情景描绘，来表现画中人物清悠闲雅的生活方式。《玉洞仙源图》为大青绿山水画法，近景仙洞幽邃，板桥流水，虬松杂柯，古藤缠绕，一道溪流从石洞中潺潺流出，一道小桥跨溪而过，桥上一人向远处张望，在松林中有几位雅士正在弈棋，神态轻松自然。在一棵巨松下，一白衣老人正在抚琴，颇具道骨仙风。中景白云飘浮，山岭层叠，亭台高筑。远景高峰耸峙，群峰环列，涧谷中殿宇森严，林木华滋。这些描绘充分表现了人们向往在这方远离俗世的虚幻仙境中抚琴品茗、自怡自足、自得其乐的生活。

信阳古代茶画今天能见到的不多。当代茶画出现了一些比较优秀的作品。1964 年，吴瑞亭的水彩画《春满山村》入选第三届河南省美术作品展览。1973 年，田庆宇的国画《南湾新貌》《浉河两岸展新画》、田文连的国画《春满茶山》参加河南省美术作品展览。1988 年，赵根成的油画《茶妹子》《苏东坡品茶图》《陆羽作茶经》被中央电视台《神话风采》栏目采播。1992 年，其《茶妹子》获河南省综合美展一等奖。同年，汪明学的水彩画《早春》入选香港水彩画大展，韩守超的《茶乡又一春》入选河南省美术作品展览。1996 年，黄明亮的中国画《南湾湖畔》参加海峡两岸书画家精品展览，并获荣誉奖。2004 年，韩守超的国画《山青、水秀、茶香》获河南省农民书画绘画大赛二等奖。

各领风骚

当代作家笔下的洞庭碧螺春、信阳毛尖

叶文玲《茶之醉》说：“忽又联想到文学，想到散文，于是，我又确认：‘洁性不可污’的茶，其品位就像散文，而骨格清奇非俗流的散文就是色香味俱绝的好茶。”

当代作家写有很多茶文茶诗，他们笔下的洞庭碧螺春和信阳毛尖，总是将茶性与地理血脉相系。洞庭碧螺春裹着江南丘陵的晨岚暮霭款款而来，以蜷曲似螺、银绿相缀的纤巧

身段，于玻璃盏中沉浮舒展，宛如操着吴侬软语的二八少女翩翩起舞。琥珀茶汤漾起杏花微雨，每口鲜润都噙着太湖石隙的斑驳苔痕、枇杷林间的蜜意与杨梅坞的酸楚，在陆羽的素帛上洇出千年茶脉。信阳毛尖则是将大别山岩髓的冰魄凝为舌底鸣泉，熟栗香裹带着土地精魄，在粗陶茶碗里化作黛色山水。

茶
TEA

当代作家笔下的洞庭碧螺春

江南山清水秀，湖汊纵横，古道众多，人杰地灵。温山婉水的吴地，尤具文化风韵。

当代作家、翻译家周瘦鹃是苏州人，曾任第三、第四届全国政协委员、江苏省苏州市博物馆名誉副馆长。中华人民共和国成立后，他一边写作，一边以相当大的精力从事园艺工作。他在自己的庭园里栽花培草，种植盆景，开辟了苏州有名的“周家花园”。

周瘦鹃的文笔朴实自然，清灵秀丽，虽不具有很强的知识性，但深得读者喜爱。周瘦鹃为人则十分散淡随和，既不执拗，也不喜与人发生冲突。他爱茶，见惯了茶客往来，听惯了市音喁晰，品惯了各色苏茶，过着饮茶人生。他说：“我们吃惯了茶的人，总觉得白开水淡而无味，还是要去吃茶，情愿让神经刺激一下了。”他对家乡的洞庭碧螺春也是情有独钟，其作品中有很多写洞庭碧螺春的文字，其中最著名的是《洞庭碧螺春》：

> 我很爱此茶，每年入夏以后，总得尝新一下。沸水一泡，就有白色的茸毛浮起，叶多蜷曲，作嫩碧色，上口时清香扑鼻，回味也十分隽永，如嚼橄榄。清代词章家李莼客曾有《水调歌头》一阕加以品题云：“谁摘碧天色？点入小龙团。太湖万顷云水，渲染几经年。应是露华春晓，多少渔娘眉翠，滴向镜台边。采采筠笼去，还道黛螺奁。龙井洁，武夷润，岕山鲜。瓷瓯银碗同涤，三美一齐兼。时有惠风徐至，赢得嫩香盈抱，绿唾上衣妍。想见蓬壶境，清绕御炉烟。”他把碧螺春的色香和曾经进贡的一回事都写了出来；可是没有写到茶叶采下之后，是曾经在采茶人的怀中亲热过的。[1]

[1] 周瘦鹃．紫兰忆语［M］．苏州：古吴轩出版社，1999：190.

周瘦鹃不仅对洞庭碧螺春的历史如数家珍，更是称洞庭碧螺春“实在西湖龙井之上，单单看了这名字，就觉得它的可爱了”。对周瘦鹃而言，与茶种和产地相比，他更在乎喝茶的时令。这一点与晚明文人类似，如李渔《闲情偶寄·颐养部》就以四季更迭来展开颐养，分别有春季行乐之法、夏季行乐之法、秋季行乐之法和冬季行乐之法。周瘦鹃喝洞庭碧螺春的时间一般在入夏时分。那时，天气微热，正适合喝绿茶解暑，当季的洞庭碧螺春正好新鲜可以用来品尝。他喜欢洞庭碧螺春，但更看重“尝新”，一定要够新鲜，配合天气，“夏绿冬红”，喝起来才够味。

所谓生活美学，简单来说，就是人对如何度过一生的方式的看法与理念。以周瘦鹃为代表的一批苏州艺术家不但在通俗文学作品上继承了明清文艺旨趣，而且在个人生活方式上也沿袭了明清典雅精致的生活情趣。周瘦鹃注重营造美的精神世界，茶成了他进入美的精神世界的入口。

当代作家陆文夫是江苏泰兴七圩人（今属泰兴市虹桥镇），毕业于苏州中学。1978年，他返回苏州从事专业创作，并在此后主编了《苏州杂志》，是江苏省文联专业作家、苏州市创作室专业作家，曾任中国作家协会副主席、江苏省作家协会主席、苏州市文联副主席。

对于陆文夫来说，茶是必不可少的。朋友们都知道他爱茶之切，每有好茶，总要给他留着，“因为只有陆文夫才不致委屈了好茶”。他喝茶不是单纯为了消渴，滋味深长的闲饮，可以助谈，且带有几分雅意。他以“和、清、静寂”为茶之三味，如芝兰蕙萱、松菊竹梅可喻人品，可言心志，令人神融心醉。他非常喜爱苏州的洞庭碧螺春，在《茶缘》中不无深意地写道：

> 每年春天，当绿色重返大地的时候，我心中就惦记着买茶叶，碧螺春汛过去了，明前过去了，雨前过去了，炒青开始焙制了，这时候最希望能有几个晴天，晴天炒制的茶水份〈分〉少，刚炒好就买下，连忙回家藏在冰箱里，从炒到藏最好是不要超过三天。

> 每年的买茶都像是件大事，如果买得不好的话，虽然不是遗憾终身，却也要遗憾一年。[1]

陆文夫把购置新茶视为一年之中的“大事”，颇为虔诚，甚为郑重，可见他对苏州的洞庭碧螺春之喜爱，这同时也道出了文人的共同意趣和精神向往：崇尚高雅，追求品质。而文人墨客追求的精致高雅，可谓是洞庭碧螺春最为突出的人文精神。

陆文夫懂茶，被誉为“抒情的人道主义者”“中国最后一个纯粹的文人”“中国最后一个士大夫”的汪曾祺就曾向他求教，这也成为一段茶之佳话。汪曾祺是江苏高邮人，中国当代作家、散文家、戏剧家、京派作家的代表人物。他的散文平淡质朴，娓娓道来，如话家常。汪曾祺也爱茶，在《寻常茶话》中说到了在雕花楼喝洞庭碧螺春的情景：

> 龚定庵以为碧螺春天下第一。我曾在苏州东山的“雕花楼”喝过一次新采的碧螺春。“雕花楼”原是一个华侨富商的住宅，楼是进口的硬木造的，到处都雕了花，八仙庆寿、福禄寿三星、龙、凤、牡丹……真是集恶俗之大成。但碧螺春真是好。不过茶是泡在大碗里的，我觉得这有点煞风景。后来问陆文夫，文夫说碧螺春就是讲究用大碗喝的。茶极细，器极粗，亦怪！[2]

据说，之所以用粗瓷大碗泡洞庭碧螺春，是因为当年紫金庵茶馆资金不足，迫不得已选用便宜的饭碗来代替昂贵的玻璃杯和瓷盖杯。饭碗是白粗瓷的，用它泡洞庭碧螺春，汪老先生甚为惋惜，仿佛这娇嫩的洞庭碧螺春与粗瓷大碗相配是个天大的错误。其实，洞庭碧螺春还就是讲究用大碗喝的，不过也有很多人泡洞庭碧螺春爱用玻璃杯，为的是欣赏它的茶色。这就在民间引发了泡洞庭碧螺春是用饭碗好还是用茶杯好的争论，以至分

---

[1] 陆文夫 . 茶缘 [J] . 农业考古，1993（4）：215.

[2] 梁实秋，汪曾祺 . 幸得人间茶饭香：彩插精装版 [M] . 南京：江苏人民出版社，2019：273.

出了两大流派——“饭碗派”和“茶杯派”。

江苏如皋人吴功（笔名吴文），既是作家，也是文艺评论家。他第一次发现喝碧螺春的妙处，就喝出了恋爱的感觉，于是在《再谈喝茶》中称：

> 碧螺春，如同恋人：一见倾心，荡气回肠。[1]

苏州人把洞庭碧螺春亲切地称为“碧螺姑娘”。李清照在《浣溪沙·闺情》中写道：“一面风情深有韵，半笺娇恨寄幽怀，月移花影约重来。”再读此词，仿佛看见吴文对待“碧螺姑娘”就像对待初恋似的，凝视花月，苦苦思恋。初恋是一个美丽的梦，梦醒后虽有惆怅，比起别的感情来，却多了些许神秘的感觉和幻想的成分，也平添了些许美感和浪漫气氛。

“佳茗似佳人”是苏东坡对茶韵的形容，他在《行香子·茶词》中写道：“暂留红袖，少却纱笼。放笙歌散，庭馆静，略从容。”这比“佳人”论更有妙趣。辽宁作家老烈（原名苏烈）一路南下在广州落户后，虽说他仍是惜茗怜香，心心爱恋着“佳人”，却未能“从一而终”，够不上“忠贞之士”。他饮茶虽说杂了，却仍然固执地喜欢一杯雨前茶。他认为，雨前茶的形状都很美。西湖龙井纤细俊秀，泡出来一芽一叶，便是一枪一旗；洞庭碧螺春柔曼娇弱，沸水一冲，显现白茸茸的嫩毫。好茶一入口，便先感到有些清、苦、涩的味道，然后就觉得有一种浓厚的甘甜回味，香透齿舌。如果只有苦涩而无甘甜，那便是等而下之的东西。唯有这“香”难说，无法言喻。

面对“佳人”，是要用心去“品”的。要“品”出好滋味。就像老烈所言：“香，奇香，异香，妙不可言的香。但到底是什么香？”品者会有不同的感受。李公绥在《品出好滋味》中说：

[1] 马明博 . 品出五湖烟月味 [M] . 天津：百花文艺出版社，2003：33.

平日里写作，我更喜欢坐在临窗的办公桌前，用玻璃杯沏明前的碧螺春，虽然不及雨前茶芽老耐泡，但是叶嫩茶绿，汤鲜味醇。晶莹剔透的杯，湛清碧绿的水，空气中洋溢着生命的色彩，盛夏时节还能感受到新春三月的气息，岂不美哉？[1]

这李公绥应该算作“茶杯派”的人吧。他“品”洞庭碧螺春要用玻璃杯，要寻找那种静静的味道。这样的“品”茶，喝的是一种心境，追求的是一种情调。无独有偶，作家车前子也喜欢用玻璃杯来沏洞庭碧螺春。例如，他在《吃茶的心境》中所写，他吃茶的心境又不同于李公绥：

夜里睡得好，早晨起来就神清气爽，这时候，泡一杯“碧螺春”是最适宜的。我总觉得早晨是喝“碧螺春”的最佳时间段，其茶清淡，但清而丰，淡而腴，更主要是色鲜味新，能除一夜宿旧气。泡茶的器具，紫砂为上，但我泡“碧螺春”却爱用玻璃杯，为了欣赏它的茶色。我曾有一只法国造的玻璃杯，品质晶莹剔透，造型又峭拔，用它来泡“碧螺春”，像是一次中西文化的最好交流。泡“碧螺春”时，要在杯内先注上水，再加茶叶，因为它绝嫩，一如二八妙龄，太炽热了会伤了它。我在注水时，是不使杯满的，留两截手指节的余地，“碧螺春”放下后。忙把杯口凑近鼻子，香会蓬蓬地在鼻端弥漫。因为早为它留下了空间，这香显得饱满，停伫的时间也就长些。[2]

车前子这是把洞庭碧螺春当成了二八妙龄的少女，生出了怜悯之心，小心翼翼地，生怕太炽热了，会伤了少女的肌肤。

一位少女就是一朵纯净得无可指摘的生活之花，面对十六岁的美丽少女，要懂得用心怜爱，用心细赏雅品，若是像李逵那样的莽汉牛饮一气，那就糟蹋了人间珍品。

[1] 李公绥．品出好滋味［N］．北京晚报，2020-07-13（22）．

[2] 马明博．品出五湖烟月味［M］．天津：百花文艺出版社，2003：105.

痴情洞庭碧螺春的，作家谈正衡也算得上一个。作为安徽人，他虽偏爱美丽而骄傲的黄山茶，但在他的味觉里，黄山茶就是一片绿萝藤蔓，沿着记忆的方向蔓延，有一种朦胧如水墨画的江南气质，但这不影响他钟情如婉约的江南女子的洞庭碧螺春。他在《茶意的江南》中说：

> 接连续了两壶水，绿色的碧螺春被倾情浸泡，看不见轮回却几自在轮回。茶水清碧微黄，苦涩中带着馥郁的兰气，绕齿三匝的回味里，犹如一缕清风吹过林间，自有一些淡淡的朦胧，和一抹幽幽的宁静。江南的茶，真的就如婉约的江南女子，低眉敛笑，容颜恬淡，肤如凝脂，手如柔荑，曼妙柔情，总给人千回百转欲说还休的滋味。梅雨江南，一壶喝不尽的碧螺春，一帘永远走不出的幽梦……[1]

在作家的眼里，以“色绿、香郁、味醇、形美”四绝名于世的西湖龙井，虽透着大家闺秀的从容和闲适，令人向往，却不如肤如凝脂、手如柔荑、曼妙柔情的洞庭碧螺春更让人柔肠百转。面对妙龄少女，那些钟情于她的茶君子，默默地将感情藏入一帘幽梦之中，用一生一世珍藏。中国现代作家、学者曹聚仁，是浙江省浦江县南乡蒋畈村（今属浙江省兰溪市）人，他在《陆羽茶山寺》中说：

> 东南各地，到处都有好茶；前几年，碧螺春初到香港，并不为海外人士所赏识。这是上品名茶，品质还在龙井之上，我住苏州拙政园时，一直就喝这种本色的茶叶。（龙井的绿叶乃是用青叶榨汁染成的，并非本色。）潮州人喝的铁观音，福州的双熏，都不错。只有祁门红茶，虽为洋人所喜爱，和我一直无缘。这一方面，我乃是陆羽的门徒。[2]

[1] 谈正衡 . 梅酒香螺嘬嘬菜［M］. 沈阳：辽宁教育出版社，2011：294.
[2] 陈平原，凌云岚 . 茶人茶话［M］. 北京：生活 · 读书 · 新知三联书店，2023：121.

曹聚仁时常因茶怀古，因茶思乡，称自己“乃是陆羽的门徒”，他晚年在香港生活，所喝之茶一定少不了江南的洞庭碧螺春和西湖龙井。

当代作家宗璞的作品多描写知识分子阶层，文笔优美，富涵学养，含蓄蕴藉，以细密从容的叙述方式，形成了优美温婉的语言风格。她在《风庐茶事》中说：

> 有一阵很喜欢碧螺春，毛茸茸的小叶，看着便特别，茶色碧莹莹的，喝起来有点像《小五义》中那位壮士对茶的形容：“香喷喷的，甜丝丝的，苦因因的。”这几年不知何故，芳踪隐匿，无处寻觅。[1]

《风庐茶事》也说饮茶要谛在那只限一杯的“品”，不过宗璞的“品”不是品怀春少女的那种雅致风情，而是品生活的滋味。甜也罢，苦也罢，人生的况味就从这“寻常茶话”中透现出来。宗璞原籍河南唐河县，生于北京。唐河县距离信阳只有 100 多千米。唐河的另一位大作家姚雪垠就曾在今天的信阳市第一高级中学读过书。遗憾的是，信阳毛尖与这两位作家似乎没有多少缘分，没能读到他们二人谈信阳毛尖的文字。

自古有“茶禅一味”的说法，宗璞品饮洞庭碧螺春能悟出生活的滋味，王玉国（笔名叶梓）品饮洞庭碧螺春却是品出人生的艰辛。现居苏州的著名作家王玉国是甘肃天水人，作为新苏州人，他的《碧螺春月令》是一篇深入苏州茶人生活的文章。作家对洞庭碧螺春茶园有着非常细腻的描写，例如，“茶园里，枇杷最多……银杏，枇杷，青梅，杨梅，石榴，柑橘，板栗，桃子，我能记起名字的差不多这些”。又如，“茶树喜阴，怕阳光直晒，也怕霜雪寒冻，而果树恰好喜光、抗风耐寒，刚好为茶树提供了遮蔽骄阳、蔽覆霜雪的良好生长环境。茶果间作，茶树和果树根脉相通，枝丫相连，

[1] 陈平原，凌云岚 . 茶人茶话 [M]. 北京：生活 · 读书 · 新知三联书店，2023：364.

果树的花粉、花瓣、果子、落叶等落入土壤，春茶可以从土壤养分中吸到果香和花味”，这种特殊的生长环境造就了碧螺春茶独特的花果香。[1] 这些描写展现了洞庭茶园的茶果间作的独特性，反映了苏州茶人与自然和谐共生的生活方式。

名茶来之不易，除王玉国所说的生长不易之外，采撷和炒制也是同样不易的。曾任《人民文学》主编、中国诗歌学会常务副会长的作家、诗人韩作荣（笔名何安），在《嗜茶者说》中说：

> 新茶难觅，好茶无多。那大抵是因为中国的名茶为绿茶，且多为茶芽。茶树发芽时采摘，只能有几天的时间，所谓“早采三天是个宝，晚采三天便成草”了，芽是活物，并不等待采摘的手指。而一斤特级龙井含嫩芽三万余；一芽一叶，形如雀舌的碧螺春，一斤中含雀舌近七万。想于白毫萌生、嫩叶初展之际，凌晨夜露未碎时开始采摘，五名采茶女采一天，才能采摘出一斤龙井，难怪稀者为贵了。可茶芽细嫩，经不得浸泡，好茶第二泡最妙，第三杯还喝得，再泡第四杯水时则索然无味了。自然，好茶并非都是茶芽，中国的十大名茶中，“六安瓜片”均为瓜子形的嫩叶；“太平猴魁”则枝叶相连，于水中浸泡，有刀枪剑戟般的杀伐之态；而“铁观音”系粗老采，粗梗老叶半发酵后制成，仍为名茶。不过此类茶多为喝功〈工〉夫茶所用。[2]

这篇《嗜茶者说》写了西湖龙井、洞庭碧螺春的采制不易，还说“好茶并非都是茶芽”，举了六安瓜片、太平猴魁、铁观音几个例子。作者也许不知道，信阳毛尖的茶芽数量也有六七万个。全国名茶评审委员会专家组组长、中国茶叶流通协会原副会长于杰多次到过信阳，他第一次看到上等信阳毛尖每斤干茶有六七万个茶芽时，惊叹不已，连称全国罕见。

---

[1] 叶梓 . 碧螺春月令 [J]. 茶道，2023（5）：78–79.

[2] 陈平原，凌云岚 . 茶人茶话 [M]. 北京：生活 · 读书 · 新知三联书店，2023：293.

当代作家笔下的信阳毛尖

当代作家笔下的信阳毛尖，也清香氤氲。

中国内地作家、编剧叶楠与白桦是孪生兄弟，信阳市平桥区中山铺人。1930 年，陈姓人家生了一对双胞胎儿子，给先出生的男婴取名“佐华”（叶楠），又给晚出生的取名“佑华”（白桦）。兄弟俩长大之后都成了作家。

白桦的气质跟叶楠全然不同。叶楠内向，拘谨；白桦则外向，奔放。叶楠的生活道路一帆风顺，而白桦则命运多舛。白桦的一生充满了坎坷与挑战，但他的坚持和才华使他成为中国文学史上的一位重要人物。他的作品深刻反映了社会现实，表达了对人性的理解和对美好未来的向往，千帆过尽，依旧一片赤诚之心。

陈氏兄弟一直喜欢家乡的信阳毛尖。他们在很小的时候就懂得饮茶。1999 年，申城晚报社曾派记者去上海看望白桦。他们一道愉快地谈起信阳毛尖，白桦后来还专门写了《暮春时节的思念》，刊发在家乡的报纸《申城晚报》上面。他在文中回忆说：

> 我在很小的时候就懂得饮茶了，抗战前，我只有几岁，家门前就是一条西关大街……早上的大街上尽是从西南乡来的农民，从早到晚络绎不绝。卖柴的，卖菜的，卖鱼的，卖肉的，卖鸡的……在春夏之交，也有卖茶叶的。茶叶装在竹篓里，那是一种很细密的竹篓，还垫着厚厚的棉纸。有一位老伯伯，摆着一张小条桌，做的是兑换零钱的生意，也代写书信。他是品茶的行家，一清早，摆好条桌就给自己沏一大玻璃杯毛尖茶，我呆呆地看着，看着一张张碧绿碧绿的叶片慢慢地在沸水里展开，就情不自禁地笑了，他总是心领神会地让我尝那么一小口。那是一种让我终生难忘的

> 馨香，至今我都还能感觉得到。街市上买卖茶叶的双方都向他请教，请他鉴定，只要他说个价就成交了。成交之后，买卖双方都要赠送他一小撮茶叶，所以他的茶是喝不完的。
>
> 小时候，我只喜欢喝家乡茶，甚至不可替代……一直以为那主要是乡情在起作用，是信阳毛尖和信阳的山水、亲人联系在一起的结果。当我饮遍全中国乃至全世界的名茶以后才认识到：不仅对于我，信阳毛尖是最好的茶叶，对于真正的识家，也属于上乘。[1]

有一段时间，白桦在买不到信阳毛尖的时候，曾钟情过西湖龙井，也喜爱过六安瓜片和台湾的冻顶乌龙……甚至很长一段时间热衷于咖啡，但是白桦最后还是选择了信阳毛尖，他说："这也许是落叶归根的自然反映吧！每逢暮春季节，我就思念故乡的浉河、故乡的鸡公山、故乡的茶园来了！"

白桦在《暮春时节的思念》中，也流露了他的遗憾与期待：

> ……90 年代初，我有过一次匆匆的故乡之旅，当汽车从鸡公山进入信阳境内的时候，就看到公路两旁全都是拦车叫卖的乡亲，他们叫卖的就是信阳毛尖，我品尝了其中有些所谓"信阳毛尖"以后，觉得很不是滋味，心情像云遮月那样黯然。回到故乡，故乡反而离我远了。信阳毛尖在我心目中是珍品呀！为什么要拦车叫卖呢？这个问题在我心中一直困扰至今，为什么？在法国的波尔多，我从未见到过有人拦车叫卖葡萄酒。那么多葡萄园主的销售店门挨着门，每一家的酒窖都敞开着，任人参观。一条古老的街道，静悄悄的，络绎不绝的顾客和店主的交谈也都是轻声细语。我问过一位波尔多人，他笑着回答我：在波尔多，

---

[1] 《南方周末》. 回家过年 [M]. 南昌：二十一世纪出版社，2012：204–205.

还需要叫卖葡萄酒吗！是的，什么时候，我们信阳人也会像波尔多人那样说：在信阳，还需要叫卖茶叶吗！还是古人说的精辟：桃李不言，下自成蹊[1]

叶楠也曾在《从信阳毛尖说起》一文中，回忆家乡的茶叶：

信阳毛尖，经冲沏，不但色泽翠碧，清香氤氲，入口后，既有清苦，又有甘甜。仅甘甜，味道必平淡，甘甜伴以清苦，才奇特，才耐人品咂。一杯入腹，甘冽幽香沁入肺腑，顿觉心旷神爽。我想这就是毛尖的独特可贵之处吧。[2]

李国文的《龙井的井，到底多大？》一文曾提到叶楠的这篇文章，他说："不久前，读到叶楠兄的一篇谈他家乡名茶'信阳毛尖'的短文，对于冒牌货之泛滥成灾，结果砸了真正名牌产品的声誉，颇为愤慨。"[3]

叶楠、白桦兄弟还是学生时就离开了故乡，可他们俩的心一直与故乡的山水紧紧相连，他们对故乡茶叶的那种挚爱与深情，从上文中能读得出来。家乡人也没忘记他兄弟俩，前几年在平桥区的"中国美丽乡村"郝堂村建立了上、下两层的叶楠白桦文学馆，供家乡人参观游览。今天，"在信阳，还需要叫卖茶叶吗？"之问，答案已经是"不需要了"。公路两旁早已没有拦车叫卖的乡亲，信阳毛尖已经成了畅销品，但兄弟俩流露出的对卖假茶叶的遗憾，今天的信阳茶区仍没有真正解决好。或许未来的某一天叶楠的愿望会在信阳茶区实现。

鲁迅文学奖和茅盾文学奖获得者、中国作家协会全国委员会委员、北京作家协会副主席乔叶是河南人，她是喜欢喝信阳毛尖的。为此，她还专门跑到信阳的茶山，与茶农一块吃，一块住，一块采茶、炒茶、饮茶。她的《你不知道吧》中，有这样一段话：

---

[1] 《南方周末》. 回家过年 [M]. 南昌：二十一世纪出版社，2012：205.

[2] 叶楠 . 海祭 [M]. 长沙：湖南文艺出版社，1996：269.

[3] 袁鹰 . 清风集 [M]. 北京：华夏出版社，1997：89.

> 用的是最寻常的素面透明玻璃杯，水是自来水，味道有一股天然的清甜。茶叶没有单芽的，多是一芽一叶，初展的也有，全展的也有。但看那杯子里的景象，芽的毛，叶的尖，名副其实的才算是毛尖。尖也就罢了，毛这个字，真是太妙。是用惯了的好，也是经得起用的好，不然怎么能用惯呢？这世上，最纤细的东西就是毛，最幼嫩的也是毛，汗毛、毛发、毛孔、毛毛雨、一毛钱、毛茸茸……有毛的东西几乎都是可爱的。作为茶叶的毫，这个毛，自然是要多好就有多好。[1]

这恐怕是对信阳毛尖的“毛”最细腻的解读了。乔叶在信阳茶乡，茶人告诉她说，入口的茶味是有细微分别的。当然，无论怎么不一样，茶味儿总归还是涩、甘、香。不过，有的涩久一些，有的甘浓一些，还有的香长一些。传达出来的气息，有的静一些，有的沉一些，还有的浮一些。各家各户的茶山、茶树不同，打茶、炒茶的人不同，进到杯里的茶怎么会一样？乔叶便略带哲理地说了一句：

> 既然世界上没有同一片叶子，又怎么可能有同一杯茶呢？[2]

是的，世界上没有同一片叶子，不可能有同一杯茶，但同一座山上生长的茶树，就是同一种茶，洞庭碧螺春、西湖龙井、黄山毛峰、六安瓜片如此，信阳毛尖也是如此。

当代作家李辉是湖北随县（今随州市）人，他的家乡与信阳市浉河区仅有一山之隔。车云山的西边是随县，山的东边是浉河区。山东边的信阳毛尖名气大了，山西边的人也跟着种茶，到山东边学炒茶。一座山上生长茶叶的自然条件是一样的，连加工茶叶的技术也是一样的，他们那儿生产的茶叶，也被当地人称为“信阳毛尖”。李辉《茶场的日子》一文写道：

---

[1] 乔叶 . 她曾是天使［M］. 郑州：河南文艺出版社，2024：108.

[2] 乔叶 . 她曾是天使［M］. 郑州：河南文艺出版社，2024：108.

家乡在湖北随州。这是个面积很大的县（现在改为市），有很多山。北边与桐柏山、鸡公山相邻，山这边是随州，山那边便是信阳，而著名的信阳毛尖，就主要出在这座山上。南边是蜿蜒起伏的大洪山，号称楚中第一峰。这里雨水充沛，云雾缭绕，对茶树最有益。有山，有水，最适合种绿茶。家乡的茶场便很多，几乎山区的每个乡都有。大小不一，最大的已有万亩之众，伫立在这样的大茶场，环顾周围，满山遍野一垄一垄的茶叶相连接，颇为壮观。[1]

李辉介绍了家乡茶叶的好处后，又深情地回忆了早年他在茶场的生活经历。家乡的茶场是作家生活的一部分，关于山、关于水、关于茶的记忆，也成为他生命体验的一部分。

从20世纪80年代开始，信阳诗人崭露头角，在河南省形成了“信阳诗人方阵”。有许多诗人用诗歌的形式来赞颂信阳毛尖。像信阳作家、中国作家协会会员、诗人胡亚才写的《茶的真相（外二首）》：

每一天都有风吹草动
一直以来，始终没有学会矜持
即便静静地坐在阳光下
没有茶，房舍郁郁寡欢
大地到处都是陌生的眼睛

风一吹就动
茶在风的叙事中穿针引线
以民间格调
氤氲细饮民谣的情绪

[1] 袁鹰.清风集[M].北京：华夏出版社，1997：92-93.

抑或家长里短的飘落[1]

胡亚才笔下的信阳毛尖，舒缓而从容，“没有茶，房舍郁郁寡欢 / 大地到处都是陌生的眼睛”，他将自我沉浸消融在对茶的执着与偏爱中，表达了在洞悉茶的惬意幽香之后的沉醉陶然。

同样是信阳毛尖，在中国作家协会会员、信阳市作协主席、诗人田君的《毛尖之书》里又是另一种意象：

一芽，两芽，或者三芽
从谷雨到初夏
一年一度，待估而嫁的毛尖姑娘
不施粉黛，自然天成
在信阳的大街小巷
你随处都会遇见她
依然就是你的邻家女孩的形象
一如既往地款款而过，含情脉脉
无需惊讶，也用不着惊喜
毫无悬念，毛尖属于我们
毛尖属于信阳
她不用任何技巧
随时随地都能轻易地温暖或打湿我们

她和水是一个整体
如同嘴唇和爱情不能分离
她们相互依存、依恋
继而互相依附、依赖
毛尖因水而名

[1] 胡亚才. 茶的真相（外二首）[N]. 信阳日报，2014-04-30（7）.

水因毛尖而贵

浉河是她的故乡
还有那千万条涌汇而来的溪流也是她的故乡
富贵不能淫，贫贱不能移
不离不弃的毛尖
成为信阳人精神的故乡
她就执着于那一汪清泉
痴心不改。作为报答和感恩
我们即使远行千里 隔山隔水
那心头、梦中最最放不下的一定是
亲亲的毛尖 嫡嫡的信阳[1]

田君笔下的信阳毛尖与众不同，从“一芽，两芽，或者三芽”的细致描写，到“不施粉黛，自然天成”，凸显出信阳毛尖未经雕琢的天然之美。这种形象化的表达，让读者能轻易在脑海中勾勒出信阳毛尖的模样。对信阳毛尖的审美气韵，诗人用“邻家女孩”来亲切形容，仿佛它是一个有生命、有情感的个体，在大街小巷与人们相遇，带着含情脉脉的目光，给人以亲切之感。

从古至今，苏州与信阳两地都有不少文人墨客写下歌咏本地茶叶的佳作，成为两地茶文化的璀璨明珠。

[1] 田君．毛尖之书（外一首）[N]．信阳日报，2010-11-18（7）．

江苏苏州
河南信阳

比翼双飞

洞庭碧螺春、信阳毛尖前景展望

洞庭碧螺春和信阳毛尖作为中国传统名茶的典范，在品牌价值评估中排名靠前，市场销量和销售额也成绩不俗，显示出它们具备显著的发展潜力。在健康消费理念深度普及的社会背景下，二者依托绿茶品类的天然生态特质及独特感官品质，市场认可度持续提升。

两地通过实施品牌化发展战略，着力整合茶产业资源，加大资本投入力度，系统提升茶树栽培技术体系，完善标准化生产基地建设，推进生产流程规范化进程，有效提高产品溢价能力。此外，两地还加强地理标志产品保护，构建农产品区域公用品牌体系，深化电商渠道布局，创新零售模式，并建设茶旅融合示范园区。这些措施势必将推动两地茶产业多元化发展，全面提升品牌价值。

茶
TEA

在洞庭碧螺春、信阳毛尖辉煌成就的背后，也潜藏着不容忽视的挑战。尽管两地茶产业整体呈现出蓬勃态势，茶园规模持续扩大，产量与产值屡创新高，但茶园绿色防控体系尚不完善、肥料使用结构单一、加工技术创新能力不足、产业结构失衡、市场主体实力参差不齐、市场营销存在短板及品牌效益有待提振等问题，正成为制约洞庭碧螺春、信阳毛尖进一步飞跃的瓶颈。面对这些挑战，两片绿叶的发展之路亟需转型与升级，以实现更高质量、更可持续的发展。

近年来，两地在两片绿叶更高质量、更可持续的发展上都做出了许多努力，并且取得了显著成绩。

洞庭碧螺春、信阳毛尖品牌化建设

打造区域公用品牌

两地在品牌建设方面，多年坚持以市场为导向，以品牌为引领，坚持创新驱动，着力打造、叫响洞庭（山）碧螺春、信阳毛尖区域公用品牌，先后申请并获得“洞庭（山）碧螺春”地理标志证明商标、“信阳毛尖”地理标志证明商标；国家地理标志产品“洞庭（山）碧螺春茶”、国家地理标志产品“信阳毛尖”；中国驰名商标、农产品区域公用品牌、中欧地理标志等，极大地提升了洞庭碧螺春、信阳毛尖的知名度和品牌效应，推动了市场销量的提升。截至 2024 年，洞庭（山）碧螺春的农产品区域公用品牌以 54.45 亿的品牌价值居中国茶叶区域公用品牌价值榜第 5 位；信阳毛尖以 80.55 亿元的品牌价值居中国茶叶区域公用品牌价值榜第 2 位。

打造企业品牌

苏州、信阳茶区不断增强企业品牌意识，开始了从“制造”到“创造”的转变。一方面，苏州与信阳两地通过政策引导与资金扶持，鼓励企业加大研发投入，提升产品的科技含量与附加值；同时，组织专家团队为企业提供品牌策划、市场营销等方面的专业培训与指导，帮助企业制定科学合理的品牌建设规划，确保品牌建设工作有序开展。另一方面，苏州与信阳两地还注重品牌文化的培育与传播，鼓励企业挖掘自身特色，打造独具特色的品牌故事，通过线上与线下相结合的方式，广泛传播品牌文化，增强品牌的社会影响力与认同感。

为进一步增强茶企的品牌竞争力，苏州与信阳两地都在积极引领并推动企业构建以品牌管理、品牌保护、品牌传播、质量保证、技术创新、品牌文化为核心的企业品牌建设综合生态系统，积极鼓励茶企业注册商标，申报知名商标和名牌产品，加强商标注册和专利申请等知识产权工作，有效防范品牌被侵权或滥用的风险。以苏州吴中区为例，截至 2022 年年底，该区拥有 1 个中国驰名商标，有“碧螺”“庭山”“天王坞”“御封”“咏萌”“吴依”等一批有影响力和知名度的茶叶品牌；信阳茶区在这方面也多有建树，截至 2023 年年底，拥有 8 个中国驰名商标，有“龙潭”“文新”“蓝天”“九华山”“广义”等一批有影响力和知名度的茶叶品牌。

培养茶叶人才

在当今茶产业蓬勃发展的背景下，如何确保当地茶叶的持久繁荣与品质飞跃，已成为一个亟待深入探索的课题。从长远视角审视，人才无疑是两片绿叶持续腾飞的决定性因素。为此，苏州与信阳两地都秉持传承和创新并重的理念，通过高效整合茶企、茶合作社及产茶村的优质资源，精心

围绕产业链构建人才链，为两片绿叶的未来发展铺设崭新的道路。

在苏州与信阳两地茶叶的悠久历史中，传统制茶技艺是其不可或缺的精髓与灵魂。然而，随着时代的更迭与青年一代的成长，技艺传承面临着前所未有的挑战。为鼓励年轻一代投身茶叶事业，吴中区举办洞庭碧螺春炒茶青匠大赛，在实践中培养接班人；浉河区通过整合多方资源，创建多个大师工作室，汇聚茶叶制作技艺非物质文化遗产传承人、中国制茶大师等业界精英，通过他们的生动讲座、现场示范及一对一指导，将传统制茶技艺的精髓传授给青年一代。

截至 2023 年，吴中区有中国制茶大师 7 名、各级非物质文化遗产传承人12名；信阳市有中国制茶大师 7 名、各级非物质文化遗产传承人 31 名。

附 1：苏州、信阳茶叶制作技艺非物质文化遗产项目代表性传承人介绍

（一）洞庭（山）碧螺春制作技艺非物质文化遗产项目代表性传承人

自 2007 年启动洞庭（山）碧螺春制作技艺非物质文化遗产保护传承以来，苏州市已先后确定代表性传承人 12 人。其中，国家级传承人 1 人、省级传承人 1 人、市级传承人 6 人、区（县）级传承人 4 人。

（1）国家级传承人

施跃文，男，1967 年 11 月出生，洞庭东山镇双湾村茶农，国家级洞庭碧螺春炒茶大师。施跃文生在“碧螺”世家，乾隆时期，其祖辈就常把自家的洞庭碧螺春进贡给朝廷。他的祖母周瑞娟曾是全国三八红旗手，15 岁时已是村里出名的炒茶姑娘，是施跃文炒茶的启蒙老师。施跃文 7 岁时开始学烧火，一年便熟练掌握烧

火技巧，这为他日后炒茶打下了重要基础；12 岁时能帮祖母做难度颇高的洞庭碧螺春“搓团”工序；17 岁时开始独立做茶，闻茶味即能识别火候。在 50 多年的炒茶实践中，他坚持探索，不断总结，形成了独有的洞庭碧螺春炒茶技艺。其炒制的茶叶具有纯正的洞庭碧螺春外形与内质。在传承洞庭碧螺春制作技艺的基础上，他以新的方法制作洞庭碧螺红茶与桂花味红茶。他曾获 2004 年洞庭山碧螺春炒茶擂台赛第一名，获得“茶王”称号；2007 年获第七届“中茶杯”名优茶评比一等奖；2010 年获首届“国饮杯”全国茶叶评比特等奖。多次作为洞庭碧螺春制作技艺非物质文化遗产传承人在苏州市吴中区洞庭碧螺春北京、沈阳、上海、深圳推介会上现场表演炒制绝活。2017 年 12 月，他被认定为国家级非物质文化遗产项目绿茶制作技艺（洞庭碧螺春制作技艺）代表性传承人。他向近 30 名年轻茶人传授技艺，对洞庭碧螺春制作技艺的传承起到了重要作用。

（2）江苏省级传承人

周永明，男，1957 年出生，苏州市吴中区金庭镇衙角里村茶农，苏州市吴中区西山碧螺春茶厂创始人，现任苏州市茶业行业协会副会长、碧螺春茶业协会副会长及西山茶业协会副会长，系洞庭碧螺春国家级炒茶大师、省级非物质文化遗产项目绿茶制作技艺（洞庭碧螺春制作技艺）代表性传承人、国家一级制茶师、高级评茶员、江苏省茶业十大工匠人物、江苏省乡土人才“三带”名人、江苏省茶产业标准化技术委员会委员、苏州市姑苏乡土人才能工巧匠。他自幼学习制茶技艺，从事茶叶加工生产 50 余年，熟练掌握洞庭碧螺春制茶流程。其炒制的洞庭碧螺茶作为中国茶叶研究所“评茶员、茶艺师”教学茶样，被中国茶叶博物馆馆藏，

并作为“中国好茶”向海内外人士展示，曾获第十九届、第二十届中国绿色食品博览会金奖，第六届“中茶杯”一等奖，江苏省二十届“陆羽杯”特等奖，第十四届国际鼎承茶王赛特别金奖，以及中国茶叶流通协会第十二届“中绿杯”五星产品、中国茶叶学会五星名茶称号。2023 年，他参加江苏省文旅厅组织的“茶和天下，共享非遗”主题活动，在法国巴黎联合国教科文组织展示洞庭碧螺春制作技艺；2024 年，被中华茶人联谊会、《中华合作时报》评为第三届“茶人榜样”兴业茶人。

（二）信阳毛尖制作技艺非物质文化遗产项目代表性传承人

（1）国家级传承人

周祖宏，男，1952 年生，信阳市浉河区浉河港镇黑龙潭村人，家族制茶历史已延续四代。他从 17 岁开始跟着祖父学习信阳毛尖茶制作技艺，在机械制茶技术广泛应用的当下，他仍坚守传统，执着于手工炒茶技艺。为了延续这一传统手工制茶工艺，他不仅将手艺传授给子女，还广纳门徒，悉心教导。鉴于年事渐高，周祖宏将主要精力投入技艺的传承与新人的培养之中，致力于让这份古老的手艺薪火相传，发扬光大。2008 年，他成为省级非物质文化遗产项目绿茶制作技艺（信阳毛尖茶制作技艺）代表性传承人；2018 年，被文化和旅游部命名为国家级非物质文化遗产项目绿茶制作技艺（信阳毛尖茶制作技艺）代表性传承人。

（2）河南省级传承人

阚贵元，男，1961 年生，河南省信阳市浉河区人。1979 年 2 月，他参加工作；1981 年 5 月，加入中国共产党。他曾历任河南信阳五云茶叶总场场长，河南信阳五云茶叶（集团）有限公司董事长、总经理。他曾任河南信阳毛尖集团有限公司副董事长、党委书记，信阳市茶叶商会会长，中国茶叶流通协会副会长。他先后当选河南省第十届、第十一届、第十二届人大代表。他多次被评为全国、河南省、信阳市优秀企业家，获国家科技扶贫带头人、中国茶叶行业十大经济人物、首届全国十强农产品经纪人、新中国六十周年茶事功勋人物等称号。

刘文新，男，信阳市平桥区人，1972生，曾先后当选河南省第十一届、第十二届、第十三届人大代表，获全国五一劳动奖章，获中国茶产业十大领军人物、中国茶业年度经济人物、河南省劳模助力脱贫攻坚十大领军人物、河南省脱贫攻坚社会扶贫先进个人等称号。1992年，他开始涉足茶产业，在行业内崭露头角；1997年，创立信阳市文新茶叶有限责任公司，担任董事长、总经理，带领企业实现快速发展，使其成为国家级龙头企业。

附2：苏州、信阳中国制茶大师介绍

（一）洞庭碧螺春制茶大师介绍

截至2023年年底，洞庭碧螺春拥有中国制茶大师7人。中国制茶大师周永明上文已做介绍，以下另介绍六位。

严介龙，男，1964年10月生，洞庭东山镇碧螺村茶农，苏州市东山御封茶厂创办人。他曾担任全国茶叶标准化技术委员会碧螺春工作组委员、苏州市茶叶行业协会副会长、洞庭山碧螺春茶业协会副会长、东山镇茶叶协会会长、苏州市东山御封茶厂董事长、洞庭山碧螺春感官分级全国标准实物样定值评审专家。从事制茶40余年，他善于研习，深得洞庭碧螺春炒制要领，参与制定GB/T18957—2008《地理标志产品　洞庭（山）碧螺春茶》和DB32/T397—2010《洞庭山碧螺春茶采制技术》，成功研制洞

庭山群体小叶功夫红茶。2021 年 3 月，他被认定为市级非物质文化遗产项目绿茶制作技艺（洞庭碧螺春制作技艺）代表性传承人，其洞庭碧螺春制作技艺被评为 2023 年度苏州市“十大绝技绝活”之一。

柳荣伟，男，1964 年 1 月生，洞庭东山镇碧螺村茶农。他从事洞庭碧螺春制作 40 余年，自小对茶有着特别的兴趣，于 1986 年进入原地方国营企业苏州东山茶厂，学习洞庭碧螺春茶炒制技艺，以“用心做好一杯茶”作为做人、做事准则，并熟练掌握炒茶工序中的关键性技术。其创办的苏州东山茶厂股份有限公司为省级龙头企业。他还创办了苏州江南茶文化博物馆，传承弘扬洞庭碧螺春茶文化。他曾获“华茗杯”特别金奖、“中绿杯”金奖等。他被评为中国制茶大师、江苏省十佳工匠。2021 年 3 月，他被认定为市级非物质文化遗产项目绿茶制作技艺（洞庭碧螺春制作技艺）代表性传承人。

顾晓军，男，1967 年 10 月生，洞庭东山镇杨湾村茶农，东灵合作社理事长。他被评为新型职业农民、东吴现代农业实用人才、中国农村专业技术协会科普奖先进个人、区科技双创和乡土人才、中级评茶师、乡村振兴技艺师。他现为苏州市吴中区第五届政协委员。30 余年来，他专门从事洞庭碧螺春的古法炒制工作，开设古法炒制培训班，将古法手工炒制技艺代代相传。他善于学习，坚持洞庭碧螺春古法炒制，并通过改良茶树品种，提升茶园管理模式，提高洞庭碧螺春茶叶效益。此外，他还创建“近水”“东灵”等洞庭碧螺春茶叶品牌。2018年10月，他被认定为区级非物质文化遗产项目绿茶制作技艺（洞庭碧螺春制作技艺）代表性传承人。

张建良，男，1967 年 8 月生，吴中区金庭镇人，全国茶叶标准化技术委员会碧螺春茶工作组副主任委员，苏州三万昌茶叶有限公司董事长。1983年，他进入洞庭碧螺春茶行业，潜心研究洞庭碧螺春制作的“摊凉、杀青、揉捻、搓团、干燥”关键工艺技术，最终确立洞庭碧螺春炒制各工艺技术参数，确保洞庭碧螺春“花果香味、鲜爽回甘”的特征品质。

蔡国平，男，1967年生，吴中区金庭镇人，区级非物质文化遗产项目绿茶制作技艺（洞庭碧螺春制作技艺）代表性传承人、洞庭碧螺春炒茶大师、苏州市吴中区洞庭山碧螺春茶业协会副会长、苏州洞庭山花果香茶场创始人、苏州吴中区明月湾生态茶业专业合作社创办人、苏州三万昌茶叶有限公司生产基地分公司总经理。他从事洞庭碧螺春制作加工40余年，还传帮带了一大批中青年炒茶高手，为洞庭碧螺春茶产业的健康持续发展注入了新鲜血液。

沈四宝，男，1958年9月生，吴中区金庭镇人，从事炒制洞庭碧螺春将近40年。他在2008年原有西山天王茶果场的基础上组织220户茶农组建了苏州市吴中区金庭镇天王坞茶果专业合作社，带动周边近千户农户入社。在从事茶行业的这几十年中，他带领一批又一批新一代的炒茶人员，为洞庭碧螺春行业的发展做出了重要贡献。

（二）信阳毛尖制茶大师介绍

自2014年启动信阳毛尖手工制茶师评审以来，信阳市有国家级信阳毛尖传统手工制茶大师7人，分别是倪保春、匡祯超、余长崎、伍德军、陈占新、肖兴亮、陈正军、周家军。

倪保春，男，1972年生，信阳浉河区人，信阳云潭春茶业有限公司创始人，高级农艺师，国家一级评茶师，国茶工匠绿茶类中国制茶大师，市级非物质文化遗产项目绿茶制作技艺（信阳毛尖茶制作技艺）代表性传承人。他曾担任浉河区茶叶学会理事长、

河南省茶叶标准化技术委员会委员、中国茶叶流通协会常务理事。1990年，他开始拜师学习炒茶，从事茶叶工作30余年。他是信阳市青年科技专家、信阳市浉河区拔尖人才、信阳市市长质量奖评委专家库成员、倪保春技能大师工作室领办人、信阳毛尖传统手工炒茶大赛特约评委专家，参与信阳毛尖茶国家标准（GB/T22737—2008）起草，获信阳茶文化节30年“特别贡献人物”称号。

匡祯超，男，1967年12月生，信阳市光山县人。他从事茶叶生产40余年，曾获光山县劳动模范、光山县拔尖人才、河南省技术能手称号。2017年，他被认定为信阳市非物质文化遗产赛山玉莲茶制作技艺代表性传承人；2020年，被认定为市级非物质文化遗产项目绿茶制作技艺（信阳毛尖茶制作技艺）代表性传承人；2021年，被任命为光山县凉亭乡科技副乡长。他曾在农业部举办的全国精制红茶大赛中获河南省第4名佳绩。2022年，他被中国茶叶流通协会评选为“国茶人物，制茶大师”。如今，他担任河南赛山悟道生态茶业科技有限公司董事长，该公司被认定为国家级农业产业化重点龙头企业、中国茶业百强企业、全国农村创业园区、国家级生态农场、河南省农业产业化重点龙头企业。

余长琦，男，1963年生，信阳市新县人，河南新林茶业有限责任公司副总经理，国家高级评茶师。他从事信阳毛尖茶制茶40余年，先后获得中国制茶大师、国茶人物·茶业品牌官、信阳茶文化节30年“特别贡献人物”、新县红城工匠、新县第九和第十批优秀拔尖人才等称号。他曾于1996年参与日本智能化蒸青制茶生产线引进工作，并通过传承创新蒸青制茶工艺，成功研发出“新林玉露”蒸青绿茶。该茶获“世界绿茶评比金奖”。2020年12月，他被评为市级非物质文化遗产项目绿茶制作技艺（信阳毛尖茶制作技艺）代表性传承人。

伍德军，男，1971年生，信阳市浉河区人。他从17岁开始学习信阳毛尖传统制茶技艺，炒制的信阳毛尖连续10年获“华茗杯”“中绿杯”国家级质量评选特级金奖。为了传承信阳毛尖技艺，带动家乡发展，他于2011年在家乡组织成立车云顶峰茶叶专业合作社。他先后获浉河区劳动模范、市级非物质文化遗产项目绿茶制作技艺（信阳毛尖茶制作技艺）代表性传承人、信阳茶文化节30年“特别贡献人物”、浉河区拔尖人才、信阳市技术能手等称号，并于2018年获首批“国茶工匠·中国制茶大师”称号。

陈占新，男，1954年7月生，信阳市固始县人，中共党员，河南省妙高茶业有限公司厂长兼总制茶师。他深耕茶业数十年，坚持传承非物质文化遗产，潜心钻研传统信阳毛尖制作技艺，曾获中国制茶大师、信阳毛尖制茶大师、信阳工匠、固始工匠等称号，其炒制的茶叶在多项国际、国内知名茶叶赛事评比中获特别金奖、金银奖项。

肖兴亮，男，1974年生，信阳市浉河区人，师从周祖宏。他曾先后获信阳市技术能手、河南省优秀农民工、中国制茶大师、市级非物质文化遗产项目绿茶制作技艺（信阳毛尖茶制作技艺）代表性传承人等称号。他结合本地鲜叶特点，开发出以本地鲜叶为原料的红茶新品种，并获“华茗杯”红茶金奖。

陈正军，男，1971年生，信阳市浉河区人，现任信阳市文新茶叶有限责任公司总制茶师。他坚持信阳毛尖传统炒制技艺30余载，于2019年4月，在信阳市举办的“信阳毛尖传统手工炒制大赛”中获一等奖，同年被信阳市人社局授予信阳市技术能手称号。2020年，他荣获全国第四批“中国制茶大师”称号。

周家军，男，1961 年 11 月生，中共党员，浉河区第四届人大代表，曾任车云山村村委会主任，现任车云山茶叶学会理事长，车云山雀舌传统手工茶采制技艺第五代传承人。1999 年，他和龚华成、罗华荣炒制的信阳毛尖车云山茶叶代表“五云山”牌获得昆明世界园艺博览会金奖。2016 年 6 月 15 日，车云山雀舌传统手工采制技艺被浉河区人民政府纳入浉河区非物质文化遗产保护名录，周家军被公布为车云山雀舌传统手工采制技艺传承人。

附 3：苏州、信阳优秀科技人员选介

黄执优（1929—2020），壮族。广西壮族自治区贺州市人，高级农艺师。1954 年，他从中南茶叶专科学校毕业后来到信阳，在平桥区（原信阳县）农技部门专门从事茶叶技术推广工作。他曾任国家茶叶专家评委会委员、中国茶叶学会会员、河南省蚕茶学会理事、河南省茶叶学术委员会主任、《河南省茶叶通讯》编委会副主任、信阳地区茶叶学会和茶文化研究会常务理事、信阳行署茶叶专家组成员。他曾担任 1992 年河南省党代会代表，河南省第六、第七、第八届人大代表，系信阳地区专业技术拔尖人才，河南省优秀专家，国家有突出贡献专家，享受国务院政府特殊津贴。他受到国家、省级、市级、县级等表彰 96 次。20 世纪 50 年代，他创制简易测定坡地水平线直角规，大面积推广水平梯地，合理密植茶园，使茶叶单产提高 2 倍以上。他研制水力炒茶机、揉茶机、煤火烘茶灶，其工效提高 7—10 倍，茶叶质量提高 2 个等级以上。1967 年，他成功将茶树引种到淮北，开创信阳茶树北上种植过淮河的先例。1978—1980 年，他成功研制信阳毛尖炒茶机，其工效提高 12 倍；同时，试验、示范矮密速成高产茶园，其产量、产值均比常规茶园高出 5 倍，并在原信阳县推广 5 000 亩。两个

项目均获河南省重大科技成果奖。他主持“信阳毛尖优质高产高效技术攻关研究”，使“龙潭”牌信阳毛尖在1985年获国家质量奖银质奖，1990年获国家质量奖金质奖，为信阳毛尖的创优保优做出突出贡献。其事迹被《中华当代茶界茶人辞典》《中国少数民族专家学者辞典》《河南省优秀专家略传》《科学中国人·中国专家人才大典》等图书收录。

杨伟民，1934年3月生，江苏省苏州市人，高级农艺师，原苏州市多管局林业站茶叶科技推广人员。他从事茶叶工作40年，其中在基层工作28年，改革开放后在市级科技推广岗位工作12年。1955年，他从苏州农学院毕业后，被分配到吴县工业科工作。1957年，他作为技术管理人员被派到吴县光福茶场协助管理茶园，1962年、1963年，光福茶场引进苏州地区第一套茶叶加工机械设备，对茶叶进行机械初制加工（杀青、炒青、烘青），成为全省第一家实现初、精制联合机械加工的茶场。20世纪60年代末，他调到吴县林场工作，带领知青在荒地上开辟茶园1 000余亩。他在吴县林场还开展茶叶初、精制的机械加工的实践工作，建设茶叶初制加工厂2座、精制加工厂1座，为苏州茶园发展、茶叶加工做出了开拓性贡献。他多次赴福建、安徽等地调研茶籽，推动苏州茶园的发展。他还主持苏州“天池茗毫”历史名茶的恢复工作，并获江苏省科技进步四等奖、苏州市科技进步三等奖。1985年，他率先探索成立联合茶厂（由天池山果园、西山服务公司、吴县林场、常熟虞山林场等单位联合成立），抱团打市场，并在苏州市内建立洞庭碧螺春茶庄。如今，他虽然已经退休，但对洞庭碧螺春茶叶品牌的现状和前景仍非常关注。苏州市茶叶学会授予他“茶学终身成就奖”称号。

加强产品溯源

在全球市场经济浪潮的席卷下，洞庭碧螺春、信阳毛尖如何在茶叶市场的激烈竞争中独树一帜，实现价值的飞跃，已成为两地茶产业发展的关键命题。以信阳市浉河区为例，该区采取一系列创新举措，构建“山水浉河、云赏毛尖”区块链溯源体系。

“山水浉河、云赏毛尖”区块链溯源体系，是浉河区推动农业现代化、引领茶产业高质量发展的关键布局。该体系凭借区块链技术不可篡改、公开透明的特性，实现茶叶从种植、采摘、加工到销售的全程透明化追踪。每一片茶叶的生长环境、采摘时机、加工技艺，乃至最终的市场流向，均在区块链上留下了清晰的足迹。

这一创新举措极大地提升了消费者对信阳毛尖的信任感。以往，面对纷繁复杂的茶叶市场，消费者往往难以甄别茶叶的真伪与优劣。而该区块链溯源体系的引入，如同为每一份茶叶配备了专属的“身份认证”，使消费者能够轻松追溯茶叶的来源与品质，降低了选择难度。这既是对消费者权益的有力保障，也是对信阳毛尖品牌信誉的坚实捍卫。

在这个方面，苏州市吴中区行动得更早。2003 年 2 月 10 日，国家质量监督检验检疫总局正式发布 GB18957—2003《原产地域产品　洞庭（山）碧螺春茶》，并于 2009 年 4 月 1 日起正式实施。这给吴中区的领导和群众以很大鼓舞，他们趁热打铁，采用一系列高科技防伪手段：在 2003 年年初，引进二维码防伪保真系统，通过对洞庭碧螺春生产、销售过程的身份确认和数据跟踪，实现用互联网方式接受消费者查询；2004 年 2 月，又与浙江大学联合开发信息管理应用软件，把洞庭东、西山 1.7 万户茶农的 100 多吨洞庭碧螺春的信息全部输入 IC 卡，对洞庭碧螺春实行数字化管理；2005 年，增加语音查询和即时数据跟踪功能，将茶叶销售标识进行三合一整合……通过一系列举措，吴中区使假冒的洞庭碧螺春再也无处藏身，进一步维护了消费者权益，也在很大程度上保护了原产地的权益，为苏州茶叶事业再度辉煌注入新的活力。

推动茶文旅融合发展

苏州市深度挖掘茶果文化内涵，加快推动茶果产业与特色旅游、绿色餐饮、“大健康”等第三产业融合发展，大力发展集休闲、观光、体验等功能于一体的茶文化新业态，茶企也在不断地进行探索与尝试。他们不再局限于单一的生产与销售模式，而是积极寻求与旅游、文化等产业深度融合，打造具有当地特色的茶文旅融合型茶庄园。

苏州市吴中区通过充分挖掘、利用洞庭碧螺春茶文化，将洞庭碧螺春茶产业链向茶旅游、新茶饮等新消费供给渠道延伸，并加快融入健康、时尚、社交等属性，在农家乐、民宿、茶叶专业合作社一条街和山林观光带上下功夫，促进茶、旅、文、康、养深度融合，打造环境美、品牌响、文化底蕴深的茶文化高地，着力提升洞庭碧螺春茶产品的附加值。苏州市吴中区依托获评国家全域旅游示范区的契机和区域共享农庄载体建设，加快建设集洞庭碧螺春炒制、展示、体验、休闲于一体的文化产业园，合力推进水月坞洞庭碧螺春茶文化园建设，将缥缈峰景区打造成洞庭碧螺春茶文化主题景区；在东山镇开工建设集茶园观光、茶果采摘、非遗文化研学体验、茶文化展示、休闲度假于一体的洞庭碧螺春茶文化体验乐园，进一步提高洞庭碧螺春的美誉度。此外，洞庭东山和西山还推出春、夏、秋、冬 4 个主题特色旅游节气品牌和若干精品旅游线路。融茶园观光、茶果采摘、休闲度假于一体的洞庭碧螺春茶文化体验活动，可以让更多的人知茶、爱茶，共品茶香、茶韵，这些举措受到苏州乃至长三角地区游客的广泛青睐。

在推动茶文旅融合发展方面，信阳市浉河区的茶企也在不断探索与尝试，着重打造具有地方特色的茶文旅融合型茶庄园。信阳市浉河区先后

建成 17 座茶庄园，这些庄园在忙碌时专注于茶叶生产，而在闲暇时则发展茶旅经济。茶庄园不仅具备茶叶采摘、加工与销售等传统功能，还增设餐饮住宿、营销体验等功能区域。消费者可以体验茶叶从茶园到茶杯的全过程，感受茶文化的魅力与茶产业的独特韵味。茶庄园还通过举办茶艺表演等活动，增强游客的体验感，进一步提升茶庄园的知名度与影响力。

苏州、信阳两地茶区经营模式的转变，推动了茶产业与文化、旅游等产业深度融合，为茶产业的转型升级与可持续发展提供了有力支撑。未来，随着消费者对茶文化旅游需求的不断增加，茶旅游将会成为推动茶产业发展的重要力量之一。

洞庭碧螺春、信阳毛尖产业化发展之探索

探索产业集约化生产经营

历史上，洞庭碧螺春、信阳毛尖的茶树种植是以家庭为单位，茶叶制作技艺则是以家庭代际传承为主，由此形成了很多茶树种植和茶叶制作世家。20 世纪 50—70 年代，两个茶区的茶树都是由生产队集体种植，地方供销社统一收购。这一时期，茶叶生产发展平稳。自 20 世纪 80 年代起，茶叶生产恢复到传统的家庭种植模式，茶叶流通市场化，价格随行就市，茶叶的经济价值得以释放，这在很大程度上激发了茶农种植茶树的积极性。与此同时，地方政府出台一系列政策措施，鼓励农民发展茶叶生产，拓展市场空间，茶树种植面积逐渐扩大，茶叶产量不断提高。

为了提升茶叶的整体经济效益和产品质量，做大、做强茶产业，苏州与信阳从 20 世纪 90 年代中期起开始探索茶叶产业化、集约化生产经营：一是培育茶叶龙头型企业，以“企业 + 农户”模式，实行统一采摘、统一

加工、统一包装、统一检验、统一品牌、统一销售的产业化经营模式，发展壮大茶产业；二是以农业生产经营合作社为单位，联合周边农户（茶农），组成茶叶生产联合体，以“六统一”[1]模式，实现集约化经营，确保原产地茶叶的制作工艺标准与品质。

苏州与信阳两个茶区依托科技进步，推动茶叶的产业化发展，帮助农户解决产前、产中、产后的实际问题；加强茶产业“三新”技术[2]的引进、试验、示范和推广，与引进新品种的基地农户保持经常性联系，及时指导和解决新品种引进生产中出现的问题，增强农户的种植积极性，按早生种、中生种、晚生种的适宜比例逐步调优茶园品种结构；引进全自动一体化数字制茶设备，指导使用适制机械，实施机械和手工相结合的茶叶加工方式，推进茶叶的机械化、标准化和规模化生产；同时，综合运用茶果园绿色栽培管理技术，大力推进绿色食品、有机食品生产。据 2022 年 11 月《扬子晚报》报道，苏州市吴中区东山镇、金庭镇已成功创建省级绿色优质农产品基地，全区有 27 个茶园 1.8 万亩基地通过绿色食品认证。据信阳市浉河区茶叶主管部门统计，浉河区有 19 个茶园 1.1 万亩基地通过绿色食品认证。

苏州与信阳两个茶区产业化的另一个重要标志是分工的专业化。自 20 世纪 90 年代起，两地都涌现出一批专业包装生产企业和专业营销公司。洞庭碧螺春、信阳毛尖先后在全国设立 200 多个销售窗口，销售网点辐射国内数十个城市。

规模化、产业化推动了苏州与信阳两个茶区茶产业的发展，提升了经济效益。据统计，至 2021 年，洞庭山茶树种植面积达 36 800 亩，洞庭碧螺春总产量为 130 390 千克，洞庭碧螺春产值为 19 951 万元；至 2023 年，信阳毛尖茶树全市种植面积已逾 216 万亩，信阳毛尖及相关茶叶年产量高

[1] “六统一”指统一技术培训、统一科学修剪、统一施肥要求、统一绿色防控、统一采摘标准、统一管理模式。

[2] “三新”技术指路生物技术、信息技术和自动化技术。

达 9 万吨，总产值攀升至 161 亿元。

探索产业化发展模式

为了适应市场发展要求，苏州与信阳两个茶区的当地政府鼓励茶农流转茶园使用权，整合建设高标准中心茶园，统一生产技术和管理，并逐步辐射周边茶园，促进茶叶生产从家庭作坊式经营向股份合作等规模化经营转变。苏州市吴中区茶园在自愿互利的前提下，于 2016 年组建 53 个洞庭碧螺春茶专业合作社，实施洞庭碧螺春茶的集约化生产、企业化管理、品牌化销售、市场化运作。为洞庭碧螺春茶产业的长远发展计，吴中区还分别组建洞庭东山碧螺春和西山碧螺春两个股份合作联社，设立江苏省首家茶叶博士工作站，建设苏州江南茶文化博物馆。

信阳茶区在 21 世纪初叶就开始组建专业合作社，据《信阳茶志》记载，截至 2014 年，信阳市共有国家级茶叶专业合作社示范社 9 家、省级农民专业合作社示范社 43 家、市级农民专业合作社示范社 71 家。经过近 10 年的发展，截至 2023 年，信阳市共有国家级茶叶专业合作社示范社 23 家、省级农民专业合作社示范社 16 家。

探索全产业链体系构建

面对近年来越发激烈的市场竞争，苏州市吴中区握指成拳，按照“政府引导、国企引领、科技驱动、多方参与”的模式，由区级国资公司苏州市吴中农业发展集团牵头，组建成立吴中区碧螺春茶业有限公司，集聚整合全区茶农、茶园和茶企等资源，构建“种质保护、原茶生产、精深加工、品牌赋能、市场销售、茶旅融合”的全产业链发展体系，打造以“吴中”为主打品牌的洞庭碧螺春，并推出“吓煞人香”“水月”“小青”等系列品牌，将产品精准化，以满足不同消费群体的需求。苏州市吴中区在龙头企业的引领下，一方面，携手中国农业大学、苏州市农业科学院、苏州农业职业技术学院等科研院所的科研力量，多方共建苏州吴中洞庭山碧螺春茶产业研究院；另一方面，参加中国茶业经济年会并召开洞庭碧螺春茶专场推介会，积极承办中国绿茶品牌大会并争取让大会永久落户苏州市吴中区。在高频次的“引进来”和“走出去”中，苏州市吴中区正不断提升洞庭碧螺春的知名度和影响力。

探索产品转型

在产品转型方面，苏州与信阳两地相关部门积极引导茶农做出了诸多尝试。苏州市吴中区由单一的洞庭碧螺春绿茶生产向多品种全产业链发展。传统洞庭碧螺春茶产业受时间限制，茶叶采摘时间一般集中在 3 月中旬至 4 月中旬，尤其以清明节前的春茶为主，芽尖越小，所制茶叶的价值也就越高；到了清明后，由于叶芽儿长大，洞庭碧螺春绿茶的品质和价格就会大幅下降。而且，传统洞庭碧螺春茶产业的人工依赖性强，生产效率较低，导致茶叶的销售周期短。基于此，不少企业在确保洞庭碧螺春绿茶质量的基础上，开始探索洞庭碧螺春红茶的制作，从传统单一的绿茶向红茶和绿茶并举转型。相比洞庭碧螺春绿茶，洞庭碧螺春红茶的制作效率更高，销售周期也长。为推动洞庭碧螺春红茶的生产，一些茶叶合作社通过引入红茶的标准化加工流程，对茶叶原料进行科学分类，用形小的叶芽儿制作高品质的绿茶，用稍大的叶制作红茶，使得茶叶的整体价值成倍提升。同时，还有专业合作社把当地的青柑、茉莉花、桂花等产业和红茶结合起来，制作成柑红茶、茉莉花红茶、桂花红茶等，实现“一季春茶，四季增收”。

信阳茶区的红茶开发早于苏州茶区。过去，信阳毛尖的生产主要集中在春季，茶农和中小茶企往往遵循“一年一季，专注春茶”的模式，信阳

夏茶弃采现象较为普遍，鲜叶利用率不到30%。这种单一的生产模式限制了茶资源的充分利用，也束缚了茶产业的多元化发展。为了打破这一限制，信阳市浉河区积极推动茶资源的全面开发与多元化利用，鼓励企业生产夏秋茶，并创新红茶、白茶、花茶、新式茶饮等多元化产品。2010年4月，信阳市浉河区成立信阳红茶研发中心，引进福建红茶生产技术，经过100多次反复试验，在全市率先研制出信阳红茶，被时任河南省委书记的卢展工命名为“信阳红”。如今，在信阳市浉河区十三里桥乡，一种创新的“龙头企业引领+村集体协作+茶农参与+基地支撑”的夏秋茶生产合作模式正在兴起。通过这一模式，茶农不仅能在春季采摘春茶的基础上，增加夏秋茶的采摘与销售收入，还能通过参与专业合作社或基地的建设与管理，获得更加稳定的收入来源；企业也能通过规模化、标准化的生产，提高夏秋茶的品质与产量，满足市场对多元化茶产品的需求。信阳茶区已形成“一绿一红比翼双飞，黄茶、白茶、黑茶、花茶、乌龙茶竞相展妍”的良好局面。

探索科技兴茶新途径

在洞庭碧螺春、信阳毛尖的产业发展历程中，科技创新始终是推动其不断前行的核心引擎。为此，苏州与信阳两地都鼓励企业加大研发投入，引进先进技术，不断提升产品的科技含量和创新能力，以便更好地满足消费者日益增长的个性化、多样化需求。

苏州市吴中区实施“引水上山”工程，适度扩大茶叶种植面积；开展炒青加工和秋茶种植，推进茶叶深加工；全面加强洞庭碧螺春原产地地域保护，将洞庭碧螺春打造成“生态绿茶第一品牌”，真正实现“种一片叶子，富一方百姓”。

苏州市则全面开展洞庭碧螺春茶树种质资源调查，引进适宜的秋茶优良品种，并联合中国农业大学和本土科研院所力量，共建苏州吴中洞庭山碧螺春茶产业研究院，针对洞庭碧螺春的实际情况，加强茶叶品种的选育、引进和技术攻关，为洞庭碧螺春茶产业的健康发展提供科研支撑。同时，苏州市还对接江苏省茶叶学会、南京农业大学、上海市农业科学院等科研院所，针对洞庭碧螺春的品种选育、机械制茶、产品研发等深入开展科学研究；聘请院士和国家级茶叶专家与团队，合作培养一批洞庭碧螺春茶产业专业人才；持续开展茶果间作传统特色保护工作，优化茶果间作比例及品种，推进茶果间作良好模式标准化；实施“中国传统制茶技艺及其相关习俗”五年保护计划，以传承人为核心，提高从业人员技艺水平。

此外，在育种和肥培方面，苏州市也采取了一系列措施：建立洞庭山群体小叶种茶树资源数据库，对优质种质资源实行集中保护，截至 2022 年 12 月，已建立碧螺春茶树种质资源圃 4 个、原种茶保护区 5 个；在苏州市吴中区茶园“一张图”数据库的基础上，继续深入核查确定茶农的茶园面积及品种，同时开展茶果品种选育工作，建设良种苗圃，逐步淘汰改良现有品质低下的茶果树品种，不断提升洞庭山茶树和果树的良种率；推广绿色防控技术，结合苏州生态涵养发展实验区、太湖生态岛建设要求，持续推进洞庭碧螺春茶园的肥水管理，对区域内茶果间作系统生产所使用的化肥实行统一配供，对废弃农药包装物和农膜实行统一回收处置，大力推广有机肥料的使用；全面监测洞庭东山和西山茶园的土壤数据，通过实施科学肥培管理和生物防治技术，为进一步实施切实有效的茶园生物防治提供数据支撑。

信阳茶区也大力推动科技兴茶高质量发展战略。信阳市浉河区积极引进高层次专家与学者，让他们担任首席专家或顾问，为信阳毛尖的科技创新提供宝贵的智力支持与决策咨询。湖南农业大学的刘仲华院士作为茶叶领域的领军人物，通过深度参与信阳茶叶项目申报、技术指导及学术交流等活动，为信阳毛尖的科技创新与产业升级提供了强有力的智力支撑。

加强茶文化校企合作实践

在基础教育阶段，信阳茶区注重培养学生的茶文化意识与产业素养，开展了丰富多彩的茶艺、茶文化走进中小学课堂的活动。通过开设茶文化课程、组织茶文化体验活动等丰富多彩的形式，让学生深入了解信阳毛尖的历史渊源与文化底蕴，激发他们对茶产业的浓厚兴趣与热情。在职业教育阶段，信阳茶区积极与职业院校开展深度合作，共同开设与茶产业相关的专业与课程，通过校企合作、工学交替等灵活多样的教学模式，为学生提供丰富的实践锻炼与就业创业机会，培养一批批具有专业技能与实践经验的茶产业人才。在继续教育阶段，信阳茶区注重提升茶农与茶企员工的技能水平与综合素质，通过组织技能培训、开展业务交流等多样化的活动，为茶农与茶企员工提供持续学习与提升的机会与平台。

开发茶衍生品

信阳茶区为进一步提升信阳毛尖的附加值，鼓励茶企加大对其功能性成分的研发力度，延伸茶产业链，推动茶产品向食品、保健、医药、日化用品等领域拓展。一些茶企利用现代科技手段对茶叶进行深加工与提取，开发出具有特定功能的茶提取物产品。信阳市浉河区的茶树花啤酒、茶籽油、茶精油护肤品、抹茶食品等茶衍生品已经成功上市，并赢得消费者的广泛赞誉。茶树花啤酒将茶树的美丽花朵与啤酒的醇厚口感完美融合，为消费者带来一种全新的味觉体验；茶籽油则以其独特的营养价值与健康功效，成为市场上备受追捧的高端食用油之一；茶精油护肤品则利用茶叶中的天然成分，为消费者提供更加安全、有效的护肤选择；抹茶食品则将茶叶的清香与食品的口感相结合，为消费者带来更加丰富的味觉享受。自2018年以来，信阳茶区积极探索开发茶餐饮新品，推进信阳菜和信阳茶的融合，以进一步推广信阳菜系。此外，不少茶企还结合时尚元素与消费者需求，开发出个性化、定制化的茶礼盒与茶艺术品等，以满足消费者对茶产品的个性化需求。这些茶衍生品的创新活动，推动了茶产业与现代科技的深度融合。未来，随着消费者对茶产品需求的不断变化与升级，茶衍生品创新将会成为推动茶产业发展的重要引擎之一。

两片绿叶的春天

在浩瀚的中华茶文化岁月长河中，洞庭碧螺春、信阳毛尖作为中国茶文化的璀璨瑰宝，以其独特的韵味和悠久的历史，犹如两颗璀璨的明珠，分别镶嵌在江南和中原大地，它不仅蕴含着深厚的文化底蕴，还是中华民族智慧与品位的象征，见证了无数茶农的辛勤耕耘与匠人精神的传承。

面对产业内部日益凸显的挑战与外部环境的诸多不确定性，苏州、信阳两地承载着传统名茶的传承和发展重任，坚守初心、久久为功，探索出了一条传承保护与高质量发展并重的绿色之路。

苏州市制定《苏州市吴中区洞庭山碧螺春茶产业振兴三年行动方案（2023—2025）》，多维度、全方位地推动洞庭碧螺春茶产业高质量发展，提出力争到2025年年底，苏州市吴中区实现全区茶园总面积超5万亩，茶产业产值超10亿元，并出台洞庭碧螺春保护条例，建成1个洞庭碧螺春茶文化园、1家洞庭碧螺春科研机构、2座洞庭碧螺春茶树良种繁育基地，培育3家省级以上农业龙头企业，将洞庭碧螺春区域公用品牌价值提升至全国前3名。

2024年3月，信阳市发布《信阳市茶产业高质量发展三年行动方案》（2023—2025），提出加强茶文化传承保护、茶文化宣传推广、茶文化设施建设，通过建设生态茶园、推动产业升级、强化品牌打造、加快数字平台建设、科技赋能等一系列措施，到2025年，全市茶园面积保持稳定，

茶树良种化率逐步提升，绿色茶园认证面积达到70万亩，有机茶园认证面积达到1万亩；全市茶叶总产量达到10万吨，涉茶综合产值达到500亿元；全市新培育1—2家国家级农业产业化茶叶龙头企业，2—3家省级农业产业化茶叶龙头企业；实现全市茶叶出口量突破1万吨，货值力争达到3亿元。为落实《信阳市茶产业高质量发展三年行动方案》（2023—2025），信阳市专门制定了《信阳市信阳毛尖茶保护条例》《信阳市支持茶产业高质量发展政策措施》。

在未来，随着这些战略举措的深入实施，洞庭碧螺春、信阳毛尖有望进一步在国内市场巩固其领先地位，赢得更多消费者的青睐与尊重，成为中国茶产业两片愈加美丽的叶子。

新叶林换绿，初芽地生香。朱自清说：

> 春天像刚落地的娃娃，从头到脚都是新的，它生长着。春天像小姑娘，花枝招展的，笑着，走着。春天像健壮的青年，有铁一般的胳膊和腰脚，领着我们上前去。[1]

“二月山家谷雨天，半坡芳茗露华鲜。”茶歌声里，两片绿叶的春天来到了！

---

[1] 朱自清．朱自清散文［M］．北京：人民文学出版社，2013：165.

主要参考文献

一、著作

1. 陈椽 . 茶业通史 [M]. 北京：农业出版社，1984.

2. 袁鹰 . 清风集 [M]. 北京：华夏出版社，1997.

3. 王稼句 . 姑苏食话 [M]. 苏州：苏州大学出版社，2004.

4. 吴眉眉 . 洞庭碧螺春 [M]. 福州：福建美术出版社，2006.

5. 谢燮清，章无畏，汤泉 . 洞庭碧螺春 [M]. 上海：上海文化出版社，2009.

6. 陈赋 . 吃茶去！ [M]. 沈阳：辽宁教育出版社，2011.

7. 信阳市浉河区地方史志办公室 . 信阳市浉河区茶叶志 [M]. 郑州：中州古籍出版社，2015.

8. 黄执优 . 信阳茶论 [M]. 信阳：信阳市老新闻工作者协会，2017.

9. 郭桂义 . 信阳历史文化丛书 · 茶叶卷 [M]. 郑州：中州古籍出版社，2017.

10. 杨晓萍 . 茶叶营养与功能 [M]. 北京：中国轻工业出版社，2017.

11. 信阳市地方史志编纂委员会 . 信阳茶叶志 [M]. 郑州：中州古籍出版社，2018.

12. 韩勋来 . 信阳茶事记忆 [M]. 郑州：郑州大学出版社，2022.

13. 陈平原，凌云岚 . 茶人茶话 [M]. 北京：生活 · 读书 · 新知三联书店，2023.

14. 严介龙 . 洞庭山碧螺春 [M]. 苏州：苏州大学出版社，2023.

二、文章

1. 何军. 信阳“八大茶社”创始人与咏茶诗 [J] . 协商论坛，2023（3）：61–62.

2. 叶梓 . 碧螺春月令 [J] . 茶道， 2023（5）：74–81.

3. 何军 . 宋代爱国诗人王之道与信阳茶 [J] . 协商论坛，2023（10）：58–59.

4. 周永明，林夏青 . 浅谈碧螺春制作技艺 [J] . 福建茶叶，2024（10）：13–18.

后记

天地万物，皆循机缘。《信阳毛尖遇见苏州碧螺春》一书的诞生，恰似两颗跨越千里的茶芽，在时光与人文的滋养下，孕育出四溢的茶香。

回溯至2024年暮春，在信阳的科技高峰论坛上，茶香四溢，苏州与信阳两地科协的负责人围坐一堂，畅抒胸臆。谈及茶叶时，言语间似有茶香涌动，众人当即决定奔赴信阳毛尖的核心产区——浉河区董家河与浉河港进行茶产业的调研工作。踏入茶乡，南湾湖畔山水相依，茶树似绿涛翻涌，蜿蜒的茶道散发着草木清香，马头墙民居次第错落其间，绿油油的茶园一片连着一片，宛如一幅古朴的山水画卷。信阳的同志一边引领众人领略茶乡盛景，一边热情推介信阳毛尖；在文新茶村，苏州的友人轻抿“信阳红”与信阳毛尖，赞不绝口。一来一往间，信阳的同志也沉浸于苏州洞庭碧螺春的深厚茶文化之中，体悟到陈继儒笔下“洞庭小青山坞出茶，唐宋入贡，下有水月寺，即贡茶院”的禅意与底蕴。苏州与信阳两地文化在茶香中交织，吴越文化与豫楚文化跨越时空，遥相呼应，竟与当下苏信合作的时代浪潮不谋而合，形成一种政治、经济乃至精神层面的密切交际，让人惊叹不已。苏州市科协领导敏锐地捕捉到这一契机，

提议以茶叶为纽带，合作编纂一部科普作品，《信阳毛尖遇见苏州碧螺春》的雏形就此诞生。

经过深思熟虑，信阳市科协邀请茶学专家胡先华老师担纲总撰稿，苏州则由苏州大学教授、苏州市茶叶学会常务副会长宋桂友负责组稿。苏州与信阳两地茶方面的专家、学者受邀参与，分别是仇雯雯、余道金、张玲、张驰、韩玉红、赵睿、孟娟、张慧、苏丹、姚峻、陈海波、刘业翔等，他们中既有大学教授、作家，也有茶学研究者、茶叶工作者。为了确保编纂工作有序推进，苏州与信阳两地迅速成立编辑部，搭建编辑工作群，制订详尽的计划，细化分工，明确时间节点，开展编辑和撰稿工作，将“科普性、文化性、地域性、融合性、实用性”作为编纂的核心理念，立志打造一张独具苏信地域文化特色的闪亮名片。

自 2024 年 5 月起，这场传承茶文化的科普创作之旅正式启航。苏州市科协与信阳市科协领导高度重视，从人员安排到经费支持，从编撰方向到细节把控，均给予悉心指导。9 月，由胡先华老师撰写、余道金老师润色的第一稿脱稿。此后，编辑团队反复研讨，逐字逐句推敲，进一步丰富内容。为了让书中的茶文化、茶科普更加鲜活、真实，同年 10 月 8 日，信阳市科协组织编辑团队奔赴苏州。本书编写组部分成员深入洞庭碧螺春西山茶场，在水月寺探寻洞庭碧螺春的前世今生；先后走访当地的知名茶企，拜会中国制茶大师、省级非物质文化遗产项目绿茶制作技艺（洞庭碧螺春制作技艺）代表性传承人周永明，国家级非物质文化遗产项目绿茶制作技艺（洞庭碧螺春制作技艺）代表性传承人施跃文。在苏州大学出版社社长、总编辑的主持下，苏州与信阳两地的编辑和专家、学者在苏州大学出版社进行了对接座谈，大家面对面交流沟通，提出编

写过程中亟待解决的问题，并就后期出版问题进行了认真讨论。苏州之行，不仅是知识的汲取，也是心灵的交融，为本书注入了灵魂。

同年11月25日，第二稿顺利完成，如期交付苏州大学出版社。全书共分为吴域楚疆、千年茶迹、一方水土、茗出青山、秀山嘉木、绿茶双娇、芳姿谁识、闺秀出阁、月庭浮香、茗扬天下、民间有约、雅俗共赏、山歌水画、各领风骚、比翼双飞15个篇章，共计30余万字。整本书宛如一幅徐徐展开的茶文化长卷，将苏州与信阳两地茶叶的历史、文化、种植、品鉴等科普知识娓娓道来。

文心载道，茶道悠悠。作为苏州与信阳两地的茶乡人，能够以书籍为媒介，传播苏州与信阳两地的茶文化，实乃幸事。信阳毛尖与苏州碧螺春，作为十大名茶中的佼佼者，承载着无数茶人的心血与情怀。值此成书之际，向参与编纂的专家、学者、编辑们致敬，是他们的日夜兼程，让这本书绽放光彩；向苏州市吴中区、信阳市浉河区等提供协助的单位与领导同志表示衷心的感谢，是他们的大力支持和悉心指导，使本书的出版工作得以顺利进行。特别要感谢中国茶叶学会姜仁华理事长为本书拨冗作序，他用专业的视角和独到的见解，为读者带来了更具深度的阅读指引。

如果说苏信合作是大背景、大时代、大环境，那么这本书的编辑与出版，则是在这种大背景、大时代、大环境下绽放出来的一朵小花。这本书虽如沧海一粟，却凝聚着两地的文化精髓。愿这本科普读物，带着清新的茶香与雅致的韵味，走进千家万户，成为人们了解茶文化、感受苏信魅力的一扇窗。

本书编写组
2025年3月